Lernen mit Pfiff

Arbeitsbuch:

Anatomie und Physiologie

Prüfungen – sicher rein, erfolgreich raus

Johann S. Schwegler

159 Abbildungen

1998
Georg Thieme Verlag Stuttgart · New York

Priv. Doz. Dr. med. Johann S. Schwegler
Bunsenweg 6
76646 Bruchsal

Umschlaggestaltung:
Martina Berge, Erbach-Ernsbach

Comic-Piktogramme:
Heiner-K. Alfaenger, Eschborn
Comics:
P. Musil

Die Deutsche Bibliothek – CIP-Einheitsaufnahme

Schwegler, Johann S.:
Arbeitsbuch: Anatomie und Physiologie : Prüfungen – sicher rein, erfolgreich raus / Johann S. Schwegler. – Stuttgart ; New York : Thieme, 1998
(Lernen mit Pfiff)

Printed in Germany

Satz: Mitterweger Werksatz GmbH, Plankstadt
Druck: Staudigl-Druck, Donauwörth

ISBN 3-13-111891-1

Wichtiger Hinweis: Wie jede Wissenschaft ist die Medizin ständigen Entwicklungen unterworfen. Forschung und klinische Erfahrung erweitern unsere Erkenntnisse, insbesondere was Behandlung und medikamentöse Therapie anbelangt. Soweit in diesem Werk eine Dosierung oder eine Applikation erwähnt wird, darf der Leser zwar darauf vertrauen, dass Autoren, Herausgeber und Verlag große Sorgfalt darauf verwandt haben, dass diese Angabe **dem Wissensstand bei Fertigstellung des Werkes** entspricht.

Für Angaben über Dosierungsanweisungen und Applikationsformen kann vom Verlag jedoch keine Gewähr übernommen werden. **Jeder Benutzer ist angehalten,** durch sorgfältige Prüfung der Beipackzettel der verwendeten Präparate und gegebenenfalls nach Konsultation eines Spezialisten festzustellen, ob die dort gegebene Empfehlung für Dosierungen oder die Beachtung von Kontraindikationen gegenüber der Angabe in diesem Buch abweicht. Eine solche Prüfung ist besonders wichtig bei selten verwendeten Präparaten oder solchen, die neu auf den Markt gebracht worden sind. **Jede Dosierung oder Applikation erfolgt auf eigene Gefahr des Benutzers.** Autoren und Verlag appellieren an jeden Benutzer, ihm etwa auffallende Ungenauigkeiten dem Verlag mitzuteilen.

Vorwort zur Reihe „Lernen mit Pfiff"

Liebe ExamenskandidatInnen,

Prüfungen sind Momente im Leben, an die man sich noch nach Jahrzehnten erinnert. Ich wünsche Ihnen, dass es nur gute Erinnerungen sein werden.

Zurück in die Gegenwart: Das Examen liegt noch vor Ihnen. Sie werden bald in Ihr Berufsleben starten und die Erreichung Ihrer Berufswünsche wird gerade in der heutigen Zeit auch von den Noten abhängen, die Sie sich im Examen erarbeiten. Bekommen Sie jetzt feuchte Hände? Steigt Ihr Adrenalinspiegel in nie gekannte Höhen? Versucht Ihr Herz aus dem Brustkorb zu hüpfen?

Ich möchte ehrlich sein: Ich kann Ihnen nicht versprechen, dass sich alle Ihre Prüfungsängste legen werden, wenn Sie sich mit der neuen Reihe *Lernen mit Pfiff* auf das Examen vorbereiten. Ich kann Ihnen aber einen Weg aufzeigen, wie Sie mit einem sicheren Gefühl in die Prüfungen gehen und erfolgreich wieder herauskommen können.

Hunderte von Schülern und Lehrern aus der gesamten Bundesrepublik haben diese Art der Prüfungsvorbereitung getestet, das Konzept um Ihre Wünsche und Ideen ergänzt, so dass Sie nun ein von Examenskandidaten auf Herz und Nieren geprüftes Arbeitsbuch in der Hand halten. Hier sind einige Reaktionen von Ihnen:

„Das Lernen fiel mir leichter als sonst, weil
... es mehr Spaß machte, mit diesen Fragen zu arbeiten."
... die Fragestellung mit den Dozentenfragen übereinstimmt."
... ich mir nicht immer alles selber herleiten musste."
... immer dann Tips gegeben wurden, wenn ich grad' nicht weiterwusste."

Petra Profi gibt Ihnen Lerntips bei schwierigeren Fragen. Der Autor, der genau weiß, was im Examen noch alles auf Sie zukommt, gibt Tips zum verknüpfenden Lernen. Er knotet die losen Enden des Wissenssalats zusammen.

Gönnen Sie sich zwischendurch Pausen, kommen Sie auf andere Gedanken. Damit Sie auch wirklich daran denken, haben wir einige pfiffige Comics eingebaut, die Sie auf alle Fälle vom Lernen abhalten werden – Pausen müssen sein.

Es ist leichter, sich mit *einem* System auf die Prüfung vorzubereiten. Die Lernen-mit-Pfiff-Reihe bietet Ihnen daher die wichtigsten Examensfächer als Arbeitsbücher an: zwei Bände zur Speziellen Pflege, Anatomie und Physiologie, Gynäkologie und Geburtshilfe, Chirurgie, Innere Medizin und Neurologie und Psychiatrie.

Das Pflegeteam im Thieme-Verlag wünscht Ihnen trokkene Hände, einen vertretbaren Adrenalin-Spiegel und viel Erfolg.

Vorwort

Egal wie frühzeitig man mit der Vorbereitung auf ein Examen begonnen hat, am Ende scheint die Zeit prinzipiell knapp zu werden. Und da stellt sich natürlich die Frage: Wie lerne ich in der verbliebenen Zeit möglichst effektiv, ohne Ballast und ohne etwas Wesentliches auszulassen?

Mit dieser Aufgabensammlung möchte ich eine Antwort auf diese Frage geben. Diese Antwort ist natürlich einigermaßen subjektiv. Auch kann die Antwort niemals vollständig sein, da ich naturgemäß nur bisher gestellte Fragen berücksichtigen konnte und ohne magische Kristallkugel keine Möglichkeit habe, in die Hirne zukünftiger Prüfungsfragen-Produzenten hineinzusehen. Was ich tun konnte, war, einen recht stattlichen Stapel an Prüfungsfragen auszuwerten und in einer Form zu überarbeiten, die einerseits der wirklichen Situation im Examen nahe kommt, andererseits während des Durcharbeitens zum Nachdenken anregen und schwierige Inhalte transparenter machen soll. Dabei habe ich die Schraube bewusst ein wenig stärker angezogen, so dass die Aufgaben insgesamt etwas schwerer sind als die durchschnittlichen Examensfragen. Ich habe Ihnen also auf Ihr Trainingsfahrrad etwas zusätzliches Gewicht gepackt und ein bisschen breitere Reifen aufgezogen – in der Hoffnung, dass Ihnen danach die eigentliche Tour de France leichter fällt.

Hinsichtlich der Aufgabentypen habe ich mich weitgehend an bisherige Examina angelehnt. Zwei Typen sind allerdings neu, der „Fehlertext" und die „Fehlerabbildung", bei denen Sie die inhaltlich falschen Aussagen in Text und Abbildung herausfinden sollen. Beide Aufgabentypen sind recht knifflig, Sie müssen sozusagen die Seiten wechseln, also in die Rolle eines Prüfers schlüpfen, dem von den Examenskandidaten eine Mixtur aus richtigen und falschen Aussagen angeboten wird. Dieser Typ eignet sich besonders für Inhalte, bei denen es nur allzu leicht zu Verwechslungen kommen kann und wo es besonders wichtig ist, auf Einzelheiten in Text oder Abbildung zu achten.

Falls Sie noch etwas Zeit bis zum Examen haben, empfehle ich Ihnen, sich jeden Tag ein Kapitel aus dem Lehrbuch durchzulesen, dann eine Pause einzulegen und anschließend die zu diesem Kapitel gehörenden Aufgaben zu bearbeiten. Sie können dabei das Lehrbuch aufgeschlagen liegen lassen und nachblättern. Lassen Sie sich Zeit, schauen Sie aber zunächst nicht im Lösungsteil nach! Das gilt auch für die Lückentexte, deren Lösungen in veränderter Reihenfolge am Ende jeder Aufgabe angegeben sind. Ich habe alle Fragen so konzipiert, dass sie sich mit Hilfe des Lehrbuchtextes und der Abbildungen lückenlos beantworten lassen. Wahrscheinlich werden Sie bei dieser Art der Bearbeitung einige „Aha-Erlebnisse" haben, Ihnen also Dinge klar werden, die Sie beim bloßen Durchlesen übersehen hatten. Dieser „Aha-Effekt" sollte Sie ein wenig für die mühselige Kopfarbeit entschädigen.

Falls Sie nur noch wenige Tage vom Examenstermin trennen, sollten Sie sich streng auf diejenigen Kapitel konzentrieren, die Sie am schlechtesten beherrschen. Das tut richtig weh, weil dann die Erfolgserlebnisse ausbleiben, aber es geht nicht anders! Orten Sie zunächst im Groben Ihre Wissenslücken, indem Sie z.B. pro Kapitel zwei oder drei willkürlich ausgewählte Fragen herauspicken. Arbeiten Sie danach konsequent alle Fragen der besonders kritischen Kapitel anhand des Lehrbuchs ab, wiederum ohne im Lösungsteil nachzuschlagen. Wenn Sie glauben eine Aufgabe richtig bearbeitet zu haben, haken Sie sie ab. Ich rate Ihnen dringend der Versuchung zu widerstehen, nach jeder Aufgabe bei den Lösungen zu „spicken", denn dadurch bringen Sie sich um den ganzen Erfolg Ihrer Mühen.

Am Ende des Vorworts möchte ich mich ganz herzlich bei den Mitgliedern des jungen Teams vom Thieme-Verlag um Christine Grützner bedanken, die mich wie immer bei Konzeption und Durchführung hervorragend unterstützt haben. Und jetzt: Viel Erfolg und natürlich die nötige Portion Glück!

Mannheim, im September 1998

Inhaltsübersicht

Die kursiv gesetzten Verweise beziehen sich auf dieses Arbeitsbuch, alle anderen auf das Lehrbuch von J. S. Schwegler: Der Mensch – Anatomie und Physiologie, 2. Aufl. Thieme, Stuttgart 1998.

1 Zelle und Gewebe

Aufgabe 1 → Zellorganellen

Ergänzen Sie die folgende Abbildung mit den korrekten Beschriftungen, und geben Sie schlagwortartig die wichtigsten Funktionen der bezeichneten Zellorganellen an.

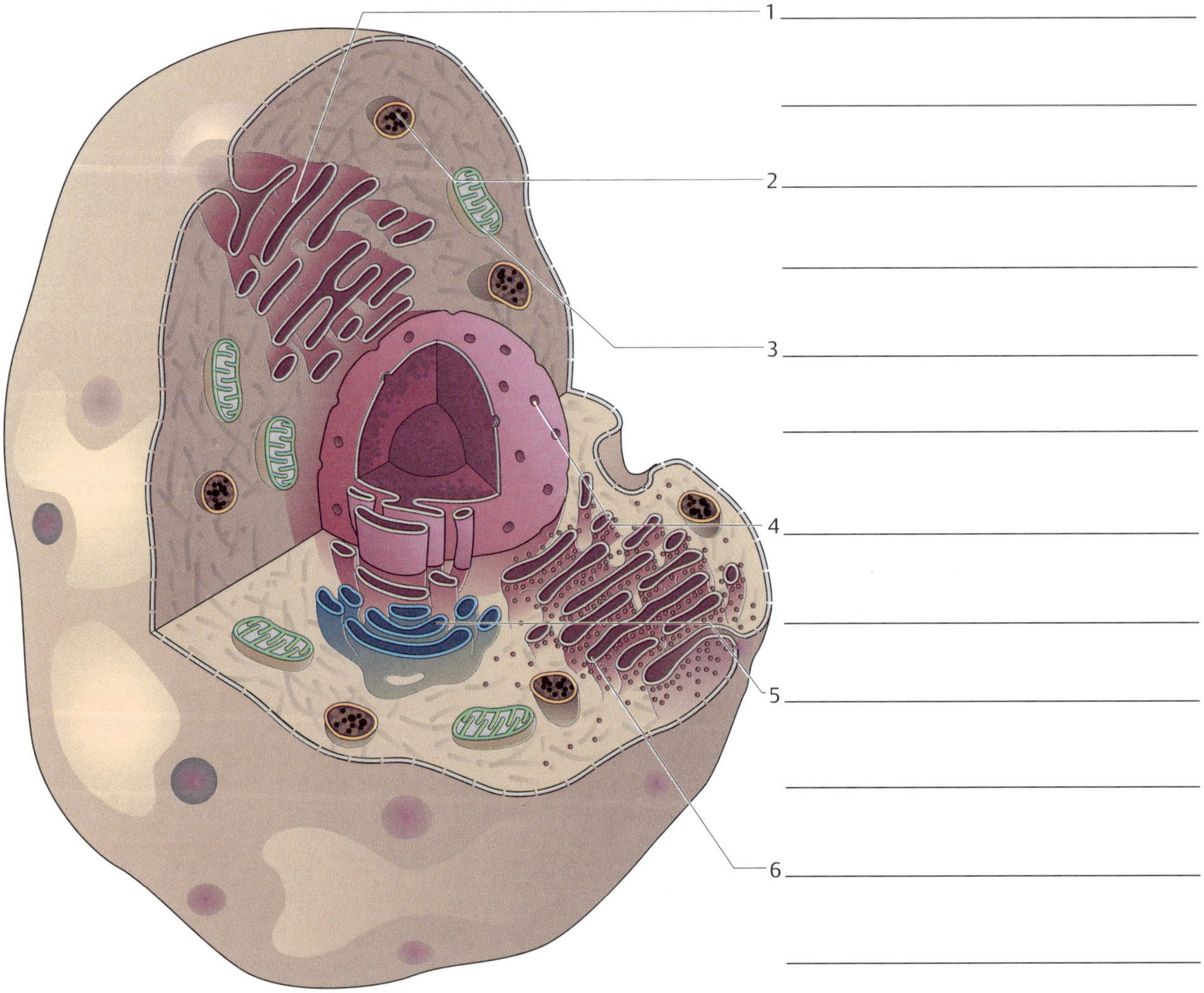

Aufgabe 2 → Zellmembran

Welche der folgenden Aussagen trifft zu? Bitte kreuzen Sie an. (1)

- ○ a) Die Zellmembran ist typischerweise 20 – 30 μm dick.
- ○ b) In der Phospholipiddoppelschicht der Zellmembran berühren sich die wasserlöslichen (hydrophilen) Enden. Sie liegen also innerhalb der Zellmembran.
- ○ c) Die Glykokalix besteht aus Kohlenhydratketten, welche viele Membranproteine an der Zellaußenseite tragen.
- ○ d) Der fettlösliche Anteil der Phospholipide ist für die Unterscheidung zwischen „körpereigen“ und „körperfremd“ durch das Immunsystem entscheidend.
- ○ e) Membranproteine durchdringen nicht die Zellmembran, sondern lagern sich entweder innen oder außen an die Phospholipiddoppelschicht an.

Aufgabe 3 → Mitochondrien

Kennzeichnen Sie, ob die folgenden Stoffe von den Mitochondrien erzeugt oder verbraucht werden, indem Sie Verbindungslinien ziehen.

a) Sauerstoff	1) wird von Mitochondrien verbraucht
b) Kohlendioxid	2) wird von Mitochondrien erzeugt
c) Stickstoff	3) hat nichts mit Mitochondrien zu tun
d) ATP	
e) Wärme	
f) Energieträgerstoffe	
g) Wasser	
h) Ammoniak	

Wenn Ihnen das Mitochondrium zu abstrakt ist, können Sie zur Beantwortung der Frage eine Analogie zum gesamten Körper herstellen: Was braucht der Organismus zum Leben? Was scheidet er aus? Vorsicht ist bei Wasser geboten, hier hilft die Analogie nicht weiter! Bei den übrigen Stoffen geht es also darum zu entscheiden, ob sie etwas mit der Energiegewinnung zu tun haben oder nicht.

Aufgabe 4 → Ribosomen

Beurteilen Sie die folgenden Aussagen auf ihre Richtigkeit, indem Sie ankreuzen.

	richtig	falsch
a) Ribosomen übersetzen mRNA in Proteine.	○	○
b) An einem mRNA-Strang kann jeweils nur ein einzelnes Ribosom arbeiten.	○	○
c) Ribosomen produzieren sowohl Eiweiß für den Bedarf der Zelle selbst als auch für den Export aus der Zelle hinaus.	○	○
d) Der Golgi-Apparat ist reich an Ribosomen	○	○

Aufgabe 5 → Zytoplasmatische Vesikel

Ergänzen Sie die folgende Textpassage mit den untenstehenden Begriffen*.

Vesikel dienen der Zelle für verschiedene Aufgaben. Transport vesikel beispielsweise bringen hochmolekulare Stoffe von einer Seite der Zelle auf die andere. Lysosomen sind als Verdauungs vesikel für den Abbau insbesondere von Eiweißstoffen zuständig. Umgekehrt schnüren sich Sekretions vesikel vom rauhen endoplasmatischen Retikulum und vom Golgi-Apparat ab und verschmelzen mit der Zellmembran, wo sie Exporteiweiße abgeben.

* *Golgi-Apparat; Verdauungs-; Transport-; Sekretions-*

Aufgabe 6 Zellzyklus

Beschriften Sie das folgende Schema des Zellzyklus in der richtigen Reihenfolge.

- S-Phase 1
- Mitose 3
- Interphase 5
- G_2-Phase 2
- G_1-Phase 4

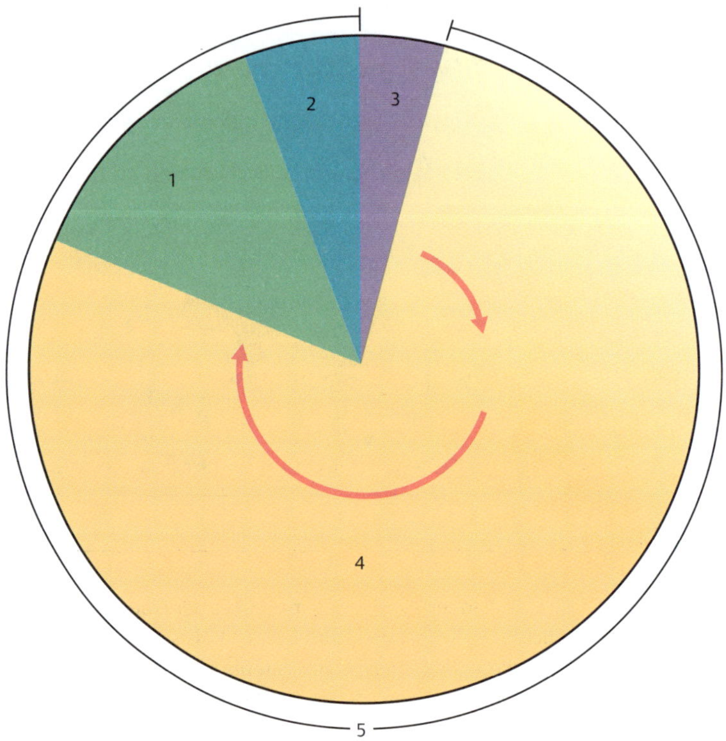

Aufgabe 7 Translation

In der folgenden Textpassage verbergen sich zwei inhaltliche Fehler – welche?

Jedes Eiweiß besteht aus einer oder mehreren Aminosäureketten, sog. Monomeren. Jede Aminosäure wiederum besteht aus 3 Basen, dem sog. Triplett. Insgesamt gibt es 20 Aminosäuren, die Bestandteil von körpereigenem Eiweiß sein können. Einige weitere kommen zwar im Stoffwechsel, nicht aber als Bestandteil von Eiweiß vor. Die Aminosäureketten falten sich häufig in Spiralen, die sich ihrerseits verdrillen und damit die endgültige Form des Eiweißes, die Primärstruktur, bilden.

- ______________________________
- ______________________________

Schauen Sie, wenn Sie sich nicht sicher sind, noch einmal genau nach, wie mRNA in ein Eiweiß übersetzt wird (Translation). Sie sollten genau zwischen der Ebene der Nukleinsäuren (RNA und DNA) und der Ebene der Proteine unterscheiden können. Sehen Sie sich außerdem noch Abb. 1.9 an, und machen Sie sich klar, wie man von einer Aminosäurenkette zum fertig gefalteten Eiweißmolekül kommt.

Aufgabe 8 → Replikation

Welche der folgenden Aussagen trifft nicht zu? Bitte kreuzen Sie an. (1)

- ○ a) In der S-Phase entsteht von jedem DNA-Strang eine identische Kopie.
- ○ b) An der Replikation beteiligen sich mehr Enzyme als an der Transkription (Herstellung von mRNA).
- ○ c) Nach der Replikation verbleiben zunächst beide DNA-Doppelstränge in einer Zelle.
- ○ d) Die Replikation birgt im Hinblick auf die Entstehung von Mutationen ein erhöhtes Risiko.
- ☒ e) Bei der Replikation bleibt der ursprüngliche DNA-Doppelstrang erhalten, während beide Stränge des neugebildeten DNA-Doppelstrangs aus einzelnen Basen neu aufgebaut werden.

Aufgabe 9 → Transkription

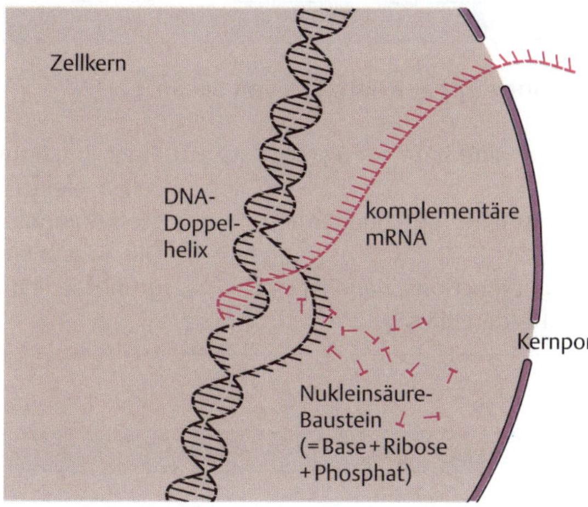

Die Abbildung zeigt schematisch die Transkription von mRNA aus der DNA. Zeichnen Sie das wichtigste Enzym dieses Vorgangs in die Abbildung ein. Wie heißt dieses Enzym?

RNA-Polymerase

Der erste Teil des Lösungsworts bezieht sich darauf, was das Enzym herstellt. Der zweite Teil bezeichnet den Vorgang, bei dem aus vielen kleinen Fragmenten ein einziges langes Molekül entsteht. Vielleicht kennen Sie den Begriff auch von Kunststoffen her. Das Lösungswort endet wie alle Enzyme auf „-ase".

Aufgabe 10 → Meiose

Welche der folgenden Aussagen treffen zu? Bitte kreuzen Sie an. (1)

1) Homologe Chromosomen enthalten identische DNA-Doppelstränge, da sie in der S-Phase aus der Replikation hervorgegangen sind.
2) Homologe Chromosomen tauschen während der ersten Reifeteilung untereinander DNA-Stücke aus.
3) Vor dem Crossing over liegen 4 Chromatiden in enger Nachbarschaft längs nebeneinander.
4) Ein Chromatid besteht aus 2 DNA-Doppelsträngen.

- ○ a) Nur die Aussagen 1 und 2 sind richtig.
- ○ b) Nur die Aussagen 1, 2 und 3 sind richtig.
- ☒ c) Nur die Aussagen 2 und 3 sind richtig.
- ○ d) Nur die Aussagen 3 und 4 sind richtig.
- ○ e) Nur die Aussagen 2, 3 und 4 sind richtig.

Aufgabe 11 → Chromosomen

Aus wie vielen Chromosomen besteht ein kompletter menschlicher Chromosomensatz der Körperzellen? Bitte kreuzen Sie an. (1)

- ☒ a) 46 Chromosomen, davon zwei Chromosomen X bzw. ein X und ein Y
- ○ b) 46 Chromosomen, zusätzlich zwei Chromosomen X bzw. ein X und ein Y
- ○ c) 23 Chromosomen, davon entweder ein Chromosom X oder ein Y
- ○ d) 23 Chromosomen, zusätzlich entweder ein Chromosom X oder ein Y
- ○ e) 44 Chromosomen, zusätzlich entweder zwei Chromosomen X oder zwei Y

Aufgabe 12 → Epithelgewebe

Welche der folgenden Aussagen trifft nicht zu? Bitte kreuzen Sie an. (1)

- ○ a) Die Zellen des Epithelgewebes sind häufiger als alle anderen Zellen des Körpers.
- ○ b) Epithelgewebe bildet häufig eine durchgehende, wasserundurchlässige Schicht.
- ○ c) Enthält ein Epithel wenig Tight junctions, dann ist es für Wasser und gelöste Stoffe durchlässig.
- ☒ d) Tight junctions verbinden zwei benachbarte Epithelzellen elektrisch miteinander, so dass sie dasselbe Membranpotential haben.
- ○ e) Die Basalmembran von Epithelzellen befindet sich grundsätzlich an der dem Blut zugewandten Seite.

Aufgabe 13 → Epithelgewebe

Wie heißen die Kontaktstellen von Epithelzellen, die zwei benachbarten Zellen untereinander mechanischen Halt geben?

Desmosomen

Von den gefragten Haftpunkten lassen sich noch mindestens zwei weitere Zell-Zell-Verbindungen unterscheiden. Diese – nicht gefragten – Verbindungen bezeichnet man mit englischen Namen. Die Haftpunkte, um die es geht, verbinden wie Druckknöpfe zwei benachbarte Zellen miteinander. Es handelt sich also nicht um flächige oder leistenförmige Verbindungen. Daher können sie die beiden Seiten eines Epithels auch nicht flüssigkeitsdicht voneinander trennen.

Aufgabe 14 → Epithelgewebe

Die Abbildung zeigt schematisch eine bestimmte Form von Epithelgewebe – welche?

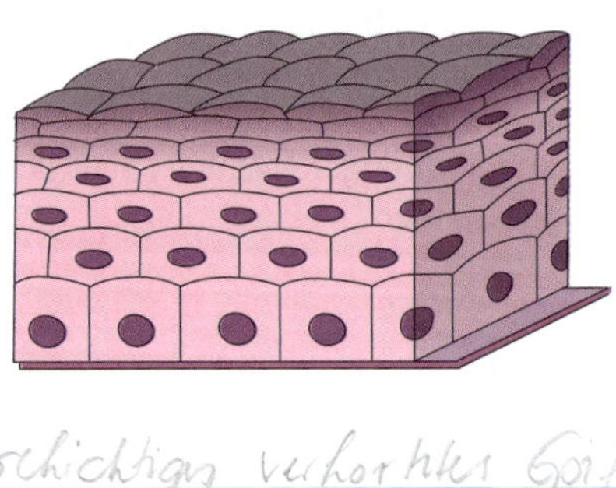

mehrschichtiges verhorntes Epithel

Aufgabe 15 → Epithelgewebe

Beurteilen Sie die folgenden Aussagen auf ihre Richtigkeit, indem Sie ankreuzen:

	richtig	falsch
a) Alle Grenzflächen zwischen dem Körperinnenraum und der Luft werden von Epithelgewebe überkleidet.	☒	○
b) Der Begriff „Deckepithel“ ist gleichbedeutend mit „Schleimhaut“ bzw. „Haut“.	○	☒
c) Einschichtiges Epithel ist weniger widerstandsfähig als mehrschichtiges.	☒	○
d) Epithelgewebe, das an seiner Außenseite nicht an einen luftgefüllten Raum grenzt, gehört nicht zur Klasse des Deckepithels.	○	☒
e) Das Übergangsepithel der Harnwege ist ein Beispiel für ein transportierendes Epithel.	○	☒

Aufgabe 16 → Drüsenepithel

Ordnen Sie den folgenden Begriffen die richtige Erklärung zu, indem Sie Verbindungslinien ziehen.

a) exokrine Sekretion 4

b) merokrine (ekkrine) Sekretion 1

c) holokrine Sekretion 3

d) endokrine Sekretion 2

1) Sekretionsform, bei der keine Bestandteile der Drüsenzellen ausgerissen werden

2) Abgabe von Sekret an den Körperinnenraum, vorzugsweise ans Blut

3) Sekretionsform, bei der die ganze Drüsenzelle zugrunde geht

4) Abgabe von Sekret an die Außenwelt

5) Abgabe von Sekret an benachbarte Zellen

Aufgabe 17 → Transportierendes Epithel

Epithelgewebe kann Flüssigkeit und gelöste Stoffe gerichtet transportieren. Wie heißen die zwei prinzipiell möglichen Transportvorgänge, und in welche Richtung laufen sie ab? Markieren Sie diese Vorgänge durch Pfeile in der Abbildung.

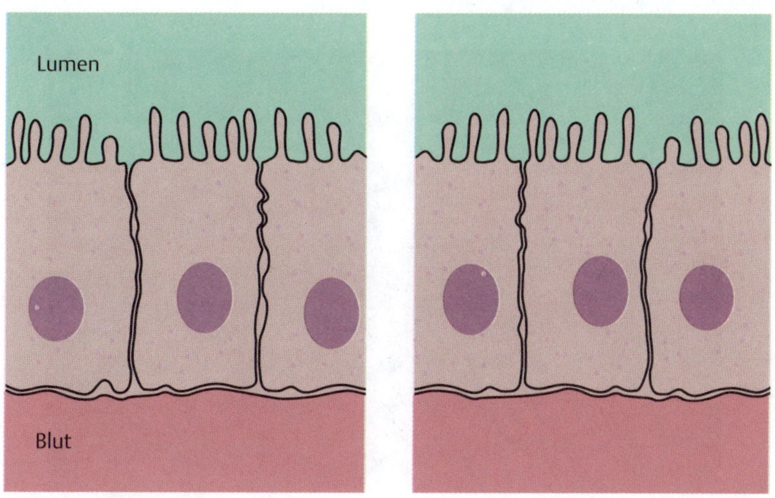

1 ______________________ 2 ______________________

Aufgabe 18 → Binde- und Stützgewebe

Was ist das gemeinsame Charakteristikum aller Typen des Binde- und Stützgewebes? Bitte kreuzen Sie an. (1)

- ○ a) die mechanische Belastbarkeit
- ○ b) die Elastizität
- ○ c) der Zellreichtum
- ☒ d) die extrazellulären Fasern
- ○ e) die gute Durchblutung

Halten Sie sich folgende Beispiele des Binde- und Stützgewebes vor Augen: Knochen, Milzgewebe, Kreuzbänder. Vier von den genannten Merkmalen treffen auf mindestens eines der Beispiele nicht zu. Indem Sie die vier nicht zutreffenden Merkmale ausstreichen, kommen Sie automatisch auf die gesuchte Lösung.

Aufgabe 19 → Binde- und Stützgewebe

Ergänzen Sie die folgende Textpassage mit den untenstehenden Begriffen*.

Binde- und Stützgewebe unterscheiden sich dadurch, dass das Bindegewebe vor allem auf Zug beansprucht werden kann, das Stützgewebe aber zusätzlich – und vor allem – Druck standhalten kann. Binde- und Stützgewebe ergänzen einander wie der Metallrahmen und die Stahlseile eines Baukrans, die nur zusammen der Konstruktion Festigkeit verleihen. Der entscheidende Vorteil dieser zusammengesetzten Konstruktionsform ist das geringe Gewicht.

* *das geringe Gewicht; Druck/Druckbelastungen; Zug/Zugkräfte*

Aufgabe 20 → Bindegewebe

Welchen Typ von Bindegewebe zeigt dieses histologische Foto?

____

Beschriften Sie die in der Abbildung gut erkennbaren Strukturen:

1) ______

2) ______

3) ______

Aufgabe **21** → **Sehnen und Bänder**

Welche der folgenden Aussagen trifft nicht zu? Bitte kreuzen Sie an. (1)

- ○ a) Sehnen bestehen aus parallel angeordneten Kollagenfasern.
- ☒ b) Sehnen enthalten keine lebenden Zellen.
- ○ c) Sehnenanrisse heilen langsamer als Muskelanrisse.
- ○ d) Sehnen verbinden einen Muskel und einen Knochen miteinander, Bänder zwei Knochen.
- ○ e) Bänder sind in der Regel elastischer als Sehnen.

Aufgabe **22** → **Stützgewebe**

Welche zwei unterschiedlichen Gewebearten gehören zum Stützgewebe?

- Knochengewebe
- Knorpelgewebe

Aufgabe **23** → **Knochengewebe**

Das Foto zeigt einen angeschnittenen Lendenwirbelkörper. Zeichnen Sie in die Abbildung die Trajektorien ein, die sich in den Hauptspannungsrichtungen des Knochens anordnen.

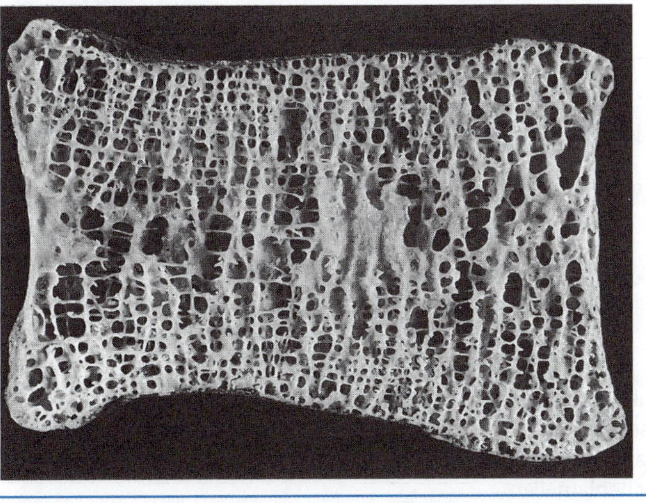

Trajektorien bilden sich entlang derjenigen Richtungen aus, in denen der Knochen entweder auf Druck oder auf Zug belastet wird. Die Richtung der Druckbelastung dürfte ziemlich klar sein. Hinsichtlich der Zugbelastung hilft es Ihnen vielleicht weiter, wenn Sie sich den Knochen nicht als starren Klotz vorstellen, sondern eher als einen rechteckigen elastischen Schwamm. Wenn man von oben auf den Schwamm drückt, in welcher Richtung entstehen dann Zugkräfte? Vergleichen Sie auch Kap. 2, LE 2 (Bandscheibe).

Aufgabe 24 → Knorpelgewebe

Welche der folgenden Aussagen trifft/treffen zu? Bitte kreuzen Sie an. (1)

Der hyaline Knorpel...
1) ist häufiger als die übrigen Knorpelarten.
2) ist besonders elastisch.
3) hat eine glasige Oberfläche.
4) kommt vor allem als Überzug auf Gelenkflächen vor.
5) hat mikroskopisch gut sichtbare Kollagenfasern.

- ○ a) Nur Aussage 1 ist richtig.
- ○ b) Nur die Aussagen 1, 2 und 4 sind richtig.
- ⊗ c) Nur die Aussagen 1, 3 und 4 sind richtig.
- ○ d) Nur die Aussagen 2, 4 und 5 sind richtig.
- ○ e) Nur die Aussagen 3 und 5 sind richtig.

Aufgabe 25 → Knochenbildung

Beurteilen Sie die folgenden Aussagen auf ihre Richtigkeit, indem Sie ankreuzen.	richtig	falsch
a) In der Fetalzeit werden die meisten Knochen aus Knorpelgewebe „vormodelliert“.	○	○
b) Die Verknöcherung beginnt in der Epiphyse.	○	○
c) Zum Zeitpunkt der Geburt ist die Verknöcherung im Wesentlichen abgeschlossen.	○	○
d) In der Epiphysenfuge spielt sich das Längenwachstum der Extremitätenknochen nach der Geburt ab.	○	○
e) Im Erwachsenenalter enthalten die Extremitätenknochen kein Knorpelgewebe mehr.	○	○

Aufgabe 26 → Lamellenknochen

Beurteilen Sie die folgenden Aussagen auf ihre Richtigkeit, indem Sie ankreuzen.	richtig	falsch
Osteone ...		
a) treten nur im Lamellenknochen auf.	○	○
b) treten sowohl im Lamellen- als auch im Geflechtknochen auf.	○	○
c) bilden die Kompakta.	○	○
d) enthalten in ihrer Mitte je ein Blutgefäß.	○	○
e) sind röhrenförmige Strukturen, die sich manschettenartig um die Diaphyse der Röhrenknochen herumschlingen.	○	○
f) verlaufen parallel zueinander.	○	○
g) enthalten mehrere Knochenlamellen.	○	○

Aufgabe 27 → Muskelgewebe Sarkomer

In der folgenden Abb. (Schema der Funktionseinheit eines Muskels) verbergen sich zwei inhaltliche Fehler – welche?

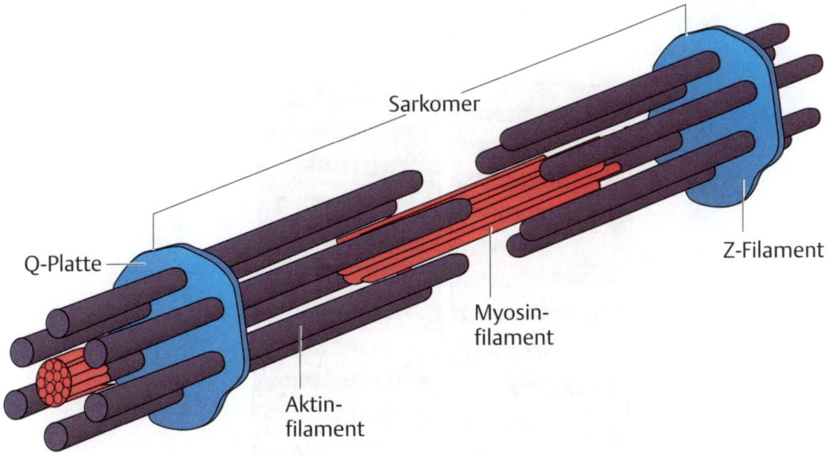

▸ ______________________________

▸ ______________________________

Aufgabe 28 → Muskelkontraktion

Ordnen Sie den folgenden Stoffen ihre Aufgabe bei der Muskelkontraktion zu, indem Sie Verbindungslinien ziehen.

a) Natrium	1) intrazelluläres Signal-Ion bei der elektromechanischen Koppelung
b) Kalium	2) Loslassen der Myosinköpfchen nach dem Gleitvorgang
c) Calcium	3) schnelle Depolarisation der Zellmembran bei elektrischer Erregung
d) ATP	4) Rückführung des Membranpotentials auf den Ruhewert

Natrium und Kalium kennen Sie schon vom Aktionspotential her. Aktionspotentiale gibt es aber nicht nur im Nerven-, sondern auch im Muskelgewebe. Für die speziellen Aufgaben am Sarkomer müssen also die beiden anderen Stoffe zuständig sein. ATP nennt man übrigens auch den „Weichmacher" der Muskulatur – warum wohl?

Aufgabe 29 → Muskelgewebe

Für welchen Typ des Muskelgewebes ist diese Anordnung der Zellbestandteile typisch?

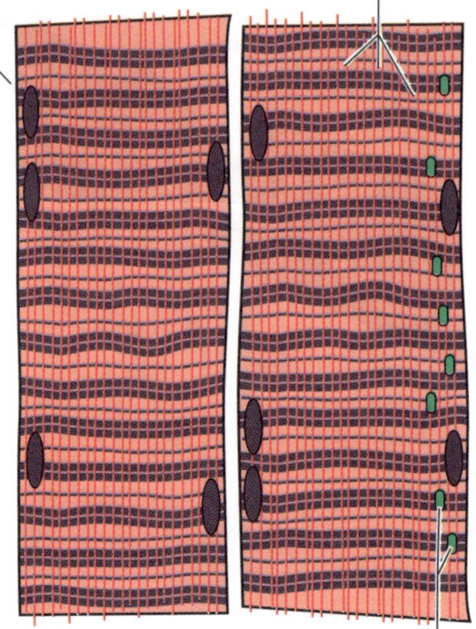

____

Aufgabe 30 → Muskelgewebe

Welche der folgenden Aussagen trifft nicht zu? Bitte kreuzen Sie an. (1)

- ○ a) Im Gegensatz zur Skelettmuskulatur funktioniert die Herzmuskulatur nach dem Alles-oder-nichts-Gesetz.
- ○ b) Glatte Muskelzellen sind kleiner als Skelettmuskelzellen.
- ○ c) Die Herzmuskulatur enthält besonders viele Mitochondrien zur aeroben Energiegewinnung.
- ○ d) Glatte Muskelzellen haben weniger regelmäßig angeordnete Sarkomere als Herzmuskelzellen.
- ○ e) Skelettmuskelzellen besitzen meist 2–5 Zellkerne.

Aufgabe 31 → Nervengewebe

Ergänzen Sie die folgende Textpassage mit den untenstehenden Begriffen*.

Ein Aktionspotential breitet sich entlang eines Axons immer in einer bestimmten Richtung aus, nämlich ausgehend vom Soma der Nervenzellen hin zur Synapse. Die Erregung kann nicht rückwärts laufen, da sich eine Membranstelle, über die gerade eine elektrische Erregung hinweggegangen ist, in ihrer Refraktärperiode befindet, also zeitweise nicht mehr erregbar ist. Marklose Nervenfasern besitzen keine Schwann-Scheiden und leiten elektrische Impulse daher wesentlich langsamer fort als markhaltige Nervenfasern.

---

* *keine; langsamer; Refraktärperiode; vom Soma/Zellleib; zur Synapse*

Aufgabe 32 → Verschiedene Formen von Synapsen

Ergänzen Sie die folgende Abbildung mit den korrekten Beschriftungen.

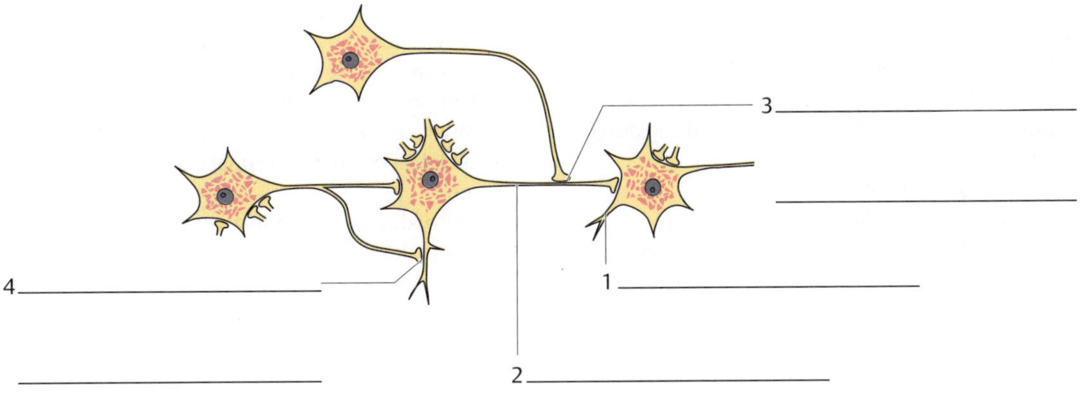

Aufgabe 33 → Zelle und Gewebe – Kreuz und quer

Lösen Sie bitte das folgende Kreuzworträtsel.

waagrecht:

5 Reifeteilung
8 ATP produzierende Zellorganelle
10 kleinste funktionelle Einheit des Muskelgewebes
12 Transporteiweiß, das keine offene Verbindung durch die Zellmembran herstellt
13 Eiweiß, Aminosäurenkette
15 Ausscheidung eines Abfall- oder Giftstoffes
16 Bereich einer Nervenfaser zwischen zwei Markscheiden
17 In welchem Organ sind die Muskelzellen durch Glanzstreifen gekoppelt?
18 In welchem Bereich wachsen die Röhrenknochen während der Kindheit in die Länge?
19 straffes Bindegewebe zwischen Muskel und Knochen

senkrecht:

1 Mineralion, bestimmt das Ruhemembranpotential
2 dünne Schicht unmittelbar unterhalb der Epithelzellen
3 Fetttropfen im Inneren einer Fettgewebszelle
4 innere Auskleidung der Harnblase
6 bildet sich in der Metaphase der Mitose aus den Zentriolen
7 Zellzyklus zwischen je zwei Mitosen
9 mikroskopische Knorpelhöhlung mit einigen wenigen Knorpelzellen
11 DNA-Verdoppelung in der S-Phase
14 Zeitpunkt, an dem sich die Chromatiden in der Mitose voneinander trennen

1 Zelle und Gewebe

Aufgabe 1

(LE 1)
1. glattes endoplasmatisches Retikulum (Entgiftungsreaktionen, Galleproduktion)
2. Lysosom (Abbau von biologischem Material/Verdauung)
3. Mitochondrium (Energieproduktion/ATP-Erzeugung)
4. Kernpore (Transport von Eiweiß und RNA zwischen Kern und Zytoplasma)
5. Golgi-Apparat (Modifizierung von Exporteiweiß)
6. rauhes endoplasmatisches Retikulum (Produktion von Exporteiweiß)

Aufgabe 2

(LE 1)
c

Aufgabe 3

(LE 2)
a1, b2, c3, d2, e2, f1, g2, h3

Aufgabe 4

(LE 3)
richtig a, c
falsch b, d

Aufgabe 5

(LE 3)
Transport-; Verdauungs-; Sekretions-; Golgi-Apparat

Aufgabe 6

(LE 4)
1 S-Phase
2 G_2-Phase
3 Mitose
4 G_1-Phase
5 Interphase

Aufgabe 7

(LE 4)
- Basentriplett ist Vorlage, nicht Bestandteil von Aminosäuren.
- Es handelt sich um die Tertiärstruktur, nicht die Primärstruktur.

Aufgabe 8

(LE 5)
e

Aufgabe 9

(LE 5)

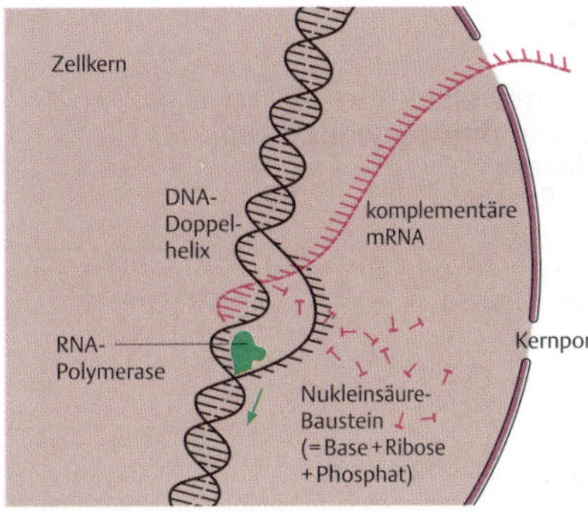

RNA-Polymerase

Aufgabe 10

(LE 7)
c

Aufgabe 11

(LE 7)
a

Aufgabe 12

(LE 8)
d

Aufgabe 13

(LE 8)
Desmosomen

Aufgabe 14

(LE 9)
mehrschichtiges verhornendes Plattenepithel

Aufgabe 15

(LE 9)
richtig a, c
falsch b, d, e

Aufgabe 16

(LE 10)
a4, b1, c3, d2

Aufgabe 17

(LE 10)
1 Resorption ↓
2 Sekretion ↑

Aufgabe 18

(LE 11)
d

Aufgabe **19**

(LE 12)
Zug/Zugkräfte; Druck/Druckbelastungen; das geringe Gewicht

Aufgabe **20**

(LE 11)
lockeres Bindegewebe
1) Zellkerne von Bindegewebszellen
2) Kollagenfasern
3) elastische Fasern

Aufgabe **21**

(LE 12)
b

Aufgabe **22**

(LE 13)
- Knorpelgewebe
- Knochengewebe

Aufgabe **23**

(LE 13)
kreuzförmiges Muster (horizontale und vertikale Linien)

Aufgabe **24**

(LE 13)
c

Aufgabe **25**

(LE 13)
richtig a, d
falsch b, c, e

Aufgabe **26**

(LE 13)
richtig a, c, d, f, g
falsch b, e

Aufgabe **27**

(LE 15)
- Myosinfilamente haben bewegliche Köpfchen
- Eine „Q-Platte" gibt es nicht. Stattdessen muss es heißen: „Z-Filament"

Aufgabe **28**

(LE 15)
a3, b4, c1, d2

Aufgabe **29**

(LE 15)
Skelettmuskulatur

Aufgabe **30**

(LE 15)
e

Aufgabe **31**

(LE 16)
vom Soma/Zellleib; zur Synapse; Refraktärperiode; keine; langsamer

Aufgabe **32**

(LE 17)
1 Dendrit
2 Axon/Neurit
3 axoaxonale Synapse
4 axodendritische Synapse

Aufgabe **33**

waagrecht:
5 Meiose
8 Mitochondrium
10 Sarkomer
12 Carrier
13 Protein
15 Exkretion
16 Schnuerring
17 Herz
18 Epiphysenfuge
19 Sehne

senkrecht:
1 Kalium
2 Basalmembran
3 Vakuole
4 Uebergangsepithel
6 Spindelapparat
7 Interphase
9 Chondron
11 Replikation
14 Anaphase

2 Bewegungsapparat

Aufgabe **1** → **Wirbelsäule**

Kennzeichnen Sie verschiedenfarbig die unterschiedlichen Abschnitte der Wirbelsäule. Wie viele Wirbel enthält jeder Abschnitt (notfalls können Sie nachzählen)?

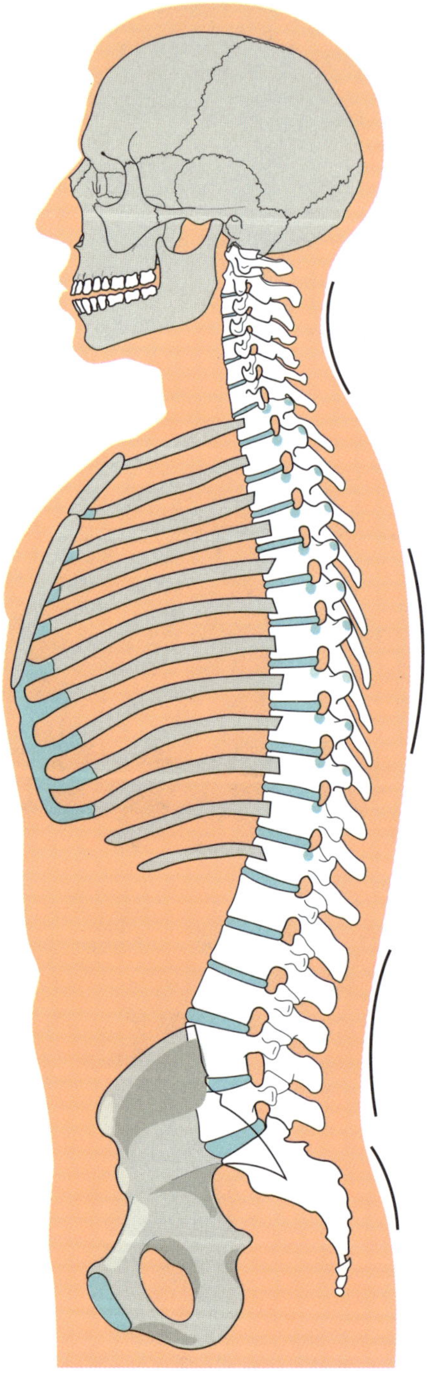

- Halswirbel 7
- Brustwirbel 12
- lendenwirbel 5
- (Steißbein)Kreuzbein 4-5

Aufgabe 2 → Wirbelsäule

Welche Aussage trifft nicht zu? Bitte kreuzen Sie an. (1)

- ○ a) Die Halswirbelsäule ist im Sinne einer Lordose gekrümmt.
- ○ b) Die Lendenwirbelsäule ist im Sinne einer Kyphose gekrümmt.
- ○ c) Die Brustwirbelsäule ist im Sinne einer Kyphose gekrümmt.
- ○ d) Das Kreuzbein ist im Sinne einer Kyphose gekrümmt.
- ○ e) Kyphose und Lordose dienen als Federung gegenüber vertikalen Schlägen auf die Wirbelsäule.

Zwei Eselsbrücken zu den Begriffen „Lordose“ und „Kyphose“: Einen englischen *Lord* stellt man sich recht formell und steif vor. In einer steifen Haltung krümmt sich die Wirbelsäule nach hinten (vorne konvex, hinten konkav) – eine Lordose. Umgekehrt wird jemand, der gerade *kifft*, sich eher „relaxt“ auf ein Sofa lümmeln. Dabei biegt sich die Wirbelsäule nach vorne (vorne konkav, hinten konvex).

Aufgabe 3 → Wirbel

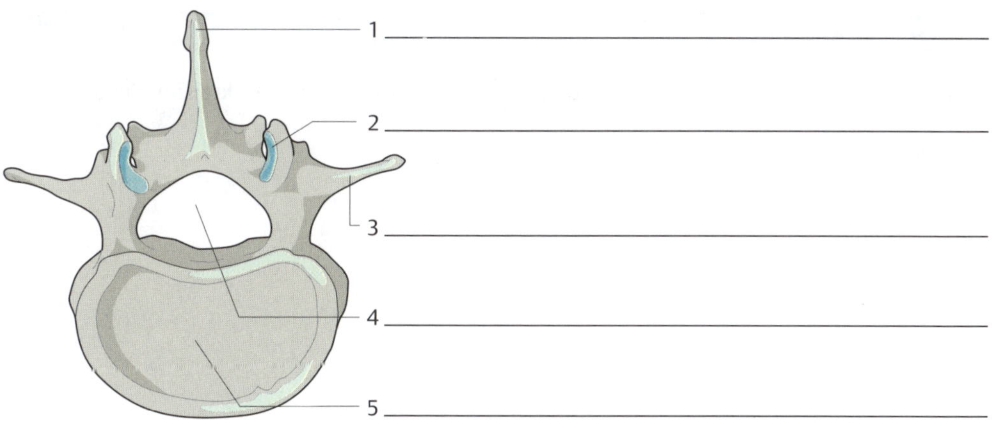

Die Abbildung zeigt einen menschlichen Wirbel von oben. Um was für einen Wirbel handelt es sich? Ergänzen Sie die Abbildung mit den entsprechenden Beschriftungen.

Um was für einen Wirbel es sich handelt, sehen Sie an dem Größenverhältnis zwischen dem Wirbelkörper und dem „Loch“, also der Aussparung für das Rückenmark. Im oberen Teil der Wirbelsäule, in der Nähe des Kopfes, muss der Wirbelkörper noch wenig Gewicht tragen. Dafür ist hier das Rückenmark wegen der zahlreichen langen Nervenbahnen besonders dick. Entsprechend groß ist auch das Loch. Unten, in der Nähe des Kreuzbeins, sind die Verhältnisse genau umgekehrt. Im mittleren Teil der Wirbelsäule fallen die Gelenkflächen auf, mit denen die Rippen Kontakt zum Rückgrat aufnehmen.

Aufgabe 4 Bandscheiben

Beurteilen Sie die folgenden Aussagen auf ihre Richtigkeit, indem Sie ankreuzen.

	richtig	falsch
a) Zwischen je zwei Wirbelkörpern befindet sich eine Bandscheibe.	○	○
b) Die Bandscheiben bestehen aus einem Faserkern und einer Gallerthülle.	○	○
c) Bandscheiben setzen die Belastung beim seitlichen Neigen der Wirbelsäule in Zug- und Druckbelastungen auf die Wirbelkörper um.	○	○
d) An ihrer Außenfläche gehen die Bandscheiben in die längsgerichteten Wirbelsäulenbänder über.	○	○
e) Die Bandscheiben erstrecken sich auch auf den Bereich zwischen den Wirbelbögen.	○	○

Aufgabe 5 Rückenmuskulatur

Welche Bewegung wird nicht von der autochthonen Rückenmuskulatur unterstützt? Bitte kreuzen Sie an. (1)

○ a) Aufrichten des Rumpfes aus gebückter Haltung
○ b) Drehen des Oberkörpers gegenüber dem Becken
○ c) Seitwärtsneigen des Rumpfes
○ d) Neigen des Kopfes nach hinten
○ e) Neigen des Oberkörpers nach vorn

Aufgabe 6 Rückenmuskulatur

Welche der folgenden Muskeln gehören zur autochthonen Rückenmuskulatur? Bitte kreuzen Sie an. (1)

1) M. iliocostalis thoracis
2) M. longissimus capitis
3) M. latissimus dorsi
4) M. semispinalis capitis
5) M. supraspinatus
6) M. triceps surae

○ a) Nur 1 und 3 gehören dazu.
○ b) Nur 1, 2 und 4 gehören dazu.
○ c) Nur 2, 3, 4 und 5 gehören dazu.
○ d) Nur 3, 5 und 6 gehören dazu.
○ e) Alle Muskeln gehören dazu.

Aufgabe 7 Brustkorb

Gehören die folgenden Knochen zum Brustkorb (knöchernen Thorax) oder nicht? Bitte kreuzen Sie an.

	richtig	falsch
a) Rippen	○	○
b) Brustbein	○	○
c) Schlüsselbein	○	○
d) Brustwirbel	○	○
e) Rippenfortsätze der Lendenwirbel	○	○

Aufgabe 8 → Muskeln des Brustkorbs

Zeichnen Sie in der folgenden Abbildung des Brustkorbs den Verlauf der inneren und äußeren Zwischenrippenmuskulatur ein.

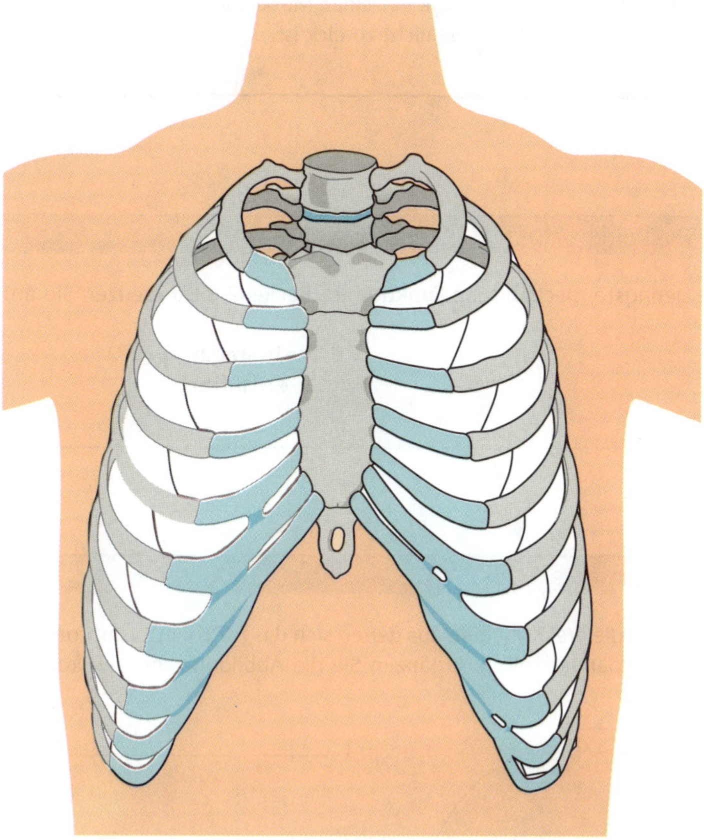

Aufgabe 9 → Brustbein

Aus welchen drei Anteilen besteht das Brustbein?

- ______________________
- ______________________
- ______________________

Aufgabe 10 → Bauchmuskulatur

Welcher Muskel bildet bei gut trainierten, schlanken Männern den typischen „Waschbrettbauch"? Bitte kreuzen Sie an. (1)

- ○ a) M. obliquus externus abdominis
- ○ b) M. obliquus internus abdominis
- ○ c) M. rectus abdominis
- ○ d) M. transversus abdominis
- ○ e) Der obere Muskelbauch entsteht durch den M. obliquus internus, die übrigen durch den M. transversus abdominis.

Der „Waschbrettbauch" entsteht durch einen Muskel, der den unteren Teil des Brustkorbs vertikal mit dem Becken verbindet. Der Muskel wird durch drei oder vier horizontale Zwischensehnen unterbrochen, zwischen denen bei gut trainierten Personen die einzelnen Muskelbäuche vorspringen. Voraussetzung ist natürlich, dass das Unterhautfettgewebe nicht zu dick ist.

Aufgabe 11 → Beckenknochen

Welcher Knochen hat die geringste mechanische Funktion im Becken? Bitte kreuzen Sie an. (1)

○ a) Kreuzbein
○ b) Darmbein
○ c) Schambein
○ d) Steißbein
○ e) Hüftbein

Aufgabe 12 → Hüftbein

Kennzeichnen und benennen Sie die drei Knochen, aus denen sich das Hüftbein zusammensetzt. Machen Sie insbesondere deutlich, wo diese Knochen aneinanderstoßen. Ergänzen Sie die Abbildung mit den korrekten Beschriftungen.

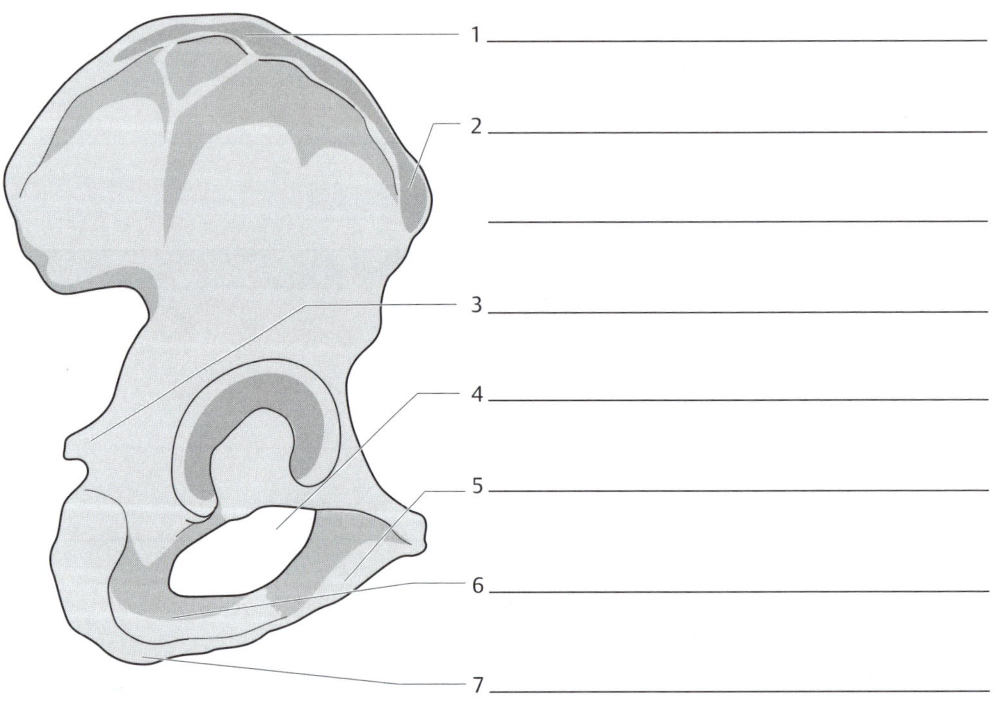

▸ ____________ ▸ ____________ ▸ ____________

Aufgabe 13 → Becken

In der folgenden Textpassage verbergen sich zwei inhaltliche Fehler – welche?

Die Anatomie des Beckens unterscheidet sich bei Männern und Frauen in charakteristischer Weise: Das Becken der Frau ist breiter und hat steiler gestellte Darmbeinschaufeln. Außerdem ist der Winkel zwischen den beiden unteren Schambeinästen kleiner, so dass der Beckenausgang, also die Strecke zwischen den beiden Sitzbeinhöckern, größer wird. Diese anatomischen Unterschiede begünstigen den Durchtritt des kindlichen Kopfes während der Geburt.

- ______________________________
- ______________________________

Aufgabe 14 → Oberschenkel

Beurteilen Sie die folgenden Aussagen zum Schenkelhalswinkel (CCD-Winkel) auf ihre Richtigkeit, indem Sie ankreuzen.

	richtig	falsch
a) Der CCD-Winkel wird im Alter kleiner.	○	○
b) Die Altersveränderung des CCD-Winkels begünstigt Schenkelhalsfrakturen.	○	○
c) Eine Vergrößerung des CCD-Winkels führt dazu, dass die Knie nach innen und die Füße nach außen stehen („X-Beine").	○	○
d) Der CCD-Winkel beträgt normalerweise 125 – 130°.	○	○

Aufgabe 15 → Hüftgelenk

Ergänzen Sie folgende Abbildung der Bänder des Hüftgelenks von hinten mit den korrekten Beschriftungen.

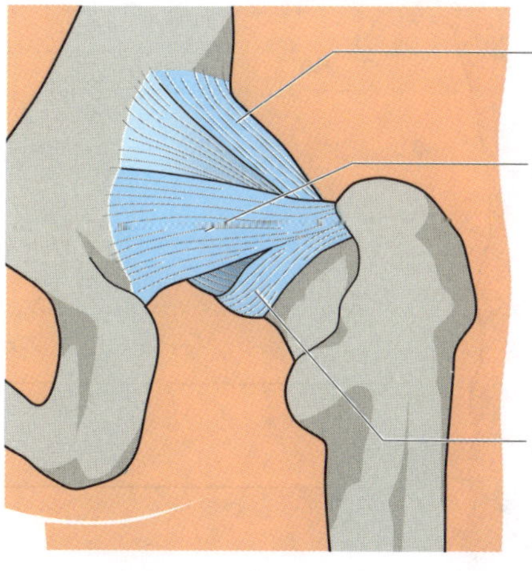

1 ______________________________

2 ______________________________

3 ______________________________

Sie sollen die drei unterschiedlichen Hüftgelenkbänder beschriften, die sich um Femurkopf und Schenkelhals wickeln. Alle Bänder werden nach ihrem Verlauf von rumpfnah nach rumpffern benannt. Der rumpfferne Teil ist bei allen drei Bändern identisch – es handelt sich um den Oberschenkelknochen. Der rumpfnahe Anteil jedes der drei Bänder heißt nach dem entsprechenden Anteil des Hüftbeins.

Aufgabe 16 → Hüftgelenk

Welche der folgenden Aussagen trifft nicht zu? Bitte kreuzen Sie an. (1)

- ○ a) Das Hüftgelenk ist ein klassisches Scharniergelenk.
- ○ b) Im Hüftgelenk sind Bewegungen in drei Freiheitsgraden möglich.
- ○ c) Der Oberschenkel kann sich im Hüftgelenk um seine Längsachse drehen (Rotation).
- ○ d) Die maximale Abduktion im Hüftgelenk ist größer als die maximale Adduktion.
- ○ e) Der Oberschenkel kann im Hüftgelenk nur um etwa 15 ° gestreckt werden.

Als Freiheitsgrad bezeichnet man die Möglichkeit, etwas um eine bestimmte Achse zu drehen. Eine Tür bewegt sich um ihre vertikale Achse (Scharnier) in einem Freiheitsgrad, nämlich nur auf und zu. Ein Computer-Joystick lässt sich normalerweise in zwei Freiheitsgraden bewegen (vor/zurück und links/rechts sowie alle Kombinationen dieser Bewegungen). Könnte man den Joystick ähnlich wie einen Schraubenzieher um seine eigene Achse drehen, wäre das eine Bewegung im dritten Freiheitsgrad.

Aufgabe 17 → Hüftmuskulatur

Welches ist der mit Abstand kräftigste Streckmuskel im Hüftgelenk?

____

Aufgabe 18 → Hüftmuskulatur

Auf der folgenden Abbildung ist der stärkste Beugemuskel im Hüftgelenk mit seinen zwei Anteilen dargestellt. Wie heißt dieser Muskel? Kennzeichnen Sie verschiedenfarbig die beiden Anteile des Muskels und beschriften Sie diese.

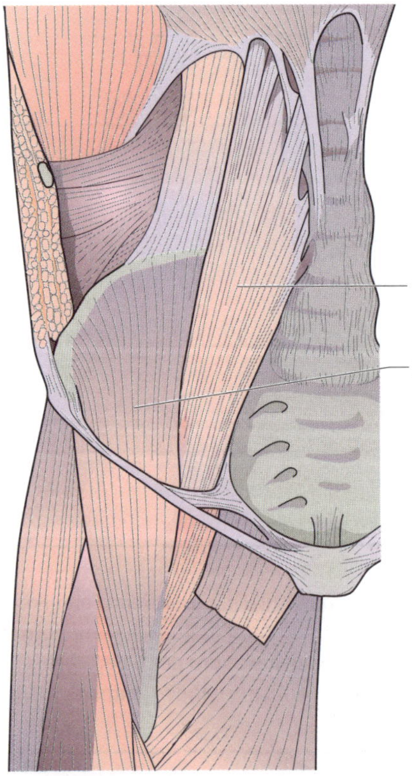

1 ______________________________

2 ______________________________

____

Aufgabe 19 → Unterschenkelknochen

Ergänzen Sie die folgende Textpassage mit den untenstehenden Begriffen*.

Das Wadenbein überträgt ____________ Belastung vom Oberschenkelknochen auf das Sprungbein. Zwischen Waden- und Schienbein erstreckt sich die ______________________________, welche die Unterschenkelmuskulatur in Bereiche (Muskellogen) teilt. Das Wadenbein hat ______________ Anteil am Kniegelenk. Es ______________________ am oberen Sprunggelenk. Die Verdickung am unteren Ende des Wadenbeins ist als ________________________ durch die Haut zu ertasten.

* *keinen; keine; Außenknöchel, beteiligt sich hingegen; Membrana interossea*

Aufgabe 20 → Kniescheibe

Die Kniescheibe ist ein Sesambein. Was bedeutet das? Bitte kreuzen Sie an. (1)

Es bedeutet, ...

- ○ a) dass die Kniescheibe sich als dritter Knochen am Kniegelenk beteiligt.
- ○ b) dass die vordere Oberfläche der Kniescheibe rauh wie ein Sesambrötchen ist.
- ○ c) dass die Kniescheibe in eine Sehne eingeschaltet ist und die Zugrichtung eines Muskels umlenkt.
- ○ d) dass die Kniescheibe sich zwischen zwei Führungsbändern wie in einer Rinne bewegt.
- ○ e) dass die Kniescheibe in der vorgeburtlichen Entwicklung aus kleineren Verknöcherungskernen (Nuclei sesamoidei) zusammengewachsen ist.

Aufgabe 21 → Kniegelenk

Welche der folgenden Aussagen trifft nicht zu? Bitte kreuzen Sie an. (1)

- ○ a) Das Kniegelenk ist ein Drehscharniergelenk.
- ○ b) Die Gelenkflächen zwischen Femur und Schienbein passen schlechter zusammen als die zwischen Hüftbein und Femur.
- ○ c) Beim Beugen und Strecken gleiten die Kondylen des Femurs auf denen des Schienbeins vor und zurück.
- ○ d) Im Kniegelenk sind Bewegungen um drei Achsen, also in drei Freiheitsgraden, möglich.
- ○ e) Das Knie kann um ca. 140° gebeugt, aber nur um ca. 5° gestreckt werden.

Aufgabe 22 → Menisken Kniegelenk

Beurteilen Sie die folgenden Aussagen auf ihre Richtigkeit, indem Sie ankreuzen.	richtig	falsch
a) Zwischen den beiden Kondylen des Femurs befinden sich Innen- und Außenmeniskus.	○	○
b) Die Menisken passen die ungleichen Gelenkflächen von Femur und Schienbein einander an.	○	○
c) Die Menisken bewegen sich beim Beugen des Knies nach hinten, beim Strecken nach vorne.	○	○
d) Durch ungeschicktes Drehen des Fußes im Zusammenhang mit einer Streckung des Beins kann ein Meniskus zwischen Femur und Schienbein eingeklemmt werden.	○	○
e) Die Menisken bestehen aus hyalinem Knorpelgewebe.	○	○

Aufgabe 23 Bänder Kniegelenk

Ordnen Sie den folgenden Bändern des Kniegelenks die für sie zutreffende Funktion zu, indem Sie Verbindungslinien ziehen.

a) inneres Seitenband (Innenband)

b) äußeres Seitenband (Außenband)

c) vorderes Kreuzband

d) hinteres Kreuzband

1) verhindert eine zu starke Einwärtsdrehung (Innenrotation) des Fußes

2) verhindert eine zu starke Auswärtsdrehung (Außenrotation) des Fußes

3) verhindert ein Abknicken des Unterschenkels nach innen

4) verhindert ein Abknicken des Unterschenkels nach außen

Vorderes und hinteres Kreuzband verlaufen zwar scheinbar in entgegengesetzter Richtung, erfüllen aber im Wesentlichen dieselbe Funktion. Stellen Sie sich das Gewinde einer großen Schraube vor, die zur Hälfte in ein Holzbrett eingedreht ist: Auf der Vorderseite der Schraube laufen die Schneiden des Gewindes von links oben nach rechts unten, auf der Rückseite von rechts oben nach links unten. Trotzdem erfüllt die Schraube nur eine Funktion: Bei Rechtsdrehung dringt sie ins Holz ein, bei Linksdrehung schraubt sie sich heraus.

Aufgabe 24 Bänder Kniegelenk

Welches Band hat die folgenden Eigenschaften?

Es spannt sich vor allem bei Streckung im Kniegelenk an und dreht dann den Fuß ein wenig nach außen (Schlußrotation). Wenn das Band gerissen ist, lässt sich bei gebeugtem Knie das Schienbein wie eine Schublade nach vorne unter den Femurkondylen herausziehen. Bitte kreuzen Sie an. (1)

○ a) äußeres Seitenband (Außenband)
○ b) inneres Seitenband (Innenband)
○ c) vorderes Kreuzband
○ d) hinteres Kreuzband
○ e) Lig. patellae (Kniescheibenband)

Aufgabe 25 Muskeln Kniegelenk

Welche zwei inhaltlichen Fehler enthält die folgende Textpassage?

Der M. quadriceps femoris nimmt fast die gesamte Vorderseite des Oberschenkels ein. Er ist der schwerste, jedoch flächenmäßig nicht der größte Muskel des Körpers. Der M. quadriceps femoris besteht aus den drei Mm. vasti und dem M. sartorius, der senkrecht vom Becken zum Knie hinabzieht. Alle Anteile des M. quadriceps femoris werden durch den N. femoralis innerviert. Neben dem M. triceps surae ist der M. quadriceps femoris der einzige Streckmuskel im Kniegelenk.

▸ ______________________________

▸ ______________________________

Aufgabe 26 → Muskeln Kniegelenk

Welcher der folgenden Muskeln kann das Knie nicht beugen? Bitte kreuzen Sie an. (1)

- ○ a) M. biceps femoris, kurzer Kopf
- ○ b) M. pectineus
- ○ c) M. semimembranosus
- ○ d) M. semitendinosus
- ○ e) M. biceps femoris, langer Kopf

Um eine Bewegung in einem Gelenk auszulösen, muss der entsprechende Muskel zunächst einmal über das Gelenk hinweg ziehen. Einer der aufgeführten Muskeln erfüllt diese Voraussetzung nicht.

Aufgabe 27 → Sprunggelenk

Welche Knochen beteiligen sich am oberen bzw. am unteren Sprunggelenk? Bitte ziehen Sie Verbindungslinien.

a) oberes Sprunggelenk	1) Schienbein
b) unteres Sprunggelenk	2) Kahnbein
	3) Wadenbein
	4) Fersenbein
	5) äußeres Keilbein
	6) Sprungbein
	7) inneres Keilbein

Aufgabe 28 → Fußknochen

Die folgende Abbildung zeigt das Fußskelett in einer Ansicht von oben. Beschriften Sie die einzelnen Knochen, und grenzen Sie farblich ab, zu welcher Gruppe diese gehören.

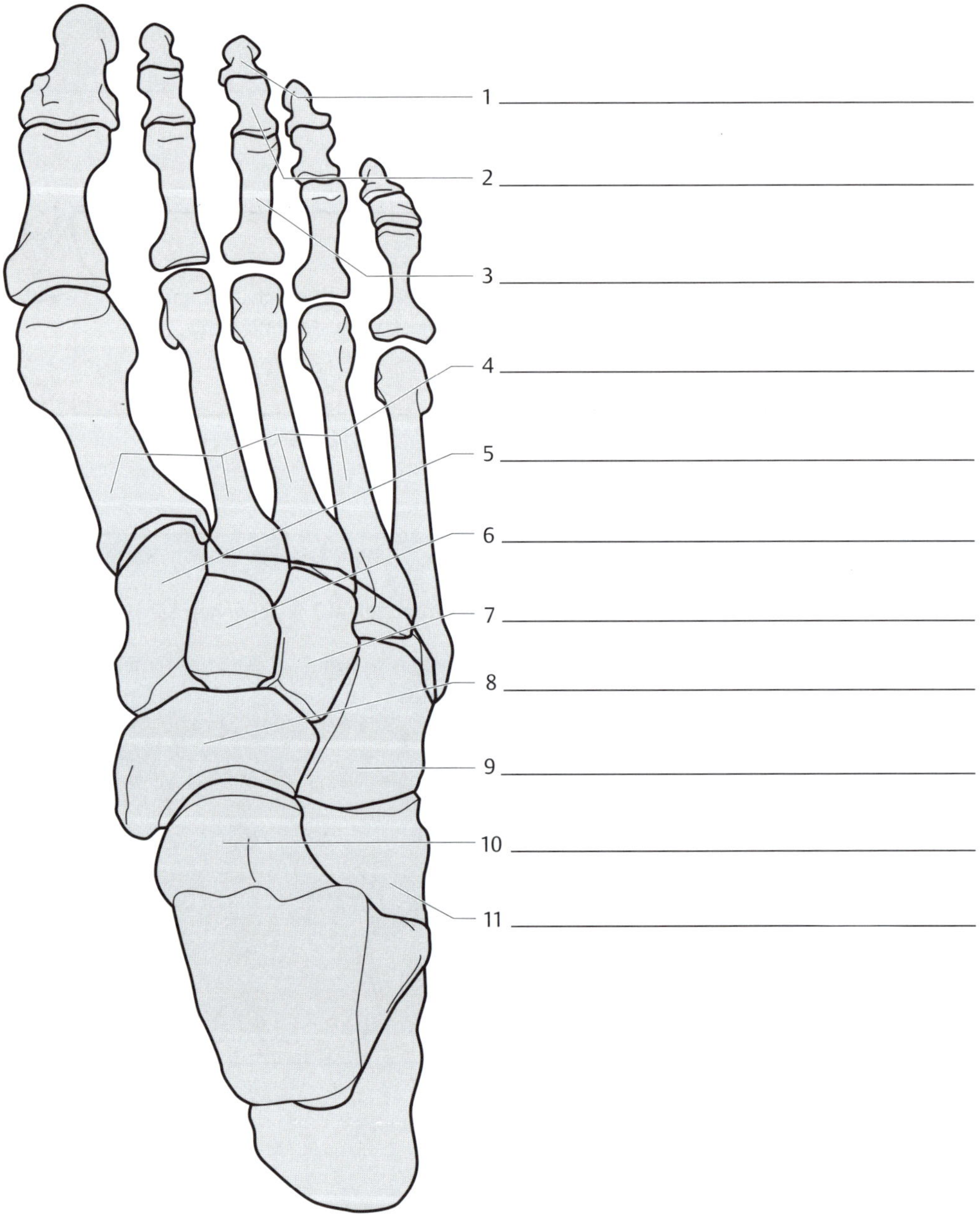

Aufgabe 29 → Zehenknochen

Worin unterscheidet sich – abgesehen von der Größe – das Skelett der Großzehe von dem der übrigen Zehen? Bitte kreuzen Sie an. (1)

- ○ a) Das Großzehengrundglied setzt direkt am inneren Keilbein an.
- ○ b) Das Großzehengrundglied ist gelenkig mit dem Grundglied der zweiten Zehe verbunden.
- ○ c) Das Skelett der Großzehe besteht nur aus zwei Knochen, das der übrigen Zehen aus drei.
- ○ d) Das Endglied der Großzehe besteht vorwiegend aus Knorpelgewebe.
- ○ e) An der Großzehe setzen weniger Muskeln an als an den übrigen Zehen.

Aufgabe 30 → Fußmuskeln

Die Abbildung zeigt die seitliche Ansicht des Fußskeletts und den entsprechenden Fußabdruck. Um welche Abweichung von der Normalform handelt es sich?

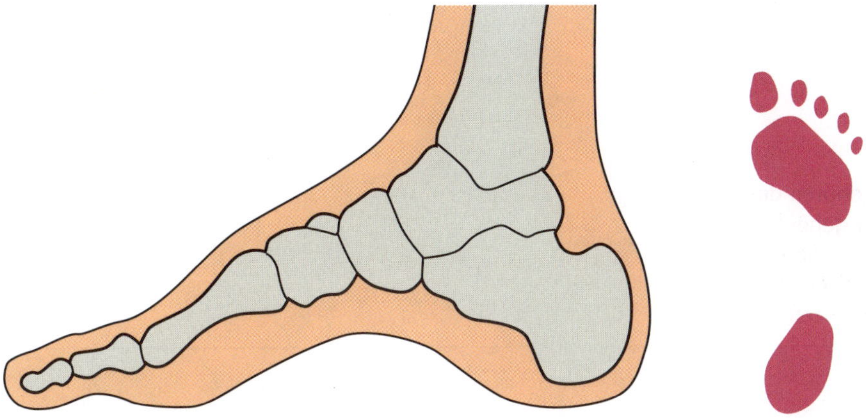

____

Aufgabe 31 → Muskulatur des Sprunggelenks

Beurteilen Sie die folgenden Aussagen auf ihre Richtigkeit, indem Sie ankreuzen.

	richtig	falsch
a) Der M. triceps surae besteht aus dem M. gastrocnemius, dem M. soleus und dem M. biceps femoris.	○	○
b) Der M. triceps surae endet in der Achillessehne.	○	○
c) Der M. soleus liegt näher am Knochen als der M. gastrocnemius.	○	○
d) Der M. gastrocnemius entspringt am Oberschenkel, überbrückt also Knie- und Sprunggelenk.	○	○

Aufgabe 32 → Muskulatur des Sprunggelenks

Ergänzen Sie die folgende Textpassage mit den untenstehenden Begriffen*.

Seitlich der vorderen Schienbeinkante zieht zusammen mit den schwächeren Mm. extensores digitorum und hallucis der ______________________ vom Unterschenkel bis zu seinem Ansatz im Bereich des ______________________. Der Muskel kann dementsprechend die Fußspitze ______________________. Bei längeren Märschen kann der Muskel durch Überanstrengung anschwellen und die umgebende derbe ______________________ derart anspannen, dass die Durchblutung gefährdet ist (Kompartmentsyndrom).

* *M. tibialis anterior; anheben; inneren Keilbeins; Faszie*

Aufgabe 33 → Schultergürtel

Welche der folgenden Knochen gehören zum Schultergürtel? Bitte kreuzen Sie an. (1)

1) Halswirbelsäule
2) Schlüsselbein
3) erste Rippe
4) Schulterblatt
5) Brustbein

○ a) Nur 1, 2 und 4 gehören dazu.
○ b) Nur 1, 2, 3 und 4 gehören dazu.
○ c) Nur 2, 3, 4 und 5 gehören dazu.
○ d) Nur 2, 4, und 5 gehören dazu.
○ e) Nur 3, 4 und 5 gehören dazu.

Denken Sie daran, worin sich Schulter- und Beckengürtel (Kap. 2, LE 6) voneinander unterscheiden. Der Schultergürtel (Kap. 2, LE 17, 19) ist erstens kein geschlossener Ring und wird zweitens fast ausschließlich durch den Zug der umgebenden Muskulatur sowie die Schwerkraft an Ort und Stelle gehalten. Dadurch werden Schulter und Arme zwar besser beweglich, sind aber andererseits nicht so belastbar wie Becken und Beine.

Aufgabe 34 → Schulterblatt

Welcher Fehler verbirgt sich in dieser Abbildung der Rückseite des Schulterblatts?

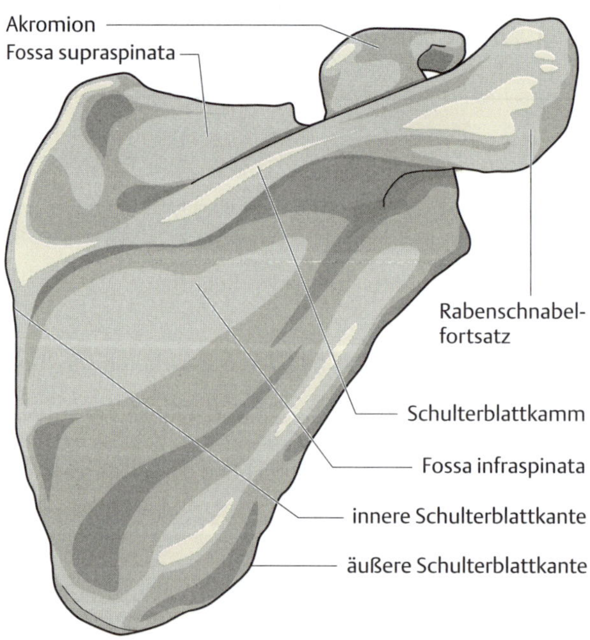

Die Frage ist besonders knifflig. Ein Tip: Schauen Sie sich genau an, wohin die Beschriftungspfeile zeigen. Vergleichen Sie die beschrifteten Strukturen mit einem anatomischen Atlas. Welche Anteile haben etwas mit dem Schultergelenk zu tun?

Aufgabe 35 → Schultergelenk

Welche der folgenden Aussagen trifft nicht zu? Bitte kreuzen Sie an. (1)

- ○ a) Das Schultergelenk ist ein Kugelgelenk.
- ○ b) Das Schultergelenk erlaubt einen größeren Bewegungsumfang als das Hüftgelenk.
- ○ c) Die Knochen des Schultergelenks werden in erster Linie durch derbe Bänder zusammengehalten.
- ○ d) Im Schultergelenk lässt sich der Arm nicht über die Horizontale hinaus anheben.
- ○ e) In der Regel werden Bewegungen im Schultergelenk mit solchen des Schultergürtels kombiniert.

Aufgabe 36 → Schultergelenk

Beurteilen Sie die folgenden Aussagen auf ihre Richtigkeit, indem Sie ankreuzen.	richtig	falsch
a) Die Gelenkpfanne des Schultergelenks ist wesentlich kleiner als der Gelenkkopf.	○	○
b) Die Gelenkkapsel liegt dem Schultergelenk lose und faltig an.	○	○
c) Im Bereich des Schultergelenks polstert ein großer, mit der Gelenkhöhle zusammenhängender Schleimbeutel die benachbarten Knochen gegeneinander ab.	○	○
d) Rabenschnabelfortsatz und Akromion bilden das „Dach“ des Schultergelenks.	○	○

Aufgabe 37 → Schultermuskulatur

Welche der folgenden Aussagen trifft nicht zu? Bitte kreuzen Sie an. (1)

Der M. serratus anterior ...

- ○ a) besteht funktionell aus drei Anteilen.
- ○ b) fixiert das Schulterblatt am Brustkorb.
- ○ c) wirkt beim Anheben des Arms über die Horizontale hinaus mit.
- ○ d) unterstützt kraftvoll die Ausatmung.
- ○ e) bildet bei muskulösen Menschen das Relief des seitlichen Brustkorbs.

Aufgabe 38 → Hintere Schultermuskulatur

Kennzeichnen Sie in der folgenden Abbildung farblich den M. rhomboideus minor und den M. rhomboideus major. Welche Aufgaben erfüllen diese beiden Muskeln?

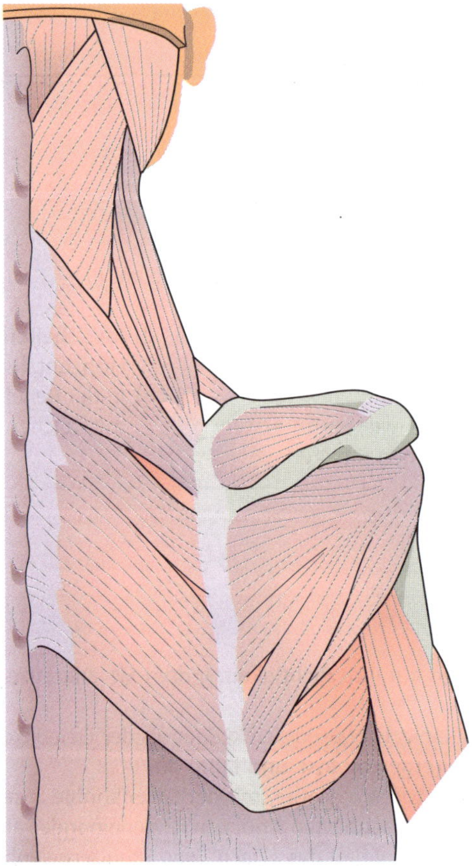

Aufgabe 39 → Schultermuskulatur

Ergänzen Sie die folgende Textpassage mit den untenstehenden Begriffen*.

Der ______________________ sitzt dem Schultergelenk wie eine Kappe auf. Mit seinen drei Anteilen ist er einer der vielseitigsten Muskeln des Körpers. Der vordere Anteil entspringt am ______________________ und hebt den Arm nach vorne an. Außerdem dreht dieser Muskelanteil den Arm nach __________. Im Gegensatz dazu hat der starke seitliche Anteil, die Pars acromialis, nur eine einzige Funktion, nämlich ______________________

____

* *den Arm anzuheben/zu abduzieren; Schlüsselbein; Deltamuskel/M. deltoideus; innen*

Aufgabe 40 → Schultermuskulatur

Welche Bewegung wird hauptsächlich vom M. latissimus dorsi durchgeführt? Bitte kreuzen Sie an. (1)

- ○ a) Anheben der Schultern (Achselzucken)
- ○ b) Zurücknehmen des Oberarms
- ○ c) seitliches Anheben des Oberarms
- ○ d) Anheben des Oberarms nach vorne
- ○ e) Drehen des Oberarms nach außen

Schauen Sie sich, wenn Sie unsicher sind, noch einmal genau an, wie die Ansatzsehne des M. latissimus dorsi in den Oberarm einstrahlt (Abb. 2.66 b). Der Muskel hat dementsprechend zwei Funktionen, von denen nur eine hier richtig genannt ist.

Aufgabe 41 → Supination und Pronation

Steht der Unterarm auf der linken Abbildung in Supination oder in Pronation? Zeichnen Sie in die rechte Silhouette die Position der Unterarmknochen in der entgegengesetzten Stellung ein.

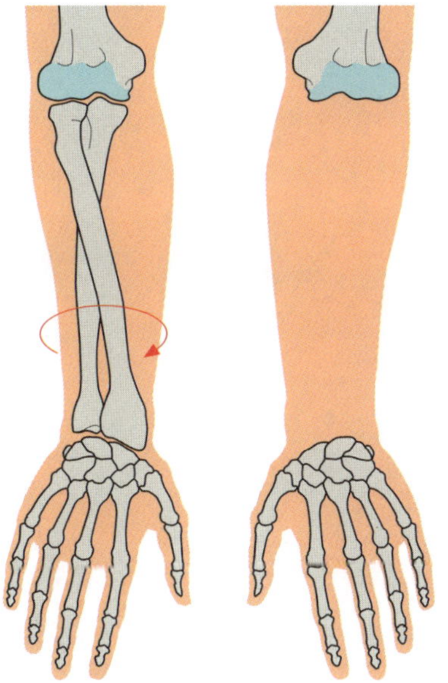

Aufgabe 42 → Ellenbogengelenk

Welche der folgenden Aussagen trifft nicht zu? Bitte kreuzen Sie an. (1)

- ○ a) Am Ellenbogengelenk beteiligen sich Oberarmknochen, Elle und Speiche.
- ○ b) Elle und Speiche sind in der Nähe des Ellenbogengelenks durch ein sog. Radgelenk miteinander verbunden.
- ○ c) Die Speiche umgreift die walzenförmige Gelenkfläche des Oberarmknochens.
- ○ d) Der eigentliche Ellenbogenknochen gehört zum Skelett des Unterarms.
- ○ e) Das Ellenbogengelenk erlaubt Beugen und Strecken, Supination und Pronation.

Aufgabe 43 → Chorda obliqua

Welche der folgenden Aussagen trifft/treffen zu? Bitte kreuzen Sie an. (1)

Die Chorda obliqua (Schrägzug) ...
1) verbindet Elle und Speiche miteinander.
2) spannt sich bei Pronation an.
3) verhindert eine zu starke Supination.
4) besteht aus quergestreifter Muskulatur.

○ a) Nur Aussage 1 ist richtig.
○ b) Nur die Aussagen 1 und 3 sind richtig.
○ c) Nur die Aussagen 1 und 4 sind richtig.
○ d) Nur die Aussagen 1, 3 und 4 sind richtig.
○ e) Nur die Aussagen 2, 3 und 4 sind richtig.

Aufgabe 44 → Supination und Pronation

Welcher Muskel ist auf dieser Abbildung der oberflächlichen Unterarmmuskulatur hervorgehoben (Ansicht des rechten Unterarms von der Handfläche aus gesehen)? Welche Funktion hat dieser Muskel?

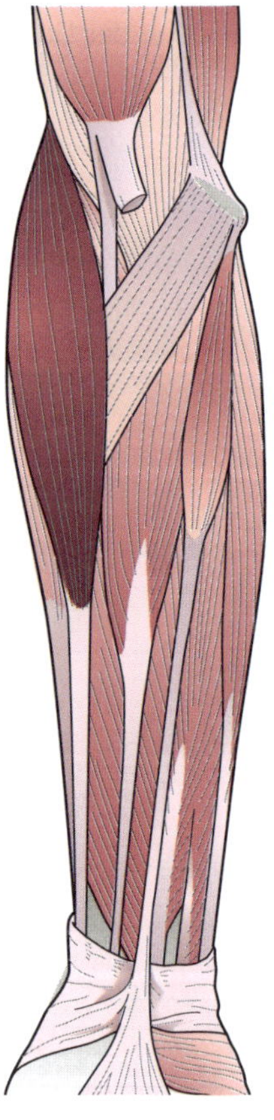

▸ ______

▸ ______

______

Der Muskel verbindet den seitlichen (lateralen) Oberarm mit dem handgelenknahen Anteil der Speiche. So heißt der Muskel übrigens auch. Da er eher auf der Beugeseite des Unterarms liegt, wird er nicht einer der Streckmuskeln des Ellenbogengelenks sein. Wie Sie den Muskel am besten ertasten und welche Funktion er hat, erfahren Sie am Ende des ersten Abschnitts von Kap. 2, LE 23.

Aufgabe 45 → Oberarmmuskulatur

Welcher Oberarmmuskel wird durch das Stemmen von Liegestützen traniert? Bitte kreuzen Sie an. (1)

- ○ a) M. triceps brachii
- ○ b) M. biceps brachii
- ○ c) M. brachialis
- ○ d) M. brachioradialis
- ○ e) M. coracobrachialis

Aufgabe 46 → M. biceps brachii

Beurteilen Sie die folgenden Aussagen auf ihre Richtigkeit, indem Sie ankreuzen.	richtig	falsch
a) Die lange Ursprungssehne des M. biceps brachii zieht durch das Schultergelenk.	○	○
b) Die kurze Ursprungssehne des M. biceps brachii entspringt am Akromion.	○	○
c) Der M. biceps brachii zieht sowohl über das Schulter- als auch über das Ellenbogengelenk hinweg.	○	○
d) Der M. biceps brachii beugt das Ellenbogengelenk sowohl in Supinations- als auch in Pronationsstellung.	○	○

Aufgabe 47 → Handknochen

Die folgende Abbildung zeigt das Skelett der rechten Hand von der Handfläche aus betrachtet. Beschriften Sie die einzelnen Knochen, und grenzen Sie analog zum Skelett des Fußes farblich ab, zu welcher Gruppe diese gehören.

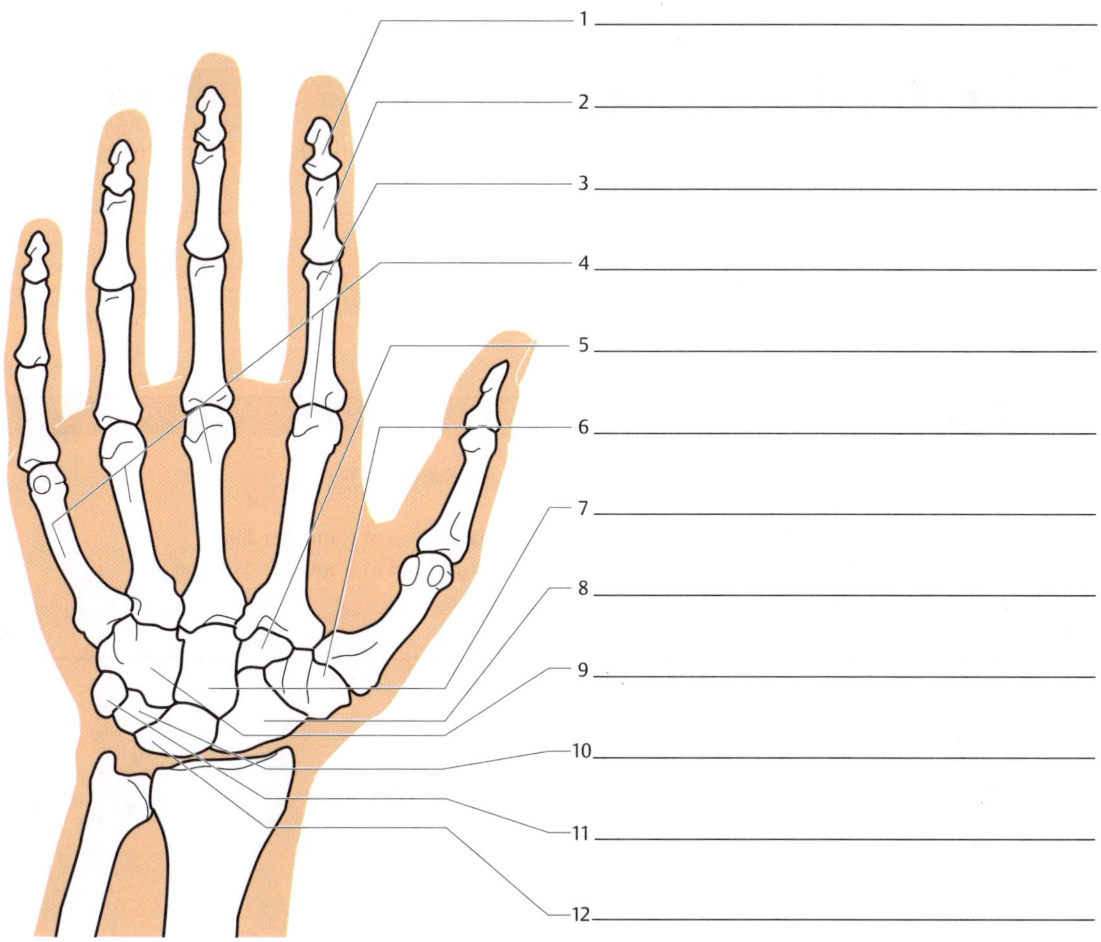

Aufgabe 48 → Karpaltunnel

Welche Strukturen verlaufen im Karpaltunnel? Bitte kreuzen Sie an. (1)

1) Sehne des M. flexor digitorum longus
2) N. ulnaris
3) N. radialis
4) N. medianus
5) Sehne des M. extensor indicis

○ a) Nur 1 und 2 verlaufen dort.
○ b) Nur 1 und 3 verlaufen dort.
○ c) Nur 1 und 4 verlaufen dort.
○ d) Nur 2 und 5 verlaufen dort.
○ e) Nur 2, 3, 4 und 5 verlaufen dort.

Wie eng es im Karpaltunnel, also zwischen Handwurzelknochen und Retinaculum flexorum, zugeht, können Sie auf Abb. 2.76 a erkennen. Durch den Karpaltunnel zieht übrigens nur einer der großen Nerven.

Aufgabe 49 → Ursprung Lange Streckmuskeln

Wo haben die meisten oberflächlich gelegenen langen Streckmuskeln der Hand und der Finger ihren Ursprung?

Aufgabe 50 → Ursprung Tiefe Streckmuskeln

Wo entspringen die tiefen Streckmuskeln der Finger? Bitte kreuzen Sie an. (1)

○ a) am Epicondylus medialis des Oberarmknochens
○ b) in der Nähe des Radiusköpfchens
○ c) an der Membrana interossea zwischen Elle und Speiche
○ d) am freien Rand der Elle
○ e) am freien Rand der Speiche

Aufgabe 51 → Schädelknochen

Zeichnen Sie farbig in die Abbildung diejenigen Anteile ein, die von folgenden Schädelknochen zu sehen sind:

- Nasenbein,
- Siebbein,
- Keilbein.

Ergänzen Sie außerdem die Abbildung mit den korrekten Beschriftungen für alle übrigen Schädelknochen.

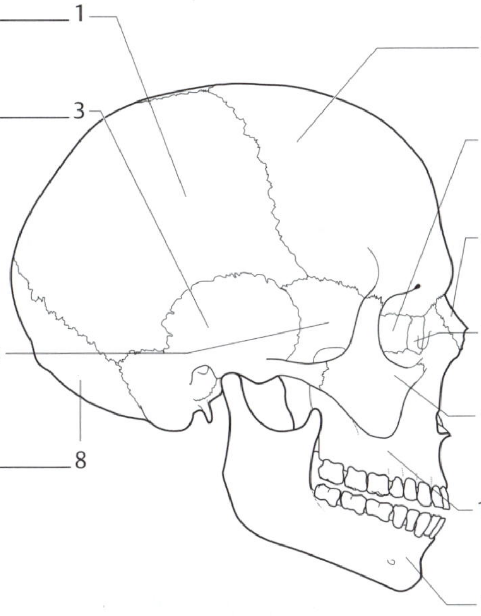

Aufgabe 52 → Schädelknochen Neugeborenes

In der folgenden Textpassage verbergen sich drei Fehler – welche?

Bei Neugeborenen sind die Knochen der Schädeldecke noch nicht miteinander verwachsen. An den Stellen, an denen mehr als zwei Schädelknochen aneinanderstoßen, entstehen daher die sog. Fontanellen. Die kleine Fontanelle befindet sich zwischen beiden Stirnbeinen und beiden Scheitelbeinen, die große Fontanelle liegt zwischen Hinterhauptbein und Scheitelbeinen. Während die kleine Fontanelle häufig bereits zum Zeitpunkt der Geburt verschlossen ist, bleibt die große Fontanelle regelmäßig über das dritte Lebensjahr hinaus offen.

-
-
-

Denken Sie daran, dass die eine Fontanelle von vier, die andere nur von drei Knochen begrenzt wird. Welche wird wohl die größere sein? Übrigens tritt bei normalem Verlauf der Geburt der Kopf mit der kleinen Fontanelle zuerst aus der Scheide aus (Kap. 10, LE 16).

Aufgabe 53 → Schädelknochen

Welche der folgenden Aussagen trifft/treffen zu? Bitte kreuzen Sie an. (1)

1) Das Schläfenbein umschließt Hör- und Gleichgewichtsorgan.
2) Der hintere Teil des Jochbogens gehört zum Schläfenbein.
3) Das Felsenbein gehört teils zum Schläfenbein, teils zum Keilbein.
4) Das Schläfenbein grenzt unmittelbar an das Stirnbein.

○ a) Nur Aussage 1 ist richtig.
○ b) Nur die Aussagen 1 und 2 sind richtig.
○ c) Nur die Aussagen 1, 3 und 4 sind richtig.
○ d) Nur die Aussagen 2 und 4 sind richtig.
○ e) Alle Aussagen sind richtig.

Aufgabe 54 → Schädelknochen Hinterhauptloch

Welcher oder welche Schädelknochen bildet/bilden das große Hinterhauptloch (Foramen magnum)?

Denken Sie an die Situation während der Geburt, wenn die Nähte zwischen den Schädelknochen noch nicht fest sind. Wie sinnvoll wäre es, wenn das Rückenmark durch mehrere Knochen begrenzt wäre, die sich gegeneinander verschieben könnten?

Aufgabe 55 → Schädelbasis

Zeichnen Sie mit denselben Farben wie auf der seitlichen Schädelansicht (Aufgabe 51) diejenigen Anteile von Nasen-, Sieb- und Keilbein ein, die auf der folgenden Ansicht der Schädelbasis zu erkennen sind. Welches ...bein ist nicht zu erkennen? Beschriften Sie außerdem auch alle übrigen Knochen.

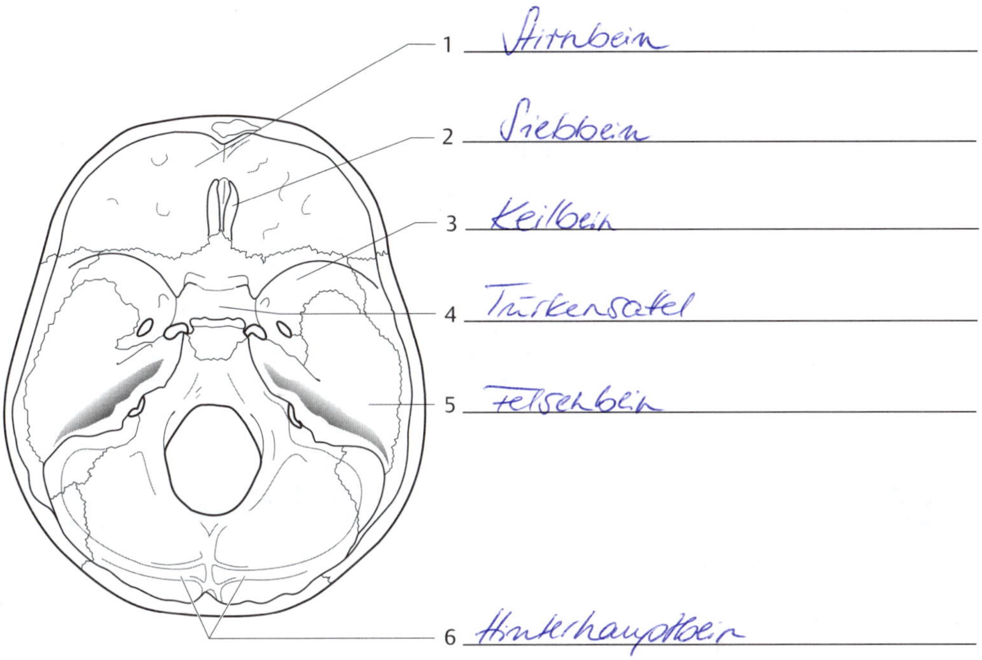

Aufgabe 56 → Kopfgelenke

Worin unterscheiden sich das obere und das untere Kopfgelenk funktionell voneinander? Bitte kreuzen Sie an. (1)

- ○ a) Das obere Kopfgelenk erlaubt Nicken und Seitwärtsneigung des Kopfes, das untere nur Drehbewegungen.
- ○ b) Beide Kopfgelenke erlauben Nickbewegungen, das obere zusätzlich Seitwärtsneigung und Drehung.
- ○ c) Das obere Kopfgelenk ist ein reines Scharniergelenk für Nickbewegungen, das untere Kopfgelenk erlaubt Bewegungen in drei Freiheitsgraden.
- ○ d) Das obere Kopfgelenk ist auf Drehbewegungen spezialisiert, das untere erlaubt Nicken und Seitwärtsneigung des Kopfes.
- ○ e) Beide Kopfgelenke erlauben sämtliche genannten Bewegungen.

Aufgabe 57 → Kopfgelenke

Welches der folgenden Bänder gehört nicht zu den Kopfgelenken? Bitte kreuzen Sie an. (1)

- ○ a) Lig. flavum
- ○ b) Lig. alare
- ○ c) Membrana atlantooccipitalis anterior
- ○ d) Lig. cruciforme
- ○ e) Querband des Atlas

Aufgabe 58 → Halsmuskulatur

Ergänzen Sie die folgende Textpassage mit den untenstehenden Begriffen*.

Der M. sternocleidomastoideus ist ______________________ durch die Haut zu tasten. Er verbindet den ______________________ des Schädels einerseits mit dem ______________________ und andererseits mit dem ______________________. Daher kann der rechte M. sternocleidomastoideus den Kopf nach ________ drehen und umgekehrt. Spannen sich beide Muskeln gleichzeitig an, dann schiebt sich der Kopf nach vorne, und das Kinn ______________

* *Brustbein; links; hebt sich; Schlüsselbein; Warzenfortsatz/Proc. mastoideus; auf ganzer Länge gut*

Aufgabe 59 → Tiefe Halsmuskulatur

Ergänzen Sie die Abbildung mit den korrekten Beschriftungen.

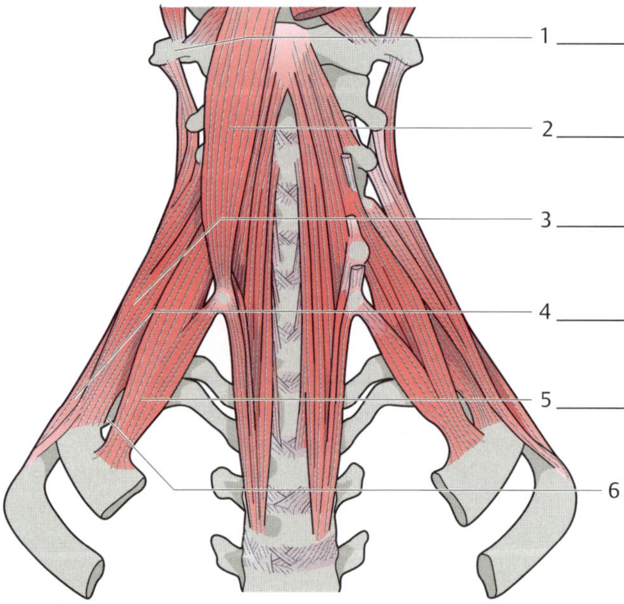

1 ______________________

2 ______________________

3 ______________________

4 ______________________

5 ______________________

6 ______________________

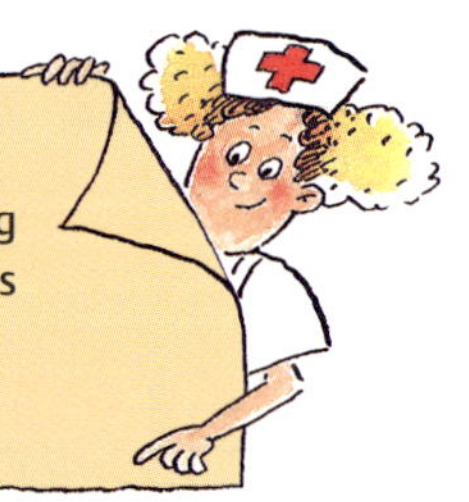

Drei der eingezeichneten Muskeln haben ganz ähnliche Namen. Davon leitet sich auch die Bezeichnung der freien Stelle zwischen zwei dieser Muskeln ab. Der vierte Muskel heißt zu deutsch ganz einfallslos „langer Kopfmuskel".

Aufgabe **60** → **Bewegungsapparat – Kreuz und quer**

Lösen Sie bitte das folgende Kreuzworträtsel.

waagrecht:

2 Drehung der Hand (Handfläche zeigt nach oben)
4 Muskel, dessen Ursprungssehne durch die Kapsel des Schultergelenks zieht (M. ...)
6 nach vorne konvexe Biegung der Hals- und Lendenwirbelsäule
8 oberer Rand des Hüftbeins
11 Bauchmuskel, bildet das horizontale Verspannungssystem der Bauchwand (M. ...)
13 Wozu gehört das Lig. calcaneofibulare?
14 erster Halswirbel
16 Schädelknochen, begrenzt seitlich die Augenhöhle
17 Zu welchem Knochen gehört der Schwertfortsatz?
18 Strecker im Kniegelenk (M. ...)
19 entsteht, wenn das Fußlängsgewölbe zu flach wird

senkrecht:

1 Fußwurzelknochen, Teil des unteren Sprunggelenks
2 unterster Abschnitt der Wirbelsäule
3 Aussparung an der Handwurzel, durch welche Sehnen und der N. medianus ziehen
5 stärkster Beuger im Hüftgelenk (M. ...)
7 Wadenmuskel mit Ansatz an der Achillessehne (M. ...)
9 Schädelknochen, begrenzt als Türkensattel die Hypophysengrube
10 Verbindung zwischen Stirn- und Schläfenbein
12 Zu welchem Knochen gehört der Außenknöchel am Fußgelenk?
15 verschieblicher Faserknorpel im Kniegelenk

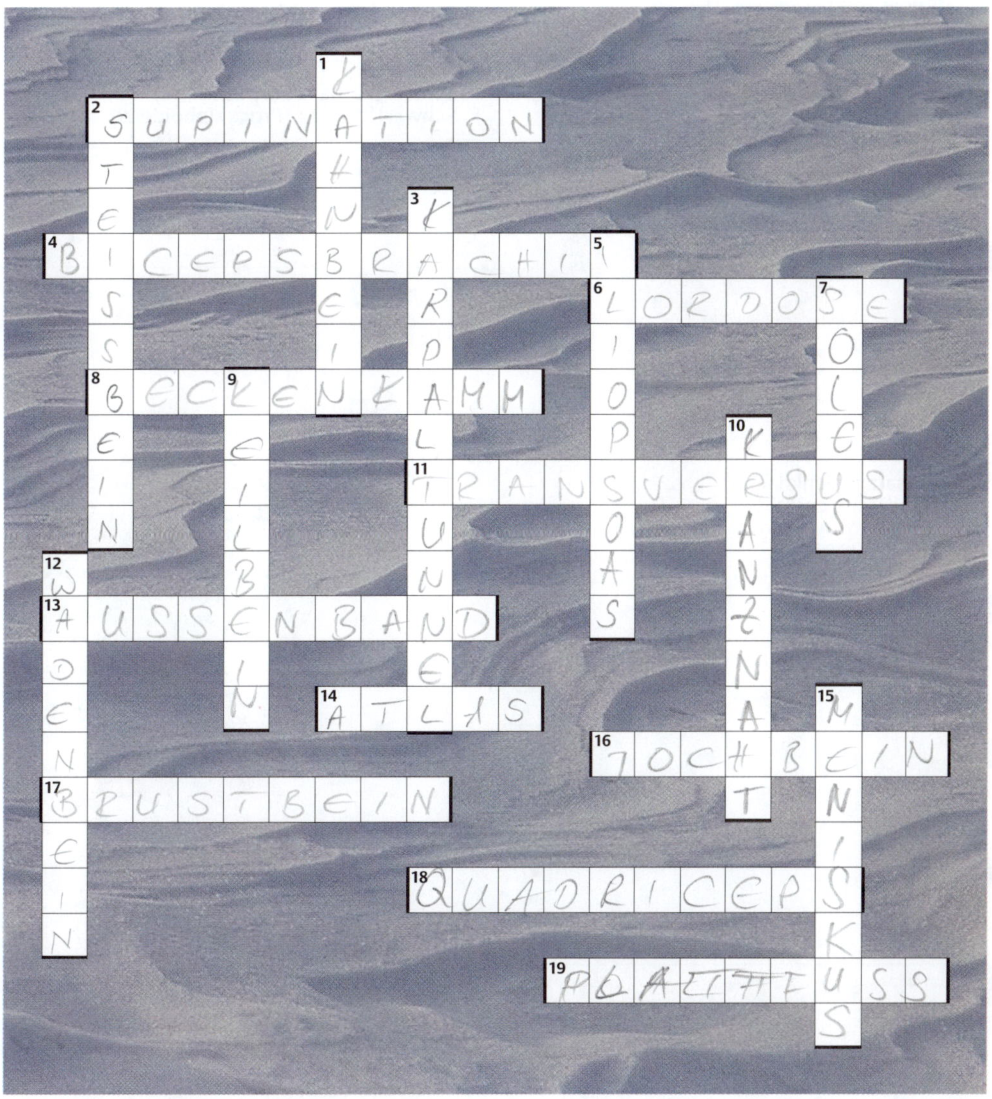

2 Bewegungsapparat

Aufgabe 1

(LE 1)

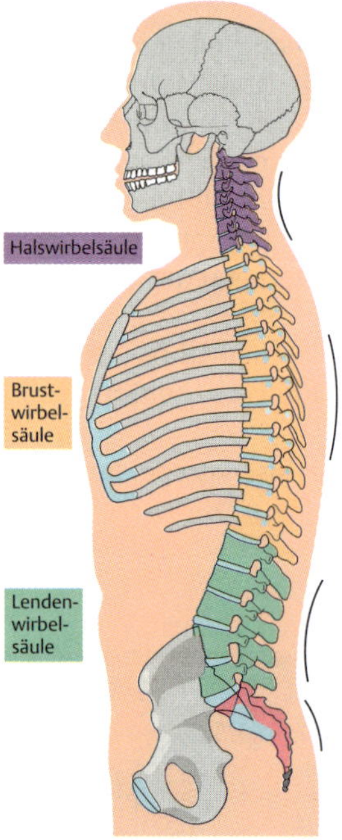

- 7 Halswirbel, ▸ 12 Brustwirbel, ▸ 5 Lendenwirbel,
- 5 Kreuzbeinwirbel

Aufgabe 2

(LE 1)
b

Aufgabe 3

(LE 1)
Lendenwirbel
1 Dornfortsatz
2 oberer Gelenkfortsatz/Gelenkfläche
3 Rippenfortsatz/Processus costalis
4 Wirbelkanal
5 Wirbelkörper

Aufgabe 4

(LE 2)
richtig a, c, d
falsch b, e

Aufgabe 5

(LE 3)
e

Aufgabe 6

(LE 3)
b

Aufgabe 7

(LE 4)
richtig a, b, d
falsch c, e

Aufgabe 8

(LE 4)

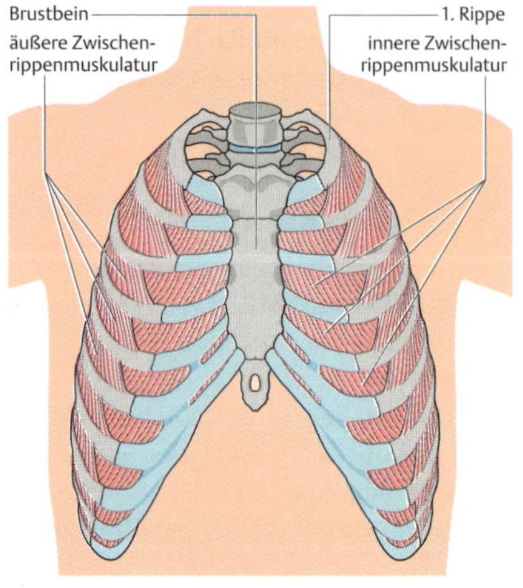

Aufgabe 9

(LE 4)
- Schwertgriff (Manubrium sterni)
- Schwertkörper (Corpus sterni)
- Schwertfortsatz (Proc. xiphoideus)

Aufgabe 10

(LE 5)
c

Aufgabe 11

(LE 6)
d

Aufgabe 12

(LE 6)

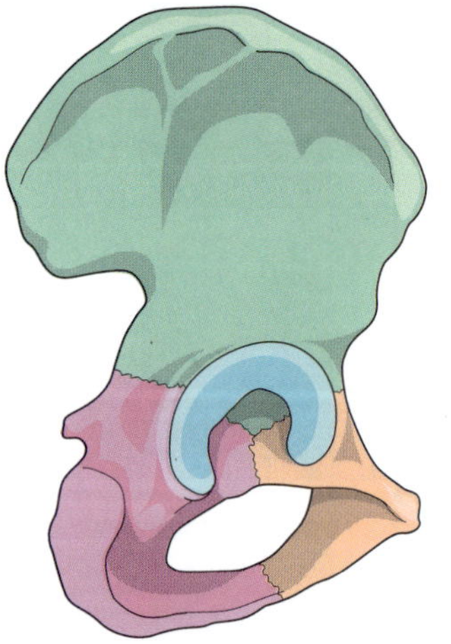

Darmbein, Sitzbein, Schambein
1 Beckenkamm
2 vorderer oberer Darmbeinstachel
3 Sitzbeinstachel
4 Hüftloch/Foramen obturatum
5 Unterer Schambeinast
6 Sitzbeinast
7 Sitzbeinhöcker

Aufgabe 13

(LE 6)
- Darmbeinschaufeln stehen bei Frauen flacher
- Winkel zwischen den unteren Schambeinästen ist größer

Aufgabe 14

(LE 7)
richtig a, b, d
falsch c

Aufgabe 15

(LE 8)
1 Lig. iliofemorale
2 Lig. ischiofemorale
3 Lig. pubofemorale

Aufgabe 16

(LE 7
a

Aufgabe 17

(LE 9)
M. glutaeus maximus

Aufgabe 18

(LE 9)

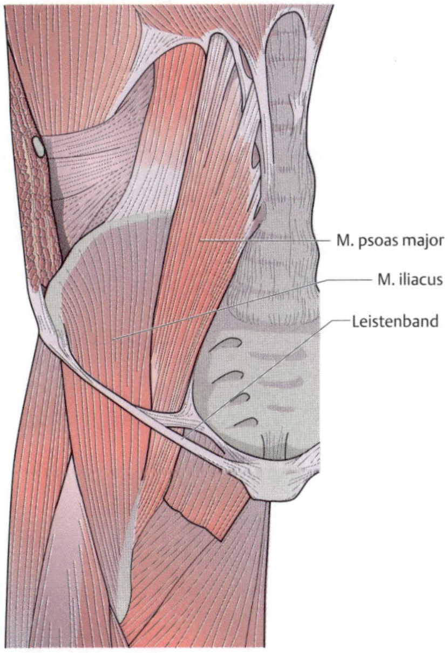

M. iliopsoas
1 M. psoas major
2 M. iliacus

Aufgabe 19

(LE 10)
keine; Membrana interossea; keinen; beteiligt sich; Außenknöchel

Aufgabe 20

(LE 10)
c

Aufgabe 21

(LE 11)
d

Aufgabe 22

(LE 11)
richtig b, c, d
falsch a, e

Aufgabe 23

(LE 12)
a4, b3, c1, d1

Aufgabe 24

(LE 12)
c

Aufgabe 25

(LE 13)
- M. rectus femoris statt M. sartorius
- M. quadriceps femoris ist der einzige Streckmuskel

Aufgabe 26

(LE 13)
b

Aufgabe 27

(LE 14)
a1, a3, a6, b2, b4, b6

Aufgabe 28

(LE 14)

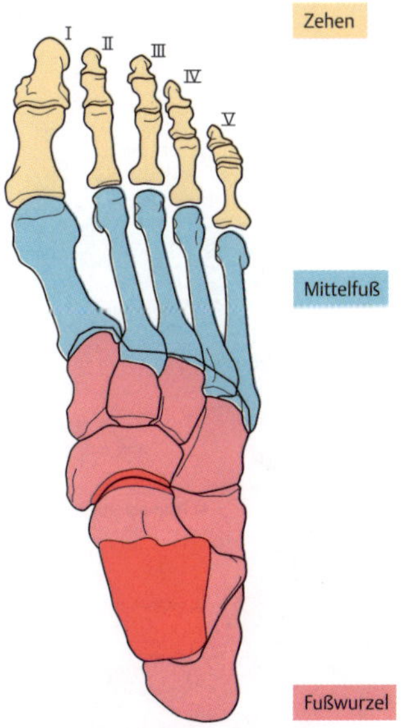

Zehen:
1 Endglied
2 Mittelglied
3 Grundglied
Mittelfuß:
4 Mittelfußknochen
Fußwurzel:
5 inneres Keilbein
6 mittleres Keilbein
7 äußeres Keilbein
8 Kahnbein
9 Würfelbein
10 Sprungbein
11 Fersenbein

Aufgabe 29

(LE 14)
c

Aufgabe 30

(LE 16)
Hohlfuß

Aufgabe 31

(LE 15)
richtig b, c, d
falsch a

Aufgabe 32

(LE 15)
M. tibialis anterior; inneren Keilbeins; anheben; Faszie

Aufgabe 33

(LE 17)
d

Aufgabe 34

(LE 17)
Beschriftung „Akromion" und „Rabenschnabelfortsatz" sind vertauscht

Aufgabe 35

(LE 18)
c

Aufgabe 36

(LE 18)
richtig a, b, d
falsch c

Aufgabe 37

(LE 19)
d

Aufgabe 38

(LE 19)

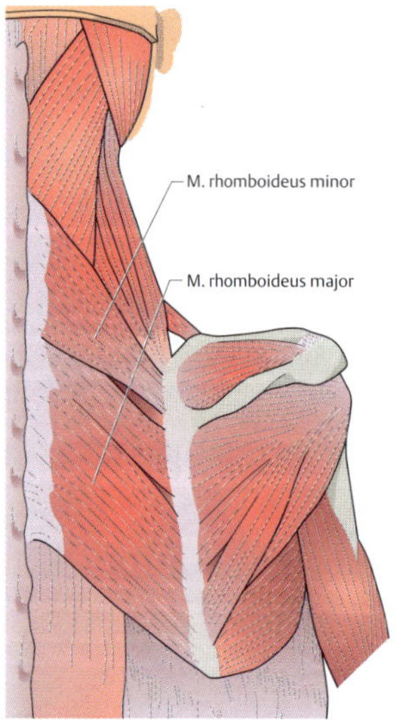

Fixierung des Schulterblatts und Zurücknehmen des Schulterblatts bei Elevation des Arms

Aufgabe 39

(LE 20)
Deltamuskel/M. deltoideus; Schlüsselbein; innen; den Arm anzuheben/zu abduzieren

Aufgabe 40

(LE 20)
b

Aufgabe 41

(LE 21)

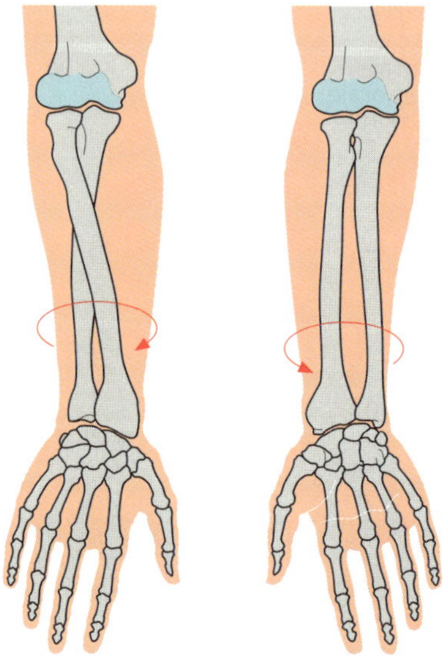

Pronation; Elle und Speiche stehen in Supination parallel zueinander

Aufgabe 42

(LE 22)
c

Aufgabe 43

(LE 22)
b

Aufgabe 44

(LE 23)
- M. brachoradialis
- Beugen des Unterarms, führt pro- oder supinierten Arm in die Normalstellung zurück

Aufgabe 45

(LE 23)
a

Aufgabe 46

(LE 23)
richtig a, c
falsch b, d

Aufgabe 47

(LE 24)

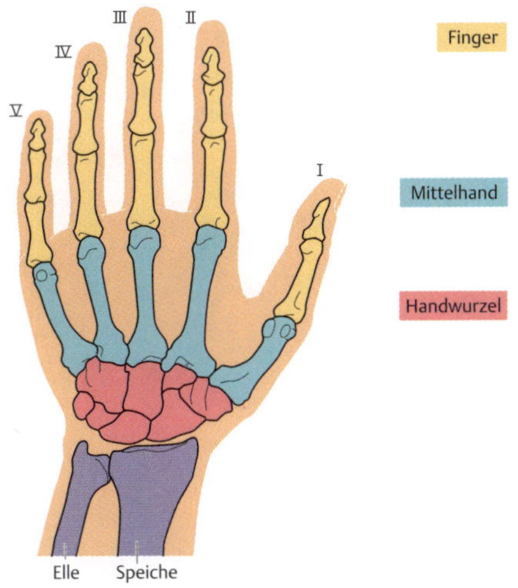

Finger:
1 Endglied
2 Mittelglied
3 Grundglied
Mittelhand:
4 Mittelhandknochen I–V
Handwurzel:
5 Trapezoidknochen
6 Trapezknochen
7 Kopfbein
8 Kahnbein
9 Hakenbein
10 Dreiecksbein
11 Erbsenbein
12 Mondbein

Aufgabe 48

(LE 24)
c

Aufgabe 49

(LE 25)
am unteren seitlichen Rand des Oberarmknochens (Epicondylus lateralis)

Aufgabe 50

(LE 26)
c

Aufgabe 51

(LE 28)

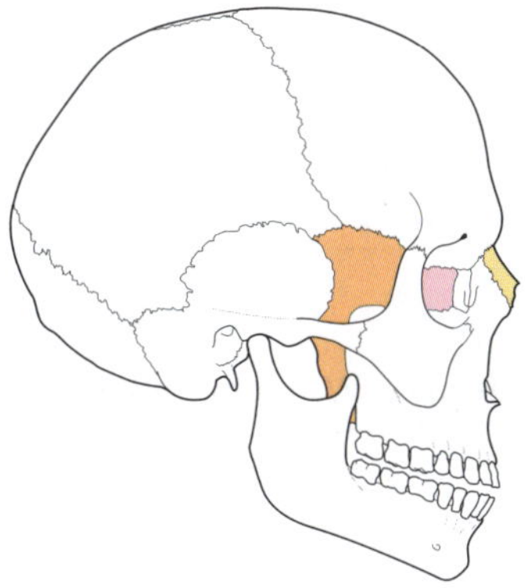

1 Scheitelbein
2 Stirnbein
3 Schläfenbein/Felsenbein
4 Keilbein
5 Siebbein
6 Nasenbein
7 Tränenbein
8 Hinterhauptbein
9 Jochbein
10 Oberkiefer
11 Unterkiefer

Aufgabe 52

(LE 28)
- große Fontanelle zwischen Stirnbeinen und Scheitelbeinen
- kleine Fontanelle zwischen Hinterhauptbein und Scheitelbeinen
- kleine Fontanelle ist in den ersten Lebensmonaten offen

Aufgabe 53

(LE 28)
b

Aufgabe 54

(LE 28)
nur das Hinterhauptbein

Aufgabe 55

(LE 29)

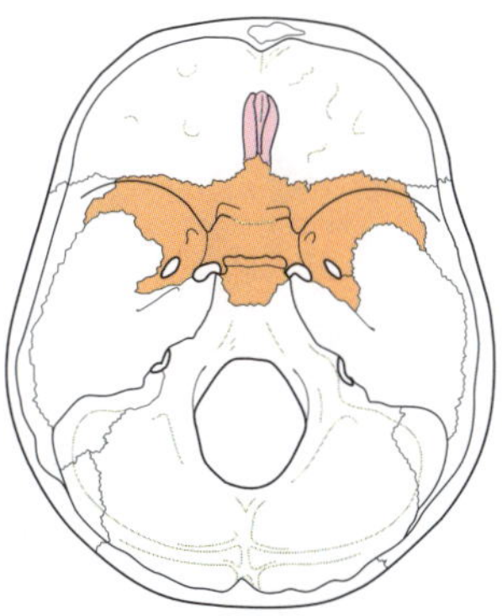

Das Nasenbein ist auf dieser Abbildung nicht zu erkennen.
1 Stirnbein
2 Siebbein
3 Keilbein
4 Türkensattel
5 Felsenbein
6 Hinterhauptbein

Aufgabe 56

(LE 30)
a

Aufgabe 57

(LE 30)
a

Aufgabe 58

(LE 31)
auf ganzer Länge gut; Warzenfortsatz/Proc. mastoideus; Schlüsselbein, Brustbein; links; hebt sich

Aufgabe 59

(LE 31)
1 erster Halswirbel/Atlas
2 M. longus capitis
3 M. scalenus medius/mittlerer Treppenmuskel
4 M. scalenus posterior/hinterer Treppenmuskel
5 M. scalenus anterior/vorderer Treppenmuskel
6 Skalenuslücke (zwischen Mm. scaleni anterior und medius)

Aufgabe 60

waagrecht:
2 Supination
4 biceps brachii
6 Lordose
8 Beckenkamm
11 transversus
13 Aussenband
14 Atlas
16 Jochbein
17 Brustbein
18 quadriceps
19 Plattfuss

senkrecht:
1 Kahnbein
2 Steissbein
3 Karpaltunnel
5 iliopsoas
7 soleus
9 Keilbein
10 Kranznaht
12 Wadenbein
15 Meniskus

3 Herz und Kreislauf

Aufgabe 1 → Herz

Ergänzen Sie die Abbildung mit den korrekten Beschriftungen.

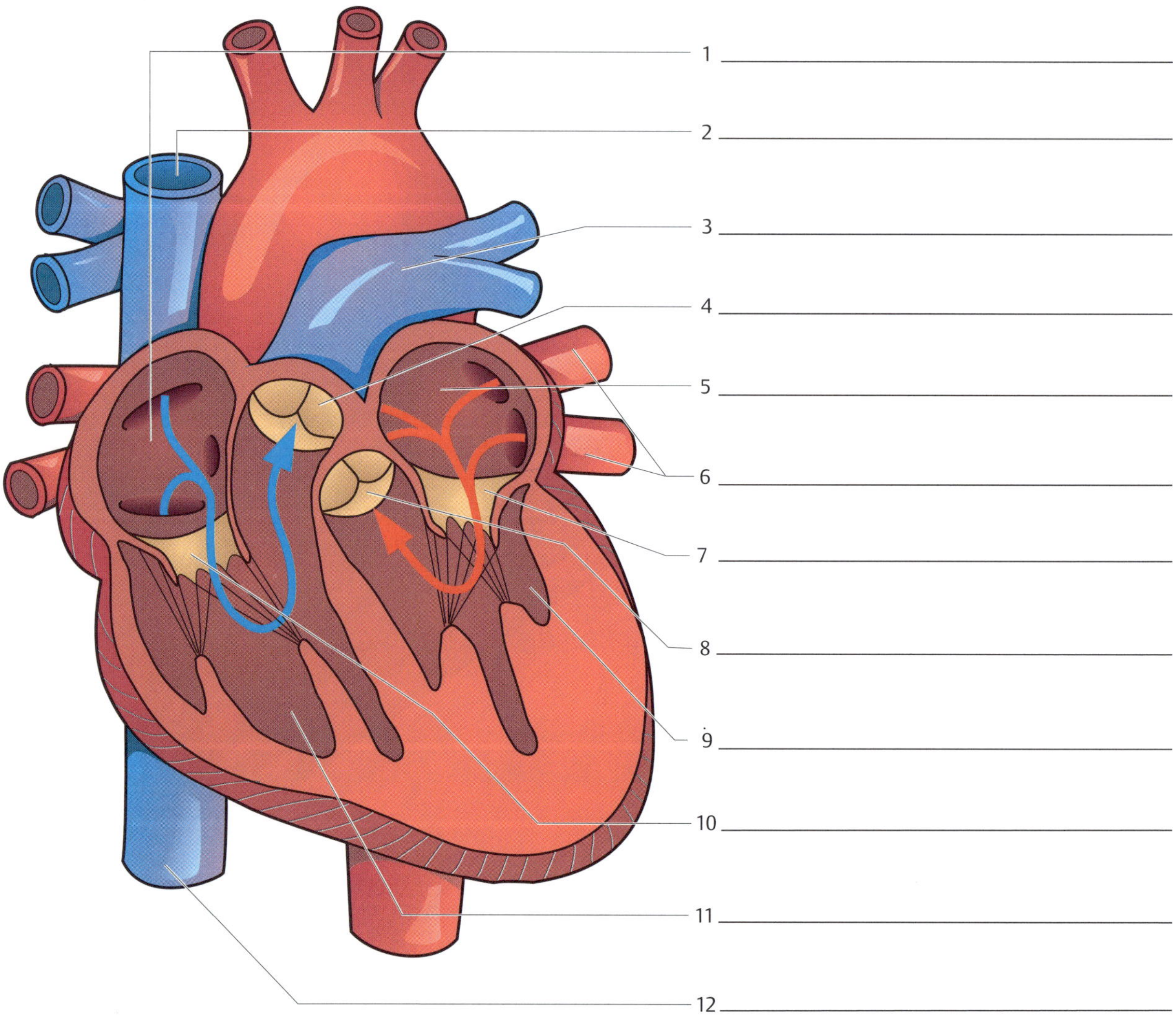

Aufgabe 2 → Herz

Welche der folgenden Aussagen treffen zu? Bitte kreuzen Sie an. (1)

1) Das rechte Herz liegt vor dem linken Herzen, also näher am Brustbein.
2. Die Speiseröhre grenzt direkt an den linken Herzvorhof.
3) Die Wand des rechten Herzvorhofs ist deutlich dicker als die des linken Herzvorhofs.
4) Die Wand der rechten Herzkammer ist deutlich schwächer als die der linken Herzkammer.

- ○ a) Nur die Aussagen 1 und 2 sind richtig.
- ○ b) Nur die Aussagen 1 und 3 sind richtig.
- ⊗ c) Nur die Aussagen 1, 2 und 4 sind richtig.
- ○ d) Nur die Aussagen 2 und 3 sind richtig.
- ○ e) Nur die Aussagen 2, 3 und 4 sind richtig.

Aufgabe 3 → Herzbeutel

Beurteilen Sie die folgenden Aussagen auf ihre Richtigkeit, indem Sie ankreuzen.

	richtig	falsch
a) Der Herzbeutel hüllt mit Ausnahme der großen Blutgefäße das Herz vollständig ein.	○	○
b) Das innere Blatt des Herzbeutels heißt Endokard, das äußere Perikard.	○	○
c) Im Herzbeutel befinden sich normalerweise maximal 20 ml Flüssigkeit.	○	○
d) Der Herzbeutel verbessert die Beweglichkeit des Herzens im Brustkorb.	○	○

Aufgabe 4 → Herznahe Blutgefäße

Welche der folgenden Blutgefäße führen sauerstoffarmes Blut? Bitte kreuzen Sie an. (3)

○ a) A. temporalis
○ b) Lungenarterie (Truncus pulmonalis)
○ c) Lungenvene
○ d) untere Hohlvene
○ e) V. jugularis interna

Falls Sie hier unsicher sind, sollten Sie sich ein einfaches Schema des Blutflusses durch das Herz aufzeichnen. Benutzen Sie zunächst einmal *keine* Vorlage! Zeichnen Sie mit blauen Pfeilen das sauerstoffarme Blut ein. Jetzt müssen Sie nur noch beachten, dass Arterien alle Blutgefäße heißen, die Blut vom Herzen weg führen, Venen alle Blutgefäße, die Blut zum Herzen hin transportieren.

Aufgabe 5 → Herznahe Blutgefäße

Ordnen Sie den Blutdruck in den folgenden drei Gefäßen der Größe nach, indem Sie ankreuzen. (1)

○ a) Aorta $<$ obere Hohlvene $<$ Lungenarterie
○ b) Lungenarterie $<$ obere Hohlvene $<$ Aorta
○ c) Lungenarterie $<$ Aorta $<$ obere Hohlvene
○ d) obere Hohlvene $<$ Lungenarterie $<$ Aorta
○ e) obere Hohlvene $<$ Aorta $<$ Lungenarterie

Aufgabe 6 → Herzklappen

Ergänzen Sie die folgende Textpassage mit den untenstehenden Begriffen*.

Trikuspidal- und Mitralklappe sind sog. Segelklappen, da ihre Bestandteile von den Sehnenfäden (Chordae tendineae) am Papillarmuskel angeheftet werden. Im Gegensatz dazu haben die ______, also am rechten Herzen die ______, am linken Herzen die ______, keinen eigenen Aufhängeapparat, sondern setzen dem rückströmenden Blut allein aufgrund ihrer Eigenfestigkeit Widerstand entgegen. Damit funktionieren sie ähnlich wie die Venenklappen im Körperkreislauf.

* *Aortenklappe; Segelklappen; Pulmonalklappe; Sehnenfäden; Taschenklappen*

Aufgabe 7 → Herzwand

Welcher der folgenden Aussagen trifft nicht zu? Bitte kreuzen Sie an. (1)

- ○ a) Das Myokard ist die dickste Schicht der Herzwand.
- ○ b) Die Herzklappen bestehen aus Endokardgewebe.
- ○ c) Das Epikard bildet das innere Blatt des Herzbeutels.
- ○ d) Die Dreischichtung Epikard, Myokard, Endokard gilt gleichermaßen für Vorhöfe und Kammern.
- ○ e) Das Epikard setzt sich auch auf die herznahen Blutgefäße fort.

Aufgabe 8 → Herzkranzgefäße

Kennzeichnen Sie auf der folgenden Abbildung mit blauer Farbe die Herzkranzvenen, mit roter die Herzkranzarterien. Beschriften Sie die Herzkranzarterien.

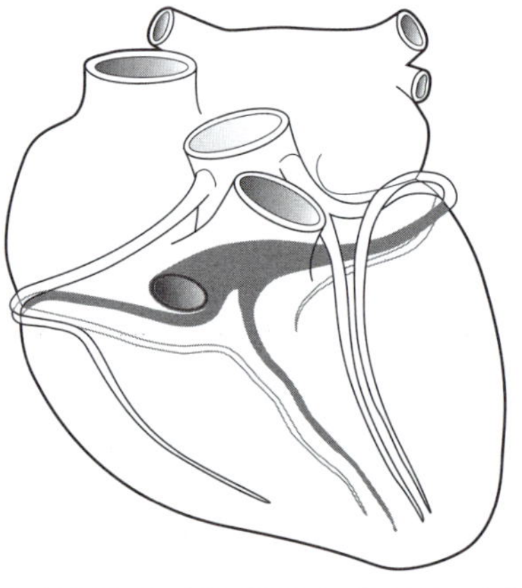

Aufgabe 9 → Herzkranzgefäße

In welcher Phase bzw. welchen Phasen der Herzaktion werden die Herzkranzgefäße so durchblutet, dass sie die Herzmuskulatur mit Sauerstoff versorgen?

Diastole

Für die Durchblutung jedes Organs, also auch der Herzmuskulatur, ist entscheidend, ob der Druck im Gewebe den Blutdruck übersteigt. Wenn das der Fall ist, werden die Arterien so zusammengedrückt, als würde man eine Blutdruckmanschette sehr stark aufpumpen. Vergleichen Sie den Vorgang auch mit der Muskelpumpe (Kap. 3, LE 10), bei der es allerdings um Venen, nicht um Arterien geht.

Aufgabe 10 → Herzkranzgefäße

In der folgenden Textpassage verbirgt sich ein inhaltlicher Fehler – welcher?

Die Anatomie der Herzkranzgefäße spielt eine große Rolle für das Risiko, einen Herzinfarkt zu erleiden. Beim sog. Normaltyp versorgt die linke Herzkranzarterie die Vorderwand des Herzens, die linksseitige Hinterwand und das Septum interventriculare, während die rechte Herzkranzarterie der Zwerchfellfläche und der rechten Hinterwand Blut zuführt. Beim Rechtstyp versorgt die rechte Kranzarterie zusätzlich die Vorderwand des Herzens mit Blut.

Aufgabe 11 → Herzkranzarterien

Welche Herzkranzarterie bzw. welcher Ast einer Herzkranzarterie ist bei einem Vorderwandinfarkt verschlossen?

Aufgabe 12 → Mechanische Herzaktion Erschlaffungsphase

Was passiert in der Erschlaffungsphase (Entspannungsphase) der Herzaktion? Bitte kreuzen Sie an. (1)

- ○ a) Vorhofmuskulatur ist angespannt, Kammermuskulatur erschlafft, Segelklappen geöffnet, Taschenklappen geschlossen.
- ○ b) Vorhof- und Kammermuskulatur sind erschlafft, alle Herzklappen geschlossen.
- ○ c) Vorhof- und Kammermuskulatur sind erschlafft, Taschenklappen geöffnet, Segelklappen geschlossen.
- ○ d) Kammermuskulatur ist angespannt, Vorhofmuskulatur erschlafft, alle Herzklappen geschlossen.
- ○ e) Kammermuskulatur ist angespannt, Vorhofmuskulatur erschlafft, Taschenklappen geöffnet, Segelklappen geschlossen.

Aufgabe 13 → Mechanische Herzaktion

Die folgende Abbildung zeigt den Verlauf des Blutdrucks in der Aorta (grün) und in der linken Herzkammer (rot) sowie die Herztöne (blau). Grenzen Sie in der Abbildung ab, welche Herzaktionen zur Systole und welche zur Diastole gehören. Unterteilen Sie Systole und Diastole nach Möglichkeit weiter.

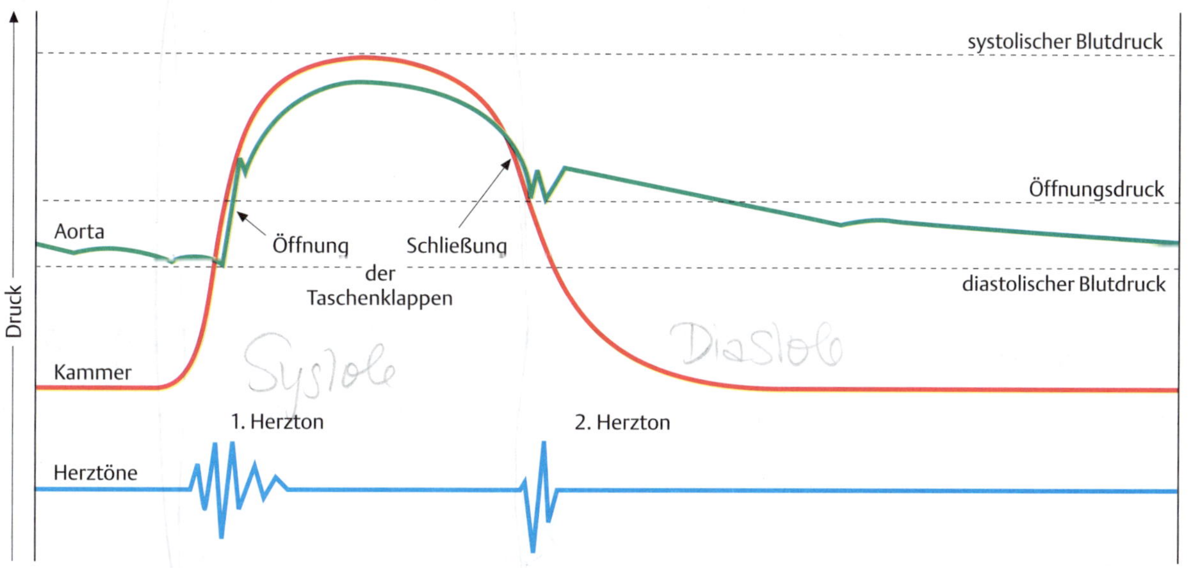

Sehen Sie sich die Druckverhältnisse in der linken Herzkammer (rot) und in der Aorta (grün) genau an. Was passiert, wenn der Druck in der Herzkammer den Druck überschreitet, der zum Öffnen der linken Taschenklappe nötig ist (Öffnungsdruck)? Was ist die Ursache für den ersten und den zweiten Herzton?

Aufgabe 14 Mechanische Herzaktion Herzklappen

Ordnen Sie den folgenden Phasen die richtigen Stellungen der Herzklappen zu und geben Sie an, ob die Phase zur Systole oder zur Diastole gehört, indem Sie Verbindungslinien ziehen.

a) Füllungsphase	1) Taschenklappen zu	I) Systole
b) Anspannungsphase	2) Taschenklappen offen	II) Diastole
c) Austreibungsphase (Auswurfphase)	3) Segelklappen zu	
	4) Segelklappen offen	

Aufgabe 15 Mechanische Herzaktion

Ergänzen Sie die folgende Textpassage mit den untenstehenden Begriffen*.

Wenn sich die Herzfrequenz verändert, müssen sich die Dauer entweder der Systole oder der Diastole oder beider verändern. Bei einer Steigerung der Herzfrequenz verkürzt sich hauptsächlich die ____________________, während die ____________________ weitgehend unbeeinflusst bleibt. Von den vier Phasen der Herzaktion ist die Dauer der ____________________ am stärksten von der jeweiligen Herzfrequenz abhängig.

* *Füllungsphase; Diastole; Systole*

Aufgabe 16 Elektrische Herzaktion

Ordnen Sie die folgenden Teile des Erregungsleitungssystems entsprechend des normalen zeitlichen Ablaufs an, indem Sie Ziffern von 1 bis 6 vergeben.

a) Vorhofmuskulatur ___
b) His-Bündel ___
c) Sinusknoten ___
d) AV-Knoten ___
e) Tawara-Schenkel ___
f) Purkinje-Fasern ___

Aufgabe 17 → Elektrische Herzaktion

Welche drei Teile des Erregungsleitungssystems des Herzens können selbst zum Schrittmacher werden? Geben Sie die für diese Teile typischen Herzfrequenzen an.

- ________________________________ ; ____________ pro Minute
- ________________________________ ; ____________ pro Minute
- ________________________________ ; ____________ pro Minute

Die Abschnitte des Erregungsleitungssystems verhalten sich wie drei unterschiedlich clevere Schüler bei einer gemeinsamen mündlichen Prüfung: Wenn der Prüfer eine Frage allgemein in die Runde hinein stellt, wird in der Regel immer nur der Einserkandidat antworten, weil er die Antwort am schnellsten hat (= primärer Schrittmacher). Erst wenn er still ist, kommt der nächstbeste Schüler zum Zug (= sekundärer Schrittmacher). Frage und Antwort sind jetzt natürlich nicht mehr so flüssig. Der langsamste (= tertiärer Schrittmacher) kommt nur zu Wort, wenn den beiden anderen nichts mehr einfällt.

Aufgabe 18 → EKG

Ordnen Sie den Erregungszuständen der Herzmuskulatur (rot = elektrisch erregtes, grau = nicht erregtes Gewebe) die entsprechenden EKG-Phasen zu.

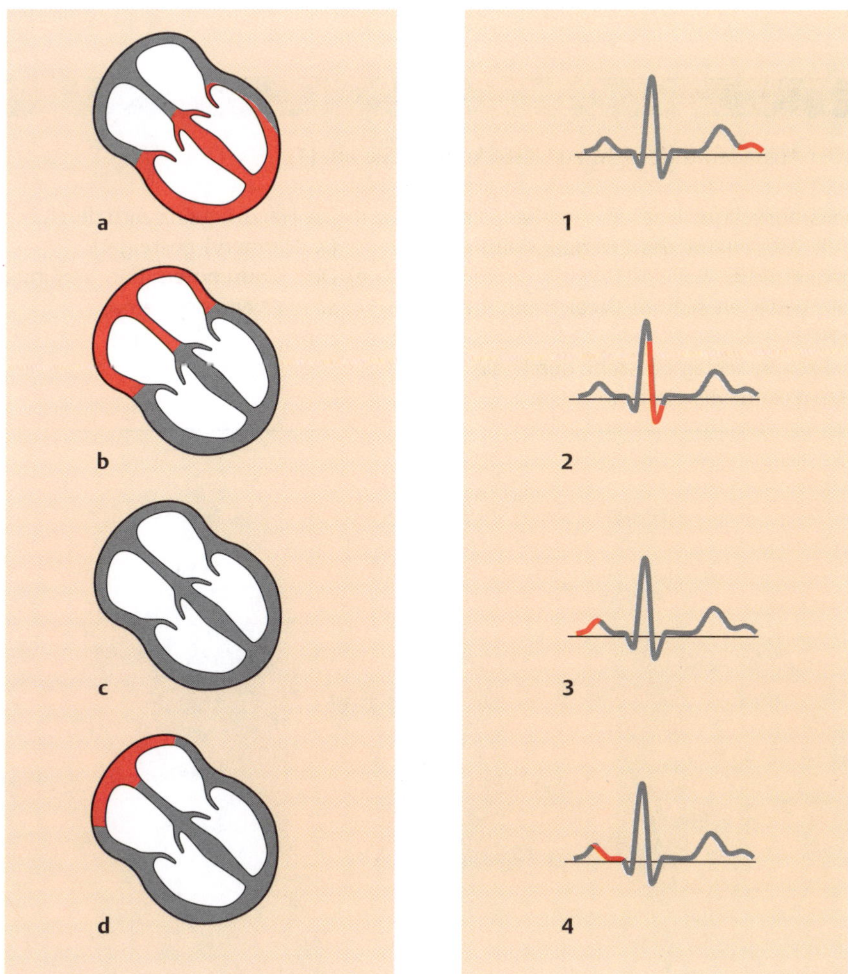

Aufgabe 19 → EKG

Ordnen Sie den folgenden Phasen der elektrischen Herzaktion den zugehörigen EKG-Teil zu, indem Sie Verbindungslinien ziehen.

a) Herzkammern vollständig erregt 6

b) Erregungsausbreitung im Vorhof 1

c) Erregungsrückbildung in den Herzkammern 7

d) Verzögerung im AV-Knoten 2

1) P-Welle

2) PQ-Strecke

3) Q-Zacke

4) R-Zacke

5) S-Zacke

6) ST-Strecke

7) T-Welle

Aufgabe 20 → EKG

Welche der folgenden Aussagen trifft nicht zu? Bitte kreuzen Sie an. (1)

○ a) Nur die Arbeitsmuskulatur erzeugt messbare EKG-Ausschläge, die Muskulatur des Erregungsleitungssystems dagegen nicht.

○ b) EKG-Potentiale bewegen sich im Bereich um 1 mV (= 1/1000 Volt).

○ c) Der stärkste EKG-Ausschlag entsteht durch die Erregung der Muskulatur der Herzkammern.

○ d) Die Herzfrequenz wird durch Anregung des N. vagus (X. Hirnnerv) gesteigert.

○ e) Der Sinusknoten hat Verbindung zum sympathischen Nervensystem.

Aufgabe **21** → **EKG Extremitätenableitungen**

Die Elektroden der Extremitätenableitungen sind hinsichtlich ihrer Farben international standardisiert. Zeichnen Sie in die unten stehende Silhouette mit den entsprechenden Farben ein, wo Sie diese Elektroden anlegen würden. Zeichnen Sie außerdem ein, wo Sie die Elektroden für die Ableitungen $V_1 - V_6$ anbringen würden.

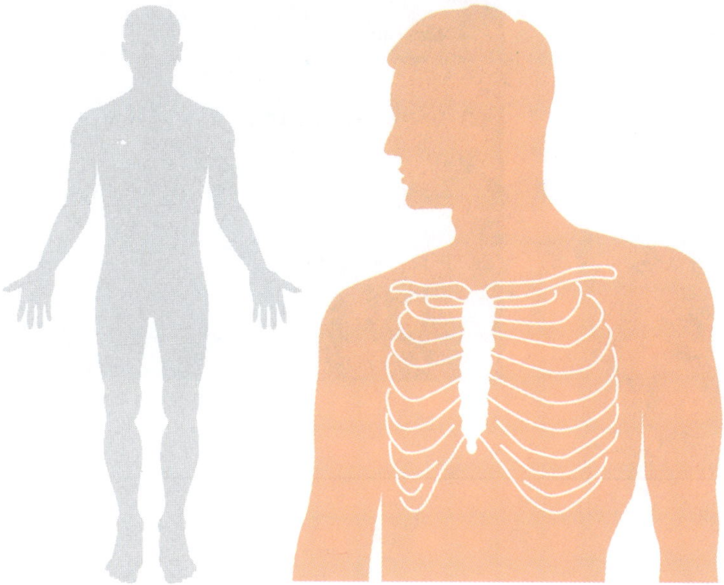

Wenn Sie die „Verkehrsampel-Regel" beachten (Rot-Gelb-Grün), müssen Sie nur noch wissen, an welcher Extremität Sie mit der Ampel anfangen müssen. Sind Sie Rechtshänder/in?

Aufgabe 22 → Blutgefäße

Welche der folgenden Anteile des Gefäßsystems gehören zum Hoch-, welche zum Niederdrucksystem? Bitte ziehen Sie Verbindungslinien.

a) Aorta

b) Lungenarterie

c) Lungenvene

d) untere Hohlvene

e) Pfortader

f) Nierenarterie

1) Hochdrucksystem

2) Niederdrucksystem

Hier gilt der gleiche Tip wie bei Aufgabe 4 – am besten aufzeichnen! Machen Sie sich klar, dass nur die linke Herzkammer wirklich hohe Drücke erzeugen kann.

Aufgabe 23 → Blutgefäße

Beurteilen Sie die folgenden Aussagen auf ihre Richtigkeit, indem Sie ankreuzen.	richtig	falsch
a) Die linke Halsschlagader (A. carotis communis) und die linke A. subclavia entspringen aus einem gemeinsamen Abgang von der Aorta.	○	○
b) Der Truncus brachiocephalicus ist der erste große arterielle Abgang aus dem Aortenbogen.	○	○
c) Die zum Kopf und zu den Armen führenden Arterien verlassen die Aorta an der Spitze des Aortenbogens.	○	○
d) Die Zwischenrippenarterien entspringen rechtwinklig aus dem aufsteigenden Teil der Aorta (Aorta ascendens).	○	○
e) Die Aorta verlässt den Brustraum durch eine Lücke im Zwerchfell.	○	○

Aufgabe **24** → **Blutgefäße – Große Arterien des Rumpfes**

Ergänzen Sie die folgende Abbildung mit den korrekten Beschriftungen.

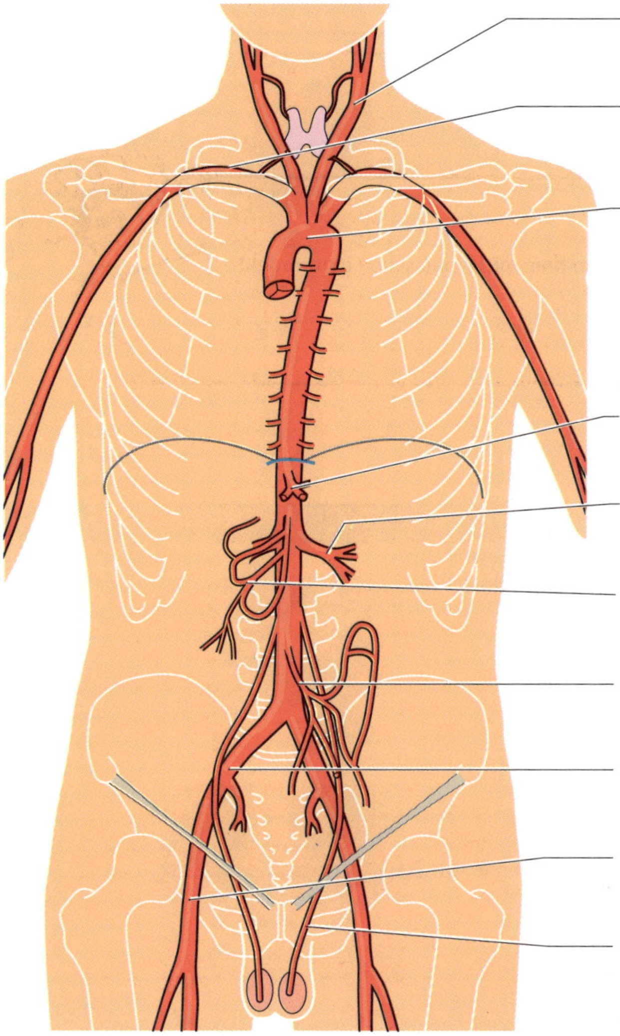

1 A. carotis communis ____________________

2 A. subclavia ____________________

3 Aortenbogen ____________________

4 ____________________

5 ____________________

6 ____________________

7 ____________________

8 ____________________

9 ____________________

10 ____________________

Aufgabe **25** → **Blutgefäße – Große Arterien des Rumpfes**

Welche der folgenden Arterien entspringt <u>nicht</u> direkt aus der Aorta? Bitte kreuzen Sie an. (1)

- ○ a) Truncus coeliacus
- ○ b) Nierenarterie
- ○ c) A. mesenterica inferior
- ○ d) A. testicularis
- ☒ e) A. femoralis

Aufgabe 26 → Blutgefäße – Große Arterien des Beins

Welche Arterie kann man ganz in der Tiefe der Kniekehle tasten?

A. poplitea

Diese Arterie ist gar nicht so leicht zu finden. Bei leicht gebeugtem Knie muss man schon ganz ordentlich „popeln", um dort den Puls zu fühlen.

Aufgabe 27 → Blutgefäße – Arterien von Kopf und Hals

Ergänzen Sie die folgende Abbildung mit den korrekten Beschriftungen.

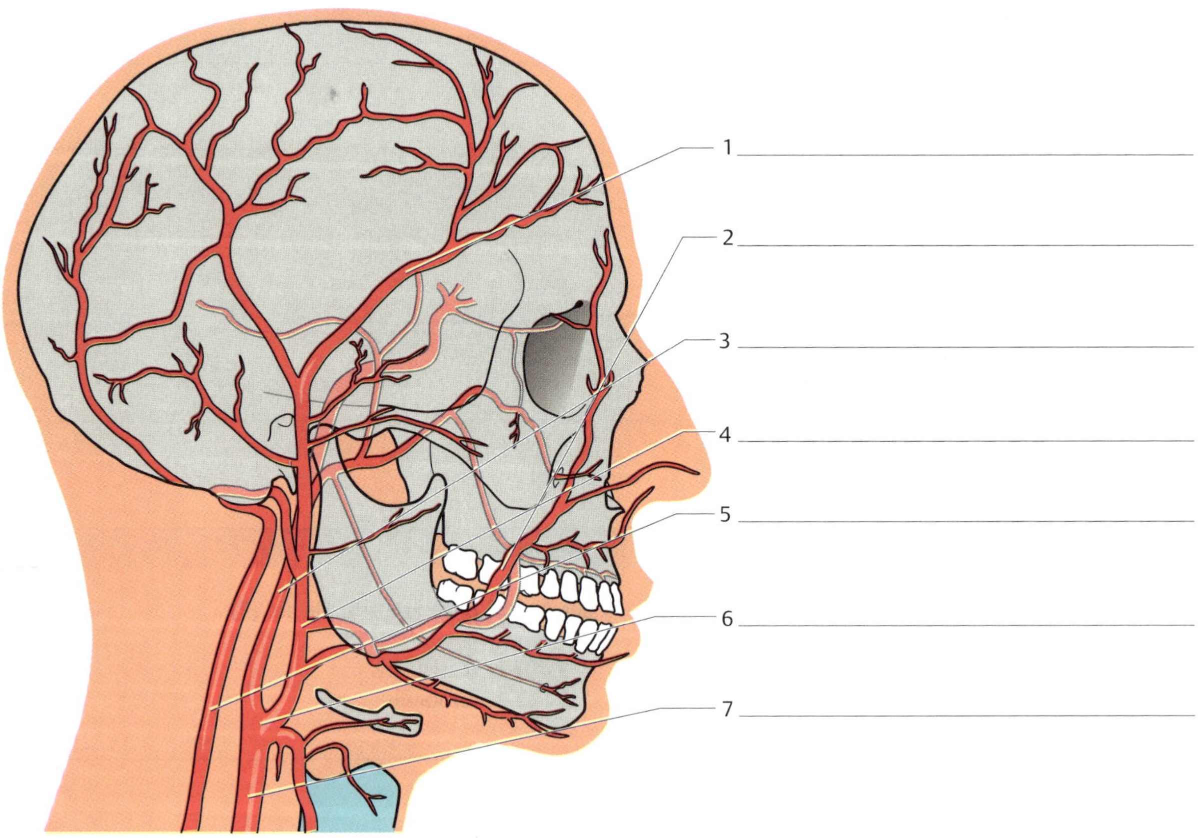

Aufgabe 28 → Blutgefäße

Bei einem bewusstlosen Unfallopfer ist eine der ersten Maßnahmen, den Puls zu tasten. Wo sollte man unter diesen Umständen den Puls tasten und warum? Bitte kreuzen Sie an. (1)

- ○ a) Am Handgelenk, weil bei einem Bewusstlosen Kopf und Rumpf möglichst nicht bewegt werden sollten, solange eine Wirbelsäulenverletzung nicht ausgeschlossen ist.
- ○ b) In der Leistenbeuge, weil man dabei gleichzeitig das Becken auf Knochenbrüche untersuchen kann.
- ○ c) Am Hals, weil im Schockzustand wegen der Kreislaufzentralisation periphere Pulse auch fehlen können.
- ○ d) An beiden Handgelenken gleichzeitig, um Seitenunterschiede festzustellen.
- ○ e) Keine der Aussagen ist richtig.

Aufgabe 29 → Blutgefäße – Große Arterien des Kopfes

Welche Arterien speisen direkt oder indirekt Blut in den Circulus arteriosus Willisii an der Hirnbasis ein? Bitte kreuzen Sie an. (1)

1) A. carotis interna
2) A. carotis externa
3) A. vertebralis
4) A. basilaris
5) A. occipitalis
6) A. auricularis posterior

- ○ a) Nur 1 und 3 transportieren Blut dorthin.
- ○ b) Nur 2 und 3 transportieren Blut dorthin.
- ⊗ c) Nur 1, 3 und 4 transportieren Blut dorthin.
- ○ d) Nur 2, 5 und 6 transportieren Blut dorthin.
- ○ e) Nur 2, 4 und 6 transportieren Blut dorthin.

Aufgabe 30 → Blutgefäße Venensystem

Einige Venen verlaufen nicht parallel zu den Arterien und haben folglich eigene Namen. Ordnen Sie den folgenden Venen die auf sie zutreffende Beschreibung zu, indem Sie Verbindungslinien ziehen.

a) V. jugularis interna	1) Ellenbeugenvene, wird häufig zum Blutabnehmen benutzt
b) V. cephalica	2) verläuft unterhalb des M. deltoideus an der Vorderseite des Oberarms
c) V. saphena magna	3) führt Blut aus dem Gehirnbereich zur oberen Hohlvene
d) V. mediana cubiti	4) verläuft an der Kleinfingerseite des Unterarms bis zur Mitte des Oberarms
e) V. basilica	5) verläuft an der Vorder- und Innenseite des Oberschenkels

Aufgabe 31 → Blutgefäße – Arterien von Achsel und Arm

Ergänzen Sie die folgende Abbildung mit den korrekten Beschriftungen.

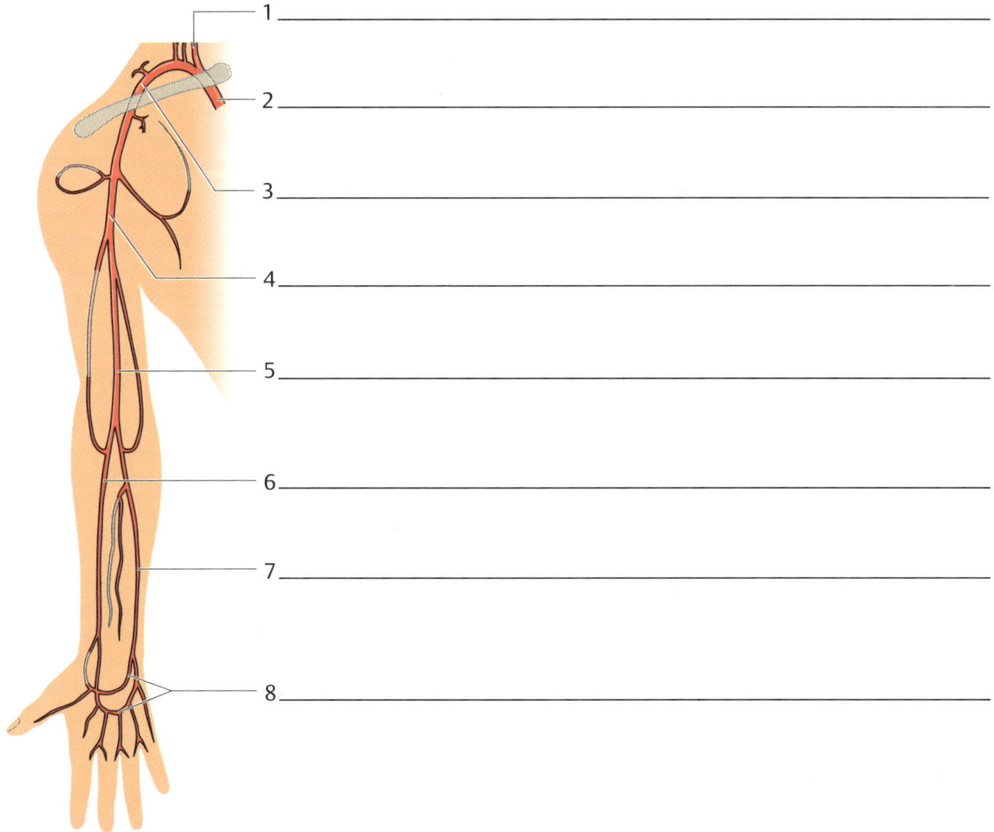

Aufgabe 32 → Blutgefäße Windkesselfunktion

Beurteilen Sie die folgenden Aussagen auf ihre Richtigkeit, indem Sie ankreuzen.

Zu den Auswirkungen der Windkesselfunktion gehört, ...

	richtig	falsch
○ a) dass die Blutströmung gleichmäßiger wird.	☒	○
○ b) dass hohe Druckspitzen in der Systole vermieden werden.	☒	○
○ c) dass die Pulswellen beschleunigt werden.	○	☒
○ d) dass die Belastung der arteriellen Blutgefäße verringert wird.	☒	○

Ich habe mir sagen lassen, dass der Windkessel einer alten Dampflokomotive einer der Aufbauten auf dem zylinderförmigen Kessel ist, also zwischen Schornstein und Führerhaus liegt.

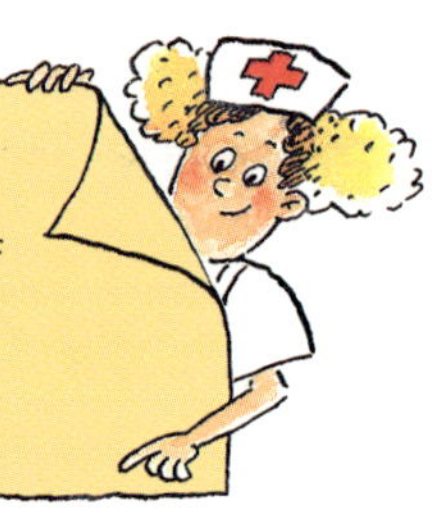

Aufgabe 33 → Blutgefäße Windkesselfunktion

Welches Blutgefäß/welche Blutgefäße tragen zur Windkesselfunktion bei? Bitte kreuzen Sie an. (1)

1) Aorta
2) große Aortenäste (z. B. A. iliaca communis)
3) mittelgroße Arterien (z. B. A. radialis)
4) kleine Arterienäste
5) Arteriolen
6) Kapillaren
7) Venulen
8) Venen

- ○ a) Nur 1 trägt dazu bei.
- ○ b) Nur 3 trägt dazu bei.
- ○ c) Nur 1 und 2 tragen dazu bei.
- ○ d) Nur 3 und 4 tragen dazu bei.
- ○ e) Nur 4 und 5 tragen dazu bei.

Aufgabe 34 → Blutgefäße Widerstandsfunktion

Welche Blutgefäße tragen am meisten zur Widerstandsfunktion bei? Bitte kreuzen Sie an. (1)

1) Aorta
2) große Aortenäste (z. B. A. iliaca communis)
3) mittelgroße Arterien (z. B. radialis)
4) kleine Arterienäste
5) Arteriolen
6) Kapillaren
7) Venulen
8) Venen

- ○ a) Nur 1 und 2 tragen dazu bei.
- ○ b) Nur 3 und 4 tragen dazu bei.
- ○ c) Nur 4 und 5 tragen dazu bei.
- ○ d) Nur 6 und 7 tragen dazu bei.
- ○ e) Nur 6, 7 und 8 tragen dazu bei.

Die Widerstandsgefäße haben den Zweck, einzelne Organe je nach Bedarf mehr oder weniger stark mit Blut zu versorgen. Sie verhalten sich also wie kleine Ventile, die durch Hormone oder das vegetative Nervensystem auf- und zugedreht werden. Auf welcher Seite – im Zufluss oder im Abfluss – würden Sie solche Ventile einbauen, wenn Sie Klempner wären?

Aufgabe 35 → Blutgefäße Widerstandsfunktion

Welche der folgenden Aussagen trifft/treffen zu? Bitte kreuzen Sie an. (1)

1) Die Muskulatur der kleinen Arterien steht ständig unter einer Grundspannung (Muskeltonus).
2) Der Muskeltonus der Gefäße entsteht durch Einwirkung des sympathischen Nervensystems.
3) Ansäuerung und die Erhöhung der extrazellulären Kaliumkonzentration im Gewebe verengen die Blutgefäße.
4) Ein Abtrennen einzelner Blutgefäße vom vegetativen Nervensystem erhöht die Durchblutung.

- ○ a) Nur Aussage 1 ist richtig.
- ○ b) Nur die Aussagen 1 und 2 sind richtig.
- ○ c) Nur die Aussagen 1, 2 und 3 sind richtig.
- ○ d) Nur die Aussagen 1, 2 und 4 sind richtig.
- ○ e) Alle Aussagen sind richtig.

Aufgabe 36 → Pulsmessung

Wo kann man überall den Puls fühlen? Geben Sie an, welche Arterien man an den jeweiligen Punkten tasten kann.

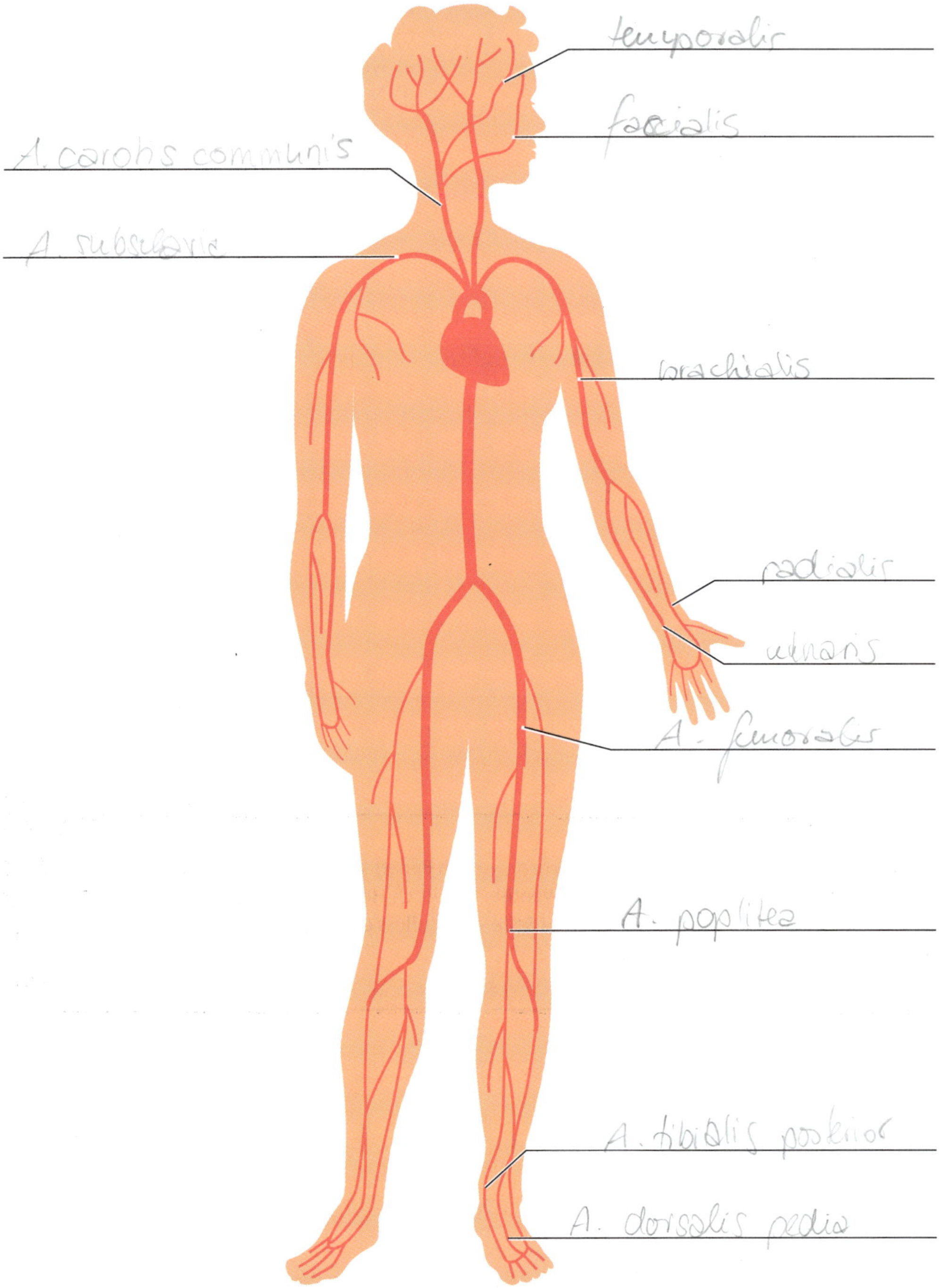

Aufgabe 37 → Blutdruckmessung

In der folgenden Textpassage versteckt sich ein inhaltlicher Fehler – welcher?

Den Blutdruck kann man ohne Stethoskop bestimmen, indem man eine Manschette so weit aufpumpt, bis kein Puls mehr tastbar ist. Der Druck in der Manschette entspricht dann in etwa dem systolischen Blutdruck. Lässt man den Druck in der Manschette ab, dann ist der Puls wieder zu tasten. Der jetzt gemessene Manschettendruck entspricht dem diastolischen Blutdruck. Die Genauigkeit der Blutdruckmessung durch Tasten (palpatorische Blutdruckbestimmung) ist der Methode nach Riva-Rocci unterlegen.

Nicht selten bekommen die eigentlich zum Blutdruckmessen vorgesehenen Stethoskope auf Station Beine. Schließlich balgen sich, ähnlich wie bei den Kugelschreibern, alle um das einzige verbliebene Exemplar. In einer solchen Situation können Sie durchaus einmal darauf angewiesen sein, den Blutdruck nur durch Pulsfühlen zu bestimmen. Welchen großen Haken hat die Sache, abgesehen von der geringeren Genauigkeit?

Aufgabe 38 → Blutdruckmessung

Wie entstehen die beim Blutdruckmessen hörbaren Geräusche? Bitte kreuzen Sie an. (1)

- ○ a) Es handelt sich um eine Überlagerung von erstem und zweitem Herzton, die durch die Windkesselfunktion über die gesamte Dauer der Systole hinweg hörbar sind.
- ○ b) Die Geräusche entstehen durch die Blutströmung an der teilweise durch die Blutdruckmanschette abgedrückten Oberarmarterie.
- ○ c) Die Geräusche kommen dadurch zustande, dass bei teilweise abgedrückter Oberarmarterie die Pulswellen mehrfach zwischen Oberarmarterie und Arteriolen hin- und herlaufen.
- ○ d) Es sind Geräusche, die durch die Stethoskopmembran hervorgerufen werden. Daher verschwinden sie, wenn man das Stethoskop nur leicht aufsetzt.
- ○ e) Die Entstehungsweise der Geräusche ist noch nicht bekannt.

Aufgabe 39 → Blutdruckmessung

Beim Blutdruckmessen im Bett wird nicht selten der Arm schräg nach oben gehalten, um besser an Manschette und Stethoskop heranzukommen.

Beurteilen Sie die folgenden Aussagen auf ihre Richtigkeit, indem Sie ankreuzen.	richtig	falsch
a) Man bestimmt dabei den Blutdruck fälschlicherweise zu niedrig.	○	○
b) Man bestimmt dabei den Blutdruck fälschlicherweise zu hoch.	○	○
c) Der Messwert ist dabei durchaus richtig.	○	○
d) Die Armarterie kann dabei dauerhaft abgedrückt werden, wodurch der Arm blutleer wird.	○	○
e) Der Plexus brachialis kann dabei eingeklemmt werden, wodurch der Arm für einige Stunden gefühllos werden kann.	○	○
f) Die falsche Blutdruckmessung kann zu einer unzureichenden Einstellung des Blutdrucks führen.	○	○

Aufgabe 40 → Kapillaren

Nennen Sie die wichtigste allgemeine Aufgabe des Kapillarstromgebiets.

____

____

Aufgabe 41 → Kapillaren – kolloidosmotischer Druck

Welche der folgenden Aussagen trifft/treffen auf den kolloidosmotischen Druck (KOD) zu? Bitte kreuzen Sie an.	richtig	falsch
a) Der KOD entsteht dadurch, dass im Blut gelöste Eiweißkörper die Gefäßwand nicht passieren können und Flüssigkeit an sich binden.	○	○
b) Der KOD beträgt normalerweise ca. 50 – 80 mmHg.	○	○
c) Salze und kleine gelöste Moleküle haben keinen Einfluss auf den KOD, weil sie sich frei zwischen Kapillarblut und Gewebe hin- und herbewegen können.	○	○
d) Je höher der KOD ist, desto eher besteht die Gefahr der Ödembildung.	○	○

Es gibt Infusionsflüssigkeiten, sogenannte Plasmaexpander, die den kolloidosmotischen Druck erhöhen sollen. Man gibt diese Infusionen beispielsweise nach einem größeren Blutverlust oder um die Fließeigenschaften des Bluts zu verbessern. Ihre Besonderheit ist, dass ihre Inhaltsstoffe Wasser in der Blutbahn zurückhalten, das sich bei gewöhnlichen Infusionen (Kochsalz, Glucose) sofort über den gesamten extrazellulären Flüssigkeitsraum verteilen würde. Dadurch erhöhen die Plasmaexpander Blutvolumen und Blutdruck.

Aufgabe 42 → Venen

Ergänzen Sie die folgende Textpassage mit den untenstehenden Begriffen*.

Durch die wechselnde Füllung der Körpervenen dient das Venensystem als Reservoir, um überschüssiges Volumen kurzzeitig zu speichern, bis die Niere sich den geänderten Bedingungen anpassen kann. Man nennt die Venen daher auch ______________. Die Geschwindigkeit der Blutströmung ist ______________ als in den Arterien, der Druck ist ______________. Dementsprechend sammelt sich das größte Volumen stets ______________, die Verteilung des Blutvolumens hängt also von der Körperposition ab.

* *in den am tiefsten gelegenen Bezirken; niedriger; wesentlich geringer; Kapazitätsgefäße*

Aufgabe **43** → **Venen Muskelpumpe**

Welche anatomischen und funktionellen Voraussetzungen müssen erfüllt sein, damit die sog. Muskelpumpe venöses Blut aus den Beinen nach oben fördern kann? Bitte kreuzen Sie an. (1)

1) isometrische Anspannung der Beinmuskulatur
2) rhythmische Bewegung der Beinmuskulatur
3) Venenklappen
4) Nachbarschaft von Venen und Arterien
5) starre Muskelfaszie um Venen und Beinmuskulatur

○ a) Nur die Aussagen 1 und 3 sind richtig.
○ b) Nur die Aussagen 2 und 3 sind richtig.
○ c) Nur die Aussagen 2, 3 und 5 sind richtig.
○ d) Nur die Aussagen 2, 3, 4 und 5 sind richtig.
○ e) Keine der angegebenen Kombinationen trifft zu.

Aufgabe **44** → **Kreislaufregulation**

Die folgende schematische Abbildung einer Kreislaufsituation enthält einen inhaltlichen Fehler. Worin besteht dieser Fehler?

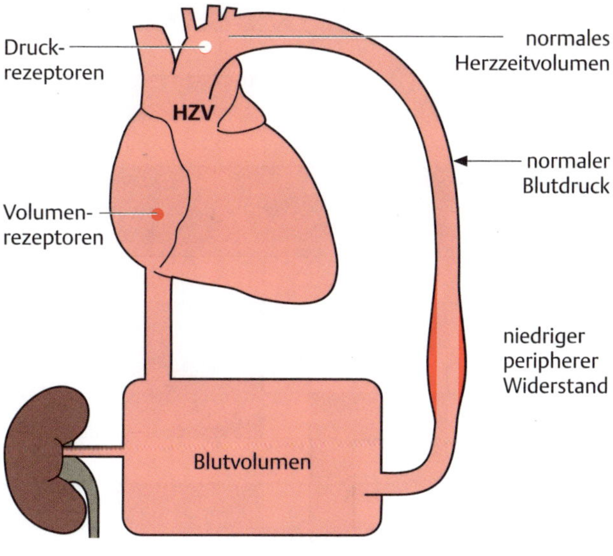

Überlegen Sie sich, wie das Herzzeitvolumen und der periphere Widerstand den Blutdruck beeinflussen. Was passiert mit dem Blutdruck, wenn bei gleichbleibendem Herzzeitvolumen der periphere Widerstand in den kleinen Arterien und Arteriolen plötzlich ansteigt oder abfällt?

Aufgabe 45 → Herz und Kreislauf – Kreuz und quer

Lösen Sie bitte das folgende Kreuzworträtsel.

waagrecht:
2 Herzkammer
4 EKG-Spuren V_1 bis V_6
7 Wofür steht „HZV“?
8 Verbindung zweier hintereinandergeschalteter Kapillarsysteme
11 Aufhängung des freien Endes einer Segelklappe
13 Abk. für den absteigenden Ast der linken Herzkranzarterie
14 gebräuchlichster Punkt zur Pulsmessung (A. ...)
15 entsteht aus dem Zusammenfluss beider Aa. vertebrales (A. ...)
16 Entspannungs- und Füllungsphase des Herzens

senkrecht:
1 primärer Schrittmacher des Herzens
3 aktiver Rücktransport von Blut aus den Beinen zum Herzen beim Gehen
5 äußere Wandschicht von Arterien und Venen
6 Auskleidung der Herzinnenwand
9 Flüssigkeitsbewegung vom Zwischenzellraum in ein Blutgefäß
10 Halsschlagader (A. ...)
12 Welcher Stoff baut den kolloidosmotischen Druck auf?

3 Herz und Kreislauf

Aufgabe 1

(LE 1)
1 rechter Vorhof
2 obere Hohlvene
3 Lungenarterie
4 Pulmonalklappe
5 linker Vorhof
6 Lungenvenen
7 Mitralklappe
8 Aortenklappe
9 linke Kammer
10 Trikuspidalklappe
11 rechte Kammer
12 untere Hohlvene

Aufgabe 2

(LE 1)
c

Aufgabe 3

(LE 1)
richtig c, d
falsch a, b

Aufgabe 4

(LE 1)
b, d, e

Aufgabe 5

(LE 1)
d

Aufgabe 6

(LE 1)
Segelklappen; Sehnenfäden; Taschenklappen; Pulmonalklappe; Aortenklappe

Aufgabe 7

(LE 2)
c

Aufgabe 8

(LE 2)

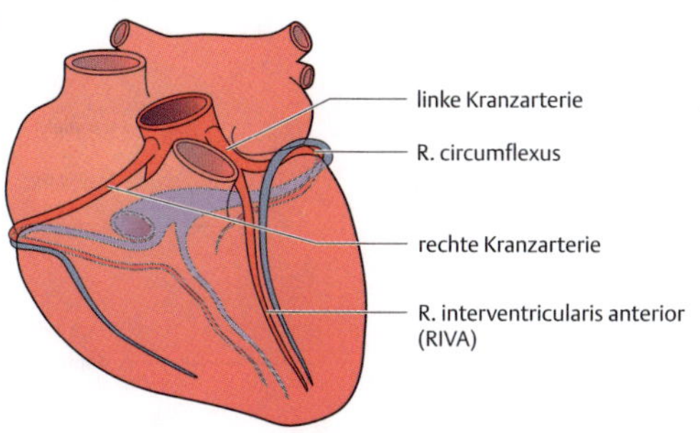

Aufgabe 9

(LE 2)
nur in der Diastole

Aufgabe 10

(LE 2)
Beim Rechtstyp versorgt die rechte Herzkranzarterie zusätzlich die Hinterwand und einen Teil des Septums.

Aufgabe 11

(LE 2)
R. interventricularis anterior (RIVA) der linken Herzkranzarterie

Aufgabe 12

(LE 3)
b

Aufgabe 13

(LE 3)

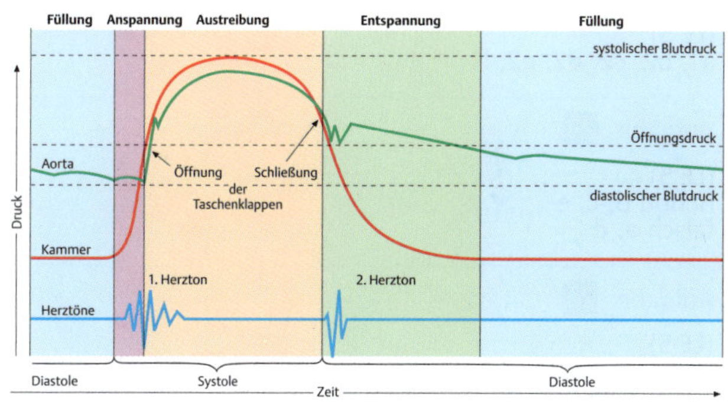

Aufgabe 14

(LE 3)
a1 II, a4 II, b1 I, b3 I, c2 I, c3 I

Aufgabe 15

(LE 3)
Diastole; Systole; Füllungsphase

Aufgabe 16

(LE 4)
1 = c, 2 = a, 3 = d, 4 = b, 5 = e, 6 = f

Aufgabe 17

(LE 4)
Sinusknoten 70/min
AV-Knoten 50/min
Purkinje-Fasern und/oder His-Bündel 30/min

Aufgabe 18

(LE 4)
a2, b4, c1, d3

Aufgabe 19

(LE 4)
a6, b1, c7, d2

Aufgabe 20

(LE 4)
d

Aufgabe **21**

(LE 4)

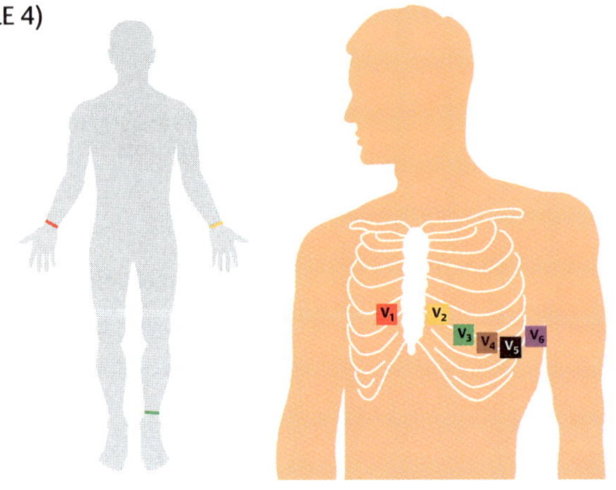

Aufgabe **22**

(LE 5)
a1, b2, c2, d2, e2, f1

Aufgabe **23**

(LE 5)
richtig b, c, e
falsch a, d

Aufgabe **24**

(LE 5)
1 Halsschlagader (A. carotis communis)
2 A. subclavia
3 Aorta
4 Truncus coeliacus
5 Nierenarterie (A. renalis)
6 A. mesenterica superior
7 A. mesenterica inferior
8 Beckenarterie (A. iliaca communis)
9 A. femoralis
10 A. testicularis

Aufgabe **25**

(LE 5)
e

Aufgabe **26**

(LE 5)
A. poplitea

Aufgabe **27**

(LE 6)
1 A. temporalis superficialis
2 A. facialis
3 A. carotis interna
4 A. carotis externa
5 A. vertebralis
6 Sinus caroticus
7 Halsschlagader (A. carotis communis)

Aufgabe **28**

(LE 6)
c

Aufgabe **29**

(LE 6)
c

Aufgabe **30**

(LE 6)
a3, b2, c5, d1, e4

Aufgabe **31**

(LE 6)
1 Halsschlagader (A. carotis communis)
2 Truncus brachiocephalicus
3 A. subclavia
4 A. axillaris
5 A. brachialis
6 A. radialis
7 A. ulnaris
8 Gefäßbögen der Hand

Aufgabe **32**

(LE 7)
richtig a, b, d
falsch c

Aufgabe **33**

(LE 7)
c

Aufgabe **34**

(LE 7)
c

Aufgabe **35**

(LE 7)
d

Aufgabe **36**

(LE 8)

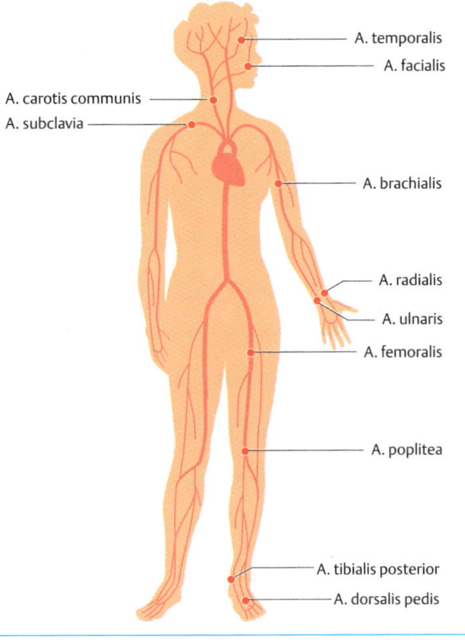

Aufgabe 37

(LE 8)
Palpatorisch lässt sich nur der systolische, nicht aber der diastolische Blutdruck bestimmen.

Aufgabe 38

(LE 8)
b

Aufgabe 39

(LE 8)
richtig a, f
falsch b, c, d, e

Aufgabe 40

(LE 9)
Austausch von Stoffen (Sauerstoff, CO_2, Nähr- und Abfallstoffen) zwischen Blut und Gewebe

Aufgabe 41

(LE 9)
richtig a, c
falsch b, d

Aufgabe 42

(LE 10)
Kapazitätsgefäße; wesentlich geringer; niedriger; unten/in den Beinen

Aufgabe 43

(LE 10)
c

Aufgabe 44

(LE 11)
Der Blutdruck müsste sinken, wenn der totale periphere Widerstand sinkt und nicht durch eine Erhöhung des Herzzeitvolumens ausgeglichen wird.

Aufgabe 45

waagrecht:
2 Ventrikel
4 Brustwandableitungen
7 Herzzeitvolumen
8 Pfortader
11 Sehnenfaden
13 RIVA
14 radialis
15 basilaris
16 Diastole

senkrecht:
1 Sinusknoten
3 Muskelpumpe
5 Adventitia
6 Endokard
9 Resorption
10 carotis
12 Eiweiss

4 Blutbildung und Blutgerinnung

Aufgabe 1 → Bestandteile des Blutes

Welche Definition ist richtig? Bitte kreuzen Sie an. (1)

- ○ a) Blut = Blutzellen + Blutplasma + Gerinnungseiweiße
- ○ b) Blutplasma = Blutserum + Gerinnungseiweiße
- ○ c) Blutserum = Blutplasma + Thrombozyten
- ○ d) Blutserum = Blut – Blutzellen
- ○ e) Gerinnungseiweiße = Blutserum – Blutplasma

Aufgabe 2 → Bestandteile des Blutes

Welcher der folgenden Stoffe bzw. Zelltypen kommt im Blut normalerweise nicht vor? Bitte kreuzen Sie an. (1)

- ○ a) Leukozyten
- ○ b) Fibrozyten
- ○ c) Harnstoff
- ○ d) Glucose
- ○ e) Thrombozyten

Aufgabe 3 → Hämatokrit

Erklären Sie kurz, was man unter dem Hämtokritwert versteht.

Aufgabe 4 → Hämatokrit

Ordnen Sie die Normalwerte für den Hämatokrit den folgenden Personen zu, indem Sie Verbindungslinien ziehen.

a) erwachsene Frauen

b) erwachsene Männer

c) Neugeborene

1) ca. 30 %

2) ca. 38 %

3) ca. 42 %

4) ca. 45 %

5) ca. 52 %

6) ca. 60 %

Ein hoher Hämatokritwert hat den Vorteil, dass das Blut sehr viel Sauerstoff pro Herzschlag ins Gewebe bringen kann. Die Ausdauerleistung wird besonders bei allgemeinem Sauerstoffmangel besser (vgl. Höhenadaptation, Kap. 15, LE 4). Das jetzt dickflüssigere Blut setzt jedoch dem Kreislauf einen höheren Widerstand entgegen.

4

Aufgabe 5 → Erythrozyten

Ergänzen Sie die folgende Textpassage mit den untenstehenden Begriffen*.

In einem mm^3 Blut befinden sich größenordnungsmäßig ________ rote Blutkörperchen (Erythrozyten). Neben den Blutplättchen sind Erythrozyten die einzigen menschlichen Zellen, die keinen ________ besitzen und sich dementsprechend auch nicht mehr teilen können. Nach ihrer Lebensdauer von ________ werden die Erythrozyten daher abgebaut und die Bestandteile einem Recycling zugeführt. Das Organ, das dabei eine zentrale Rolle spielt, ist ________ .

* *4 Monaten; die Milz; Zellkern; 4–5 Millionen*

Aufgabe 6 → Erythrozyten

In welchen Organen bzw. Teilen von Organen erfolgt die Bildung roter Blutkörperchen? Bitte ziehen Sie Verbindungslinien.

a) beim Embryo
b) in der Fetalzeit
c) im Erwachsenenalter

1) Magen
2) Leber
3) Milz
4) Pankreas
5) Diaphyse der Röhrenknochen
6) platte und kurze Knochen
7) Dottersack
8) Epiphyse der Röhrenknochen
9) Amnionhöhle

Aufgabe 7 → Erythrozyten

Welcher Zelltyp ist kein Vorläufer der Erythrozyten? Bitte kreuzen Sie an. (1)

○ a) Progenitorzellen
○ b) Retikulozyten
○ c) Normoblasten
○ d) Promyelozyten
○ e) Proerythroblasten

Aufgabe 8 → Erythrozyten

Wofür stehen die folgenden Abkürzungen, und welche Einheit haben diese Größen? Bitte ziehen Sie Verbindungslinien.

a) Hb

b) Hk

c) MCV

d) MCH

1) durchschnittliches Volumen eines Erythrozyten

2) durchschnittliche Hämoglobinmenge eines Erythrozyten

3) Eisenkonzentration im Blut

4) Hämatokritwert

5) Hämoglobinkonzentration im Blut

I) pg

II) g/100 ml

III) fl

IV) %

V) pl/mg

Falls Sie mit den Einheiten Schwierigkeiten haben, hier die „Übersetzung".

g	Gramm	
mg	Milligramm	1/1.000 Gramm
µg	Mikrogramm	1/1.000.000 Gramm
ng	Nanogramm	1/1.000.000.000 Gramm
pg	Pikogramm	1/1.000.000.000.000 Gramm
fg	Femtogramm	1/1.000.000.000.000.000 Gramm
ag	Attogramm	1/1.000.000.000.000.000.000 Gramm

genauso mit l = Liter: l – ml – µl – nl – pl – fl – al

Aufgabe 9 → Blutsenkungsgeschwindigkeit

Welche der folgenden Aussagen trifft nicht zu? Bitte kreuzen Sie an. (1)

Die Blutsenkungsgeschwindigkeit nach Westergren ...

- ○ a) wird im klinischen Alltag mit BKS abgekürzt.
- ○ b) wird im klinischen Alltag mit BSG abgekürzt.
- ○ c) wird nach einer und nach zwei Stunden abgelesen.
- ○ d) beträgt normalerweise nach einer Stunde 30–40, nach zwei Stunden 60–80 mm.
- ○ e) ist bei malignen Tumoren und Entzündungen erhöht.

Aufgabe 10 → Hämoglobinmolekül

In der folgenden Darstellung eines Häm-Moleküls verbergen sich zwei inhaltliche Fehler – welche?

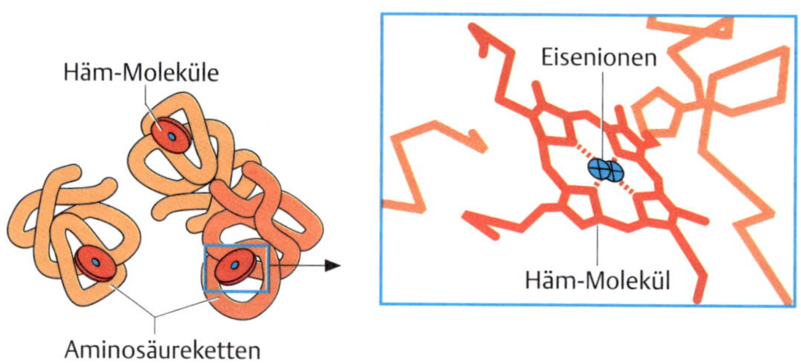

▸ ______________________________

▸ ______________________________

Aufgabe 11 → Hämoglobinmolekül

Worin unterscheidet sich das Hämoglobinmolekül in der Fetalzeit (HbF) von dem des Erwachsenen (HbA)? Bitte kreuzen Sie an. (1)

- ○ a) HbF besteht aus vier Untereinheiten, HbA aus drei Untereinheiten.
- ○ b) HbF bindet pro Untereinheit ein Eisenion, HbA zwei Eisenionen.
- ○ c) HbF besteht aus β- und γ-Ketten, HbA nur aus β-Ketten.
- ○ d) HbF besteht aus α- und γ-Ketten, HbA aus α- und β-Ketten.
- ○ e) HbF ist im Gegensatz zu HbA nicht in Erythrozyten „verpackt".

Aufgabe 12 → Hämoglobin

Beurteilen Sie die folgenden Aussagen auf ihre Richtigkeit, indem Sie ankreuzen.	richtig	falsch
a) Hämoglobin bindet Sauerstoff etwa 250mal besser als Blutplasma.	○	○
b) Die Sauerstoffbindung von Hämoglobin hängt vom pH-Wert ab.	○	○
c) Die Sauerstoffbindung von Hämoglobin hängt von der Glucosekonzentration im Blut ab.	○	○
d) Bei niedriger Kohlendioxidkonzentration, z. B. in der Lunge, verschiebt sich die Sauerstoffbindungskurve nach rechts.	○	○
e) In peripheren Geweben, z. B. in der Muskulatur, herrscht ein niedrigerer pH-Wert als in der Lunge.	○	○

Aufgabe 13 → Sauerstoffausschöpfung in verschiedenen Geweben

Die Abbildung zeigt schematisch, wie stark verschiedene Organe im Verlauf ihres Kapillarbettes dem Blut Sauerstoff entziehen (Sauerstoffausschöpfung). Es handelt sich um die folgenden Organe:

- Herz
- Niere
- Gehirn

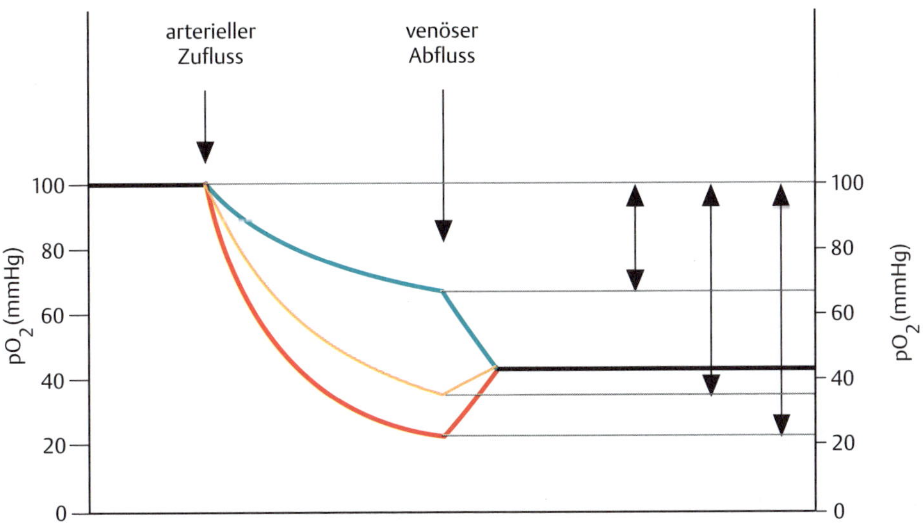

Beschriften Sie die drei Kurven mit den richtigen Organen.

Die Sauerstoffausschöpfung eines Organs können Sie anhand von zwei Überlegungen abschätzen: 1) Wieviel muss das Organ leisten, also wieviel Energie verbraucht es pro Minute? 2) Wieviel Blut fließt durch das Organ? Wenn das Verhältnis Energiebedarf zu Durchblutung besonders ungünstig ist, muss das Organ dem Blut eben besonders viel Sauerstoff entziehen, die Sauerstoffausschöpfung ist also hoch.

Aufgabe 14 → Leukozyten

Welche der folgenden Zelltypen gehören zu den weißen Blutkörperchen (Leukozyten)? Bitte kreuzen Sie an. (1)

1) eosinophile Granulozyten
2) Megakaryozyten
3) Monozyten
4) Lymphozyten
5) segmentkernige neutrophile Granulozyten
6) Astrozyten

○ a) Nur die Zelltypen 1 und 5 gehören dazu.
○ b) Nur die Zelltypen 2, 4 und 5 gehören dazu.
○ c) Nur die Zelltypen 1, 3, 4 und 5 gehören dazu.
○ d) Nur die Zelltypen 1, 2, 5 und 6 gehören dazu.
○ e) Alle Zelltypen gehören dazu.

Im Blut gibt es rote Blutkörperchen (Erythrozyten), weiße Blutkörperchen (Leukozyten) und Blutplättchen (Thrombozyten). Sie sollen also entscheiden, ob die hier genannten Zelltypen direkt zu den weißen Blutkörperchen gehören bzw. eine Vorstufe dazu sind oder gar nichts mit den Leukozyten zu tun haben.

Aufgabe 15 → Leukozytenzahl

Wie hoch ist der Normalwert der Leukozytenzahl im Blut? Geben Sie die Zahl und die dazugehörige Einheit an.

Aufgabe 16 → Leukozyten Entzündung

Beurteilen Sie die folgenden Aussagen auf ihre Richtigkeit, indem Sie ankreuzen.	richtig	falsch
Bei Entzündungen ...		
a) ist die Zahl der Leukozyten im Blut erhöht.	○	○
b) hängt die Leukozytenzahl vom Schweregrad der Entzündung ab.	○	○
c) mit bakteriellen Erregern sind vor allem die Lymphozyten vermehrt.	○	○
d) besteht häufig eine sog. Leukopenie.	○	○

Aufgabe 17 → Neutrophile Granulozyten

Welche der folgenden Aussagen trifft/treffen zu? Bitte kreuzen Sie an. (1)

1) Neutrophile Granulozyten sind die häufigsten weißen Blutkörperchen.
2) Neutrophile Granulozyten sind bei bakteriellen Entzündungen vermehrt.
3) Neutrophile Granulozyten treten als stab- und segmentkernige Untertypen auf.

○ a) Nur Aussage 1 ist richtig.
○ b) Nur Aussage 2 ist richtig.
○ c) Nur Aussage 3 ist richtig.
○ d) Nur die Aussagen 1 und 2 sind richtig.
○ e) Alle Aussagen sind richtig.

Aufgabe 18 Gerinnung

Das folgende Schema stellt die Blutstillung nach einer Gefäßverletzung dar. Auf der Abbildung sind zwei verschiedene Gefäßpfröpfe zu sehen. Beschriften Sie diese, und geben Sie an, welcher im Verlauf der Blutstillung früher entsteht.

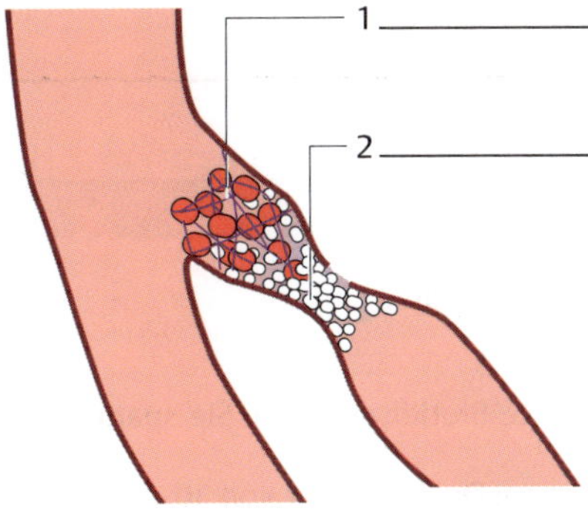

Aufgabe 19 Gerinnung

In der folgenden Textpassage verbergen sich zwei inhaltliche Fehler – welche?

Nach einer Verletzung einer kleinen Arterie erschlafft zunächst die Gefäßmuskulatur, um den Thrombozyten die Möglichkeit zu geben, sich an die Gefäßwand anzulagern. Unter dem Einfluss des Von-Willebrand-Faktors verformen sich die Thrombozyten spindelförmig und verkeilen sich gegenseitig, so dass sich ein vorläufiger Pfropf bildet. Während dieser sog. primären Thrombolyse geben die Thrombozyten den Inhalt ihrer Membranvesikel ab, der aus gefäßaktiven Stoffen wie Serotonin und Noradrenalin besteht. Diese Substanzen aktivieren die Gefäßmuskulatur und verengen den Querschnitt des Blutgefäßes.

-
-

Aufgabe 20 Gerinnung

Gehören die folgenden Prozesse zur primären oder zur sekundären Hämostase (1. oder 2. Phase der Blutstillung)? Bitte ziehen Sie Verbindungslinien.

a) Fibrinbildung	1) primäre Hämostase
b) Bildung eines Thrombozytenpfropfs	2) sekundäre Hämostase
c) Aggregation der Thrombozyten	
d) Thrombinaktivierung	

Vielleicht hilft Ihnen die Überlegung weiter, dass zur ersten Phase der Hämostase alle diejenigen Prozesse gehören, die mit Zellen zu tun haben, während zur zweiten Phase der Blutgerinnung diejenigen Prozesse zählen, die auch ohne Zellen ablaufen können. Diese Faustregel ist zwar recht grob, aber zum Lernen durchaus ausreichend.

Aufgabe 21 → Thrombozyten

Ergänzen Sie die folgende Textpassage mit den untenstehenden Begriffen*.

Thrombozyten sind hinsichtlich ihrer Größe ______________ als rote Blutkörperchen. Sie spalten sich ständig von ihren Vorläuferzellen, den ______________, ab, die mit einem Durchmesser von 30–60 μm außerordentlich groß sind. Diese Riesenzellen kommen ausschließlich ______________ vor und wandern ______________ ins Blut aus. Ein mm^3 Blut enthält ungefähr ______________ Thrombozyten.

* *nicht; im Knochenmark; 180 000–300 000; Megakaryozyten; kleiner*

Aufgabe 22 → Gerinnungsfaktoren

Welcher der folgenden Gerinnungsfaktoren gehört ausschließlich dem exogenen System an? Bitte kreuzen Sie an. (1)

- ○ a) Faktor XII
- ○ b) Prothrombin
- ○ c) Faktor IX
- ○ d) Fibrinogen
- ○ e) Gewebsthrombokinase

Aufgabe 23 → Fibrinolyse

In die folgende schematische Darstellung der Fibrinolyse haben sich zwei inhaltliche Fehler eingeschlichen – welche?

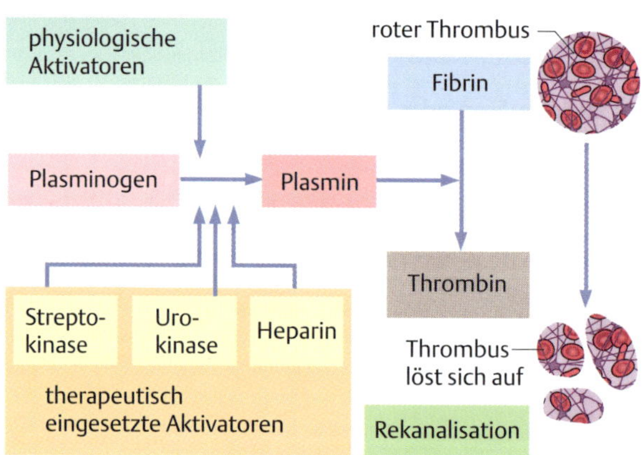

▸ ______________________________

▸ ______________________________

Keine leichte Frage! Sehen Sie sich am besten zunächst die Beschriftungen auf eventuelle Ungereimtheiten hin an. Die Auflösung gibt's in der Abb. 4.18.

Aufgabe 24 → Gerinnung

Endogenes und exogenes System aktivieren beide einen gemeinsamen Gerinnungsfaktor, der die gemeinsame Endstrecke der Gerinnung startet. Welches ist dieser Faktor? Bitte kreuzen Sie an. (1)

- ○ a) Faktor VII
- ○ b) Faktor VIII
- ○ c) Faktor IX
- ○ d) Faktor X
- ○ e) Faktor XI

Aufgabe 25 → Gerinnungshemmstoffe

Ordnen Sie den folgenden klinisch wichtigen Gerinnungshemmstoffen die richtigen Eigenschaften zu, indem Sie Verbindungslinien ziehen.

a) Cumarine (Marcumar)

b) Heparin

1) wirkt schnell, aber nur kurz

2) wirkt langsam und anhaltend

3) wird in der Regel in Tablettenform gegeben

4) kann nur als Injektion verabreicht werden

Aufgabe 26 → Gerinnungshemmstoffe

Welches ist der wichtigste Unterschied zwischen der Gerinnungshemmung durch Zitrat und der durch Heparin? Bitte kreuzen Sie an. (1)

- ○ a) Heparin wirkt schneller als Zitrat.
- ○ b) Zitrat darf nie direkt am Patienten angewandt werden, sondern nur an Blutproben außerhalb des Körpers.
- ○ c) Zitrat hat eine indirekte Wirkung, benötigt also eine Reihe körpereigener Gerinnungseiweiße, um zu wirken.
- ○ d) Die Gerinnungshemmung durch Zitrat ist schwächer als die durch Heparin.
- ○ e) Zitrat ist teurer als Heparin und wird daher weniger häufig verwendet.

Auf Station haben Sie in aller Regel jede Menge Heparinspritzen, aber kein Citrat herumliegen – es sei denn als Vitamindrink oder Geschmacksverbesserer bei Elektrolytgetränken. Im Labor ist es dagegen in der Regel umgekehrt – viel Citrat, wenig Heparin. Das hat einen Grund!

Aufgabe 27 Gerinnungshemmstoffe

Ergänzen Sie die drei fehlenden Substanzen in dem folgenden Schema der medikamentösen Hemmung der Blutgerinnung.

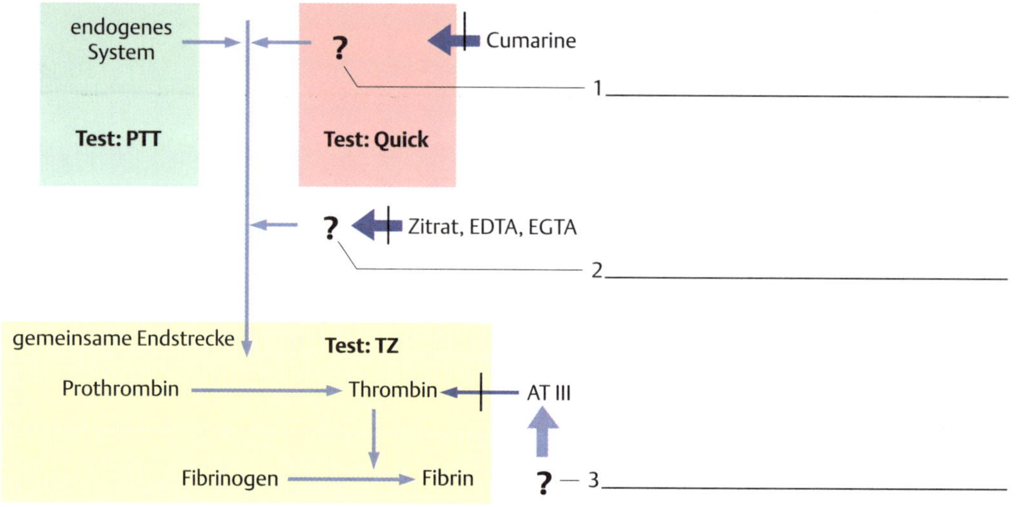

Aufgabe 28 Plasmaeiweiße

Welches ist das häufigste Plasmaprotein?

Aufgabe 29 Plasmaeiweiße

Nach welchen Eigenschaften trennt die Serumelektrophorese die Plasmaeiweiße? Bitte kreuzen Sie an. (1)

- ○ a) ausschließlich nach der Molekülgröße
- ○ b) ausschließlich nach der Häufigkeit im Plasma
- ○ c) nach Molekülgröße und elektrischer Ladung
- ○ d) ausschließlich nach der elektrischen Ladung
- ○ e) nach elektrischer Ladung und Häufigkeit im Plasma

Aufgabe 30 → Elektrolyte

Ordnen Sie den folgenden Elektrolyten die für sie typische Konzentration im Blutplasma zu, indem Sie Verbindungslinien ziehen.

a) Natrium	1) 0,5 mmol/l
b) Kalium	2) 2 mmol/l
c) Chlorid	3) 5 mmol/l
d) Bicarbonat	4) 11 mmol/l
	5) 25 mmol/l
	6) 83 mmol/l
	7) 103 mmol/l
	8) 143 mmol/l

Aufgabe 31 → Blutbildung und Blutgerinnung – Kreuz und quer

Lösen Sie bitte das folgende Kreuzworträtsel.

waagrecht:

4 häufigstes Serumeiweiß
6 direkte Vorstufe eines roten Blutkörperchens
9 metallisches Element im Hämoglobin
10 Welcher Gerinnungshemmstoff aktiviert Antithrombin III?
13 Welches Organ produziert die meisten Serumeiweiße?
14 Test für die Wirksamkeit von Cumarinen (z. B. Marcumar)
15 kleine weiße Blutkörperchen mit wenig Zytoplasma; bei Virusinfekten vermehrt (Pl.)

senkrecht:

1 arteriovenöse Sauerstoffdifferenz
2 große weiße Blutkörperchen mit U-förmigem Kern (Pl.)
3 Veränderung der Sauerstoffbindungskurve von Hämoglobin in saurem Milieu
5 dt. Name für Thrombozyten
7 prozentualer Anteil der Blutzellen am Blutvolumen
8 fädenbildendes Gerinnungseiweiß
11 Blutflüssigkeit ohne zelluläre Bestandteile
12 Vorläuferzelle der Thrombozyten im Knochenmark

Aufgabe 1

(LE 1)
b

Aufgabe 2

(LE 1)
b

Aufgabe 3

(LE 1)
Prozentualer Volumenanteil der Blutzellen am Blut

Aufgabe 4

(LE 1)
a3, b4, c6

Aufgabe 5

(LE 1)
4–5 Millionen; Zellkern; 4 Monaten; die Milz

Aufgabe 6

(LE 2)
a7, b2, b3, c6, c8

Aufgabe 7

(LE 2)
d

Aufgabe 8

(LE 2)
a5II, b4IV, c1III, d2I

Aufgabe 9

(LE 2)
d

Aufgabe 10

(LE 3)
- In linker Bildhälfte fehlt eine Untereinheit.
- In rechter Bildhälfte ist ein Eisenion zuviel dargestellt.

Aufgabe 11

(LE 3)
d

Aufgabe 12

(LE 3)
richtig a, b, e
falsch c, d

Aufgabe 13

(LE 3)

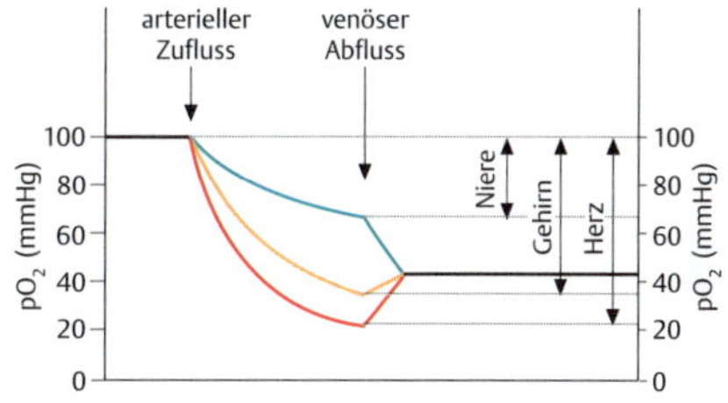

obere Kurve: Niere
mittlere Kurve: Gehirn
untere Kurve: Herz

Aufgabe 14

(LE 4)
c

Aufgabe 15

(LE 4)
4000–9000 Zellen/mm^3

Aufgabe 16

(LE 4)
richtig a, b
falsch c, d

Aufgabe 17

(LE 4)
e

Aufgabe 18

(LE 5)
1 roter Thrombus
2 weißer Abscheidungsthrombus
Weißer Abscheidungsthrombus entsteht früher als roter Thrombus.

Aufgabe 19

(LE 5)
- Gefäßmuskulatur erschlafft nicht, sondern zieht sich zusammen.
- „primäre Hämostase" statt „primäre Thrombolyse".

Aufgabe 20

(LE 5)
a2, b1, c1, d2

Aufgabe 21

(LE 5)
kleiner; Megakaryozyten; im Knochenmark; nicht; 180 000–300 000

Aufgabe 22

(LE 6)
e

Aufgabe 23

(LE 6)
- Statt „Heparin“ ist „TPA“ richtig.
- Statt „Thrombin“ muss es „Fibrinbruchstücke“ heißen.

Aufgabe 24

(LE 6)
d

Aufgabe 25

(LE 6)
a2, a3, b1, b4

Aufgabe 26

(LE 6)
b

Aufgabe 27

(LE 6)
1 exogenes System
2 Ca^{++}
3 Heparin

Aufgabe 28

(LE 7)
Albumin

Aufgabe 29

(LE 7)
c

Aufgabe 30

(LE 7)
a8, b3, c7, d5

Aufgabe 31

waagrecht:
4 Albumin
6 Retikulozyt
9 Eisen
10 Heparin
13 Leber
14 Quick
15 Lymphozyten

senkrecht:
1 Sauerstoffausschoepfung
2 Monozyten
3 Rechtsverschiebung
5 Blutplaettchen
7 Haematokritwert
8 Fibrin
11 Plasma
12 Megakaryozyt

5 Immunsystem/Lymphatische Organe

Aufgabe 1 → Komplementsystem

Was versteht man unter einem „Membranangriffskomplex (MAK)"? Bitte kreuzen Sie an. (1)

- ○ a) einen Verbund aus zwei oder mehr aneinandergebundenen T-Killerzellen
- ○ b) ein komplex aufgebautes chemisches Lösungsmittel, welches Schmutzmembranen von Oberflächen löst
- ○ c) einen Komplexbildner für Membraneiweiße
- ○ d) mehrere verbundene C9-Faktoren, die eine Pore in der Zellmembran bilden
- ○ e) einen Makrophagen mit C3-Faktoren an der Membranoberfläche

Die Medizin, besonders die Immunologie, wimmelt nur so vor Abkürzungen. Weil die meisten Abkürzungen aus drei Buchstaben bestehen, kann man diese nur zu leicht miteinander verwechseln. In aller Regel verbergen sich dahinter englischsprachige Begriffe. Es hilft, wenn Sie sich zu jeder Abkürzung ein Schlagwort als „Vokabel" merken, also z. B. CD4 – niedrig bei AIDS, ANA – rheumatische Erkrankungen, MHCII – Antigenpräsentation, MPS – Fresszellen.

Aufgabe 2 → Zelluläre Immunität

Beurteilen Sie, ob die folgenden Organe Teile des mononukleären Phagozytosesystems (MPS) sind oder nicht, indem Sie ankreuzen.

	ja	nein
a) Leber	○	○
b) Knochenmark	○	○
c) Niere	○	○
d) Milz	○	○
e) Magen	○	○
f) Muskulatur	○	○
g) Haut	○	○
h) Lymphknoten	○	○

Aufgabe 3 → Zelluläre Immunität

Ordnen Sie den folgenden Zelltypen je eine für sie charakteristische Eigenart zu, indem Sie Verbindungslinien ziehen.

a) T-Helferzellen
b) T-Suppressorzellen
c) T-Killerzellen
d) B-Lymphozyten
e) Gedächtniszellen

1) dämmen Autoimmunreaktionen und Allergien ein
2) töten virusinfizierte Zellen ab
3) produzieren Zytokine
4) können sich in Plasmazellen umwandeln
5) beschleunigen die Reaktion des Immunsystems auf eine zweite Infektion mit demselben Erreger

Aufgabe 4 → Zelluläre Immunität

Welche Aussage trifft nicht zu? Bitte kreuzen Sie an. (1)

- ○ a) Nicht alle Lymphozyten-Idiotypen sind genetisch vorprogrammiert.
- ○ b) Die hypervariable Region eines Immunglobulins entsteht durch zufällige Prozesse bei Transkription und Translation.
- ○ c) Lymphozytenklone entstehen durch identische Zellteilung (Mitose) aus je einem Lymphozyten.
- ○ d) T-Lymphozyten besitzen membrangebundene Antikörper.
- ○ e) B-Lymphozyten besitzen keine membrangebundenen Antikörper.

Aufgabe 5 → Antikörper

Ordnen Sie den Immunglobulinklassen die für sie jeweils zutreffenden Eigenschaften zu, indem Sie Verbindungslinien ziehen.

a) IgM

b) IgG

c) IgD

d) IgE

e) IgA

1) tritt typischerweise als Monomer auf

2) tritt typischerweise als Dimer (2 Monomere) auf

3) tritt typischerweise als Pentamer (5 Monomere) auf

4) ist der häufigste Antikörper

5) bekämpft Infektionen der Schleimhäute

6) kann ohne Zusatzstoffe eine Agglutinationsreaktion herbeiführen

7) ist bei allergischen Erkrankungen erhöht

8) ist bei akuten Erkrankungen – insbesondere bei der Primärantwort – erhöht

Aufgabe 6 → Antikörper

Erklären Sie den Aufbau eines einfachen Antikörpermoleküls anhand einer Skizze.

Falls Ihnen die Struktur eines Antikörpermoleküls nicht mehr gegenwärtig ist, sollten Sie schrittweise vorgehen und sich sozusagen vom Groben ins Feine vorarbeiten: 1) Wie sieht das Molekül aus? An welchen Buchstaben im Alphabet erinnert ein Antikörpermolekül? 2) Die Enden des Antikörpermoleküls haben verschiedene Aufgaben. Nach diesen Aufgaben werden die Enden auch benannt. 3) Gibt es so etwas wie eine Symmetrie im Aufbau eines Antikörpermoleküls? 4) Besteht das Antikörpermolekül aus einer einzigen oder aus mehreren Eiweißketten?

Aufgabe 7 → Antigenpräsentation

Ergänzen Sie die folgende Textpassage mit den untenstehenden Begriffen*.

Zur Antigenpräsentation sind prinzipiell viele Zelltypen in der Lage. Meist wird ein Antigen jedoch von ____________________ per Endozytose aufgenommen und an ihrer Oberfläche wieder „präsentiert". Das Antigen kommt dabei zusammen mit einem zelleigenen Eiweiß, dem ______________________________, abgekürzt ________, der Klasse ________, zum Vorschein. Nur in dieser Form kann ein Antigen die Teilung passender T-Zellen, die sog. ______________________________, anstoßen.

* *MHC; klonale Expansion; II; Makrophagen; Haupthistokompatibilitätskomplex*

Aufgabe 8 → Antigenpräsentation

Worin unterscheidet sich die Antigenpräsentation gegenüber T- und B-Zellen? Bitte kreuzen Sie an. (1)

1) T-Tellen benötigen zu ihrer Aktivierung keine Antigenpräsentation.
2) B-Zellen benötigen zu ihrer Aktivierung unbedingt T-Helferzellen.
3) B-Zellen reagieren gegen andere Teile des Antigens (andere Epitope) als T-Zellen.
4) Zur Aktivierung von T-Zellen ist kein unmittelbarer Kontakt der T-Zellen mit dem Antigen erforderlich.

○ a) Nur die Aussagen 1 und 3 sind richtig.
○ b) Nur die Aussagen 2 und 3 sind richtig.
○ c) Nur die Aussagen 1, 3 und 4 sind richtig.
○ d) Nur die Aussagen 2 und 4 sind richtig.
○ e) Nur die Aussagen 2, 3 und 4 sind richtig.

Aufgabe 9 → Blutgruppen Agglutination

Welche Blutgruppe hat eine Testperson mit folgendem Testergebnis?

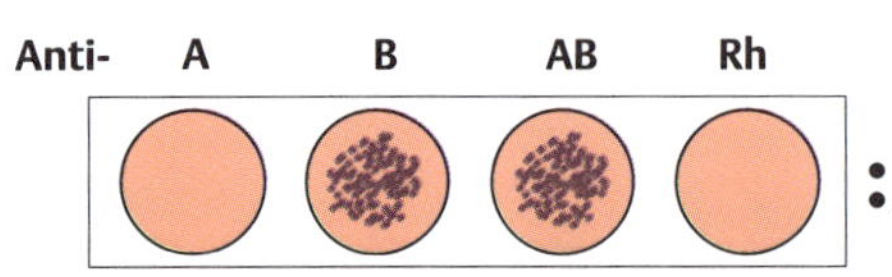

: ______________________________

Aufgabe 10 → Blutgruppen Agglutination

Welche Felder müssen eine Reaktion zeigen, wenn eine Testperson die Blutgruppe AB Rh-positiv aufweist? Zeichnen Sie die Reaktion in das entsprechende Feld/die entsprechenden Felder ein.

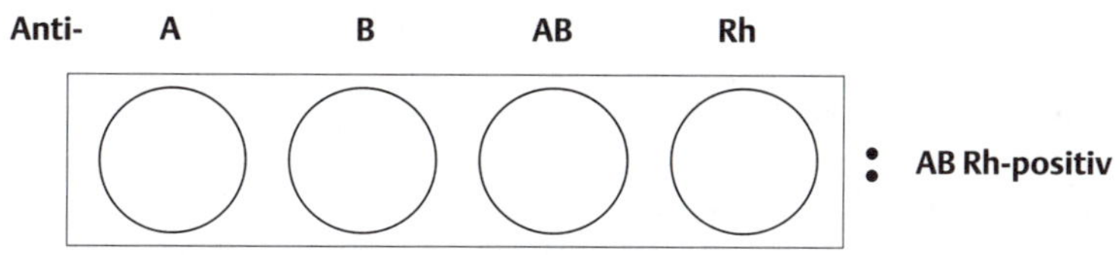

Aufgabe 11 → Blutgruppen

Welche Aussage trifft zu? Bitte kreuzen Sie an. (1)

Eine Person mit der Blutgruppe A ...

- ○ a) kann nur den Genotyp AA haben.
- ○ b) hat in ihrem Blut Antikörper gegen das Merkmal B.
- ○ c) hat in ihrem Blut Antikörper gegen das Merkmal 0.
- ○ d) hat in ihrem Blut Antikörper gegen das Merkmal A.
- ○ e) ist ein sog. „Universalspender".

Denken Sie daran, was Sie über dominante und rezessive Allele wissen. Ist A dominant oder rezessiv? Hinsichtlich der Antikörper sollten Sie sich klar machen, dass ein Antikörper gegen die Blutgruppe A mit A-Erythrozyten, ein Antikörper gegen B mit B-Erythrozyten reagiert. Denken Sie außerdem an den Unterschied zwischen AB0- und Rhesus-System (Stichwort Sensibilisierung!).

Aufgabe 12 → Blutgruppen

Ergänzen Sie die folgende Textpassage mit den untenstehenden Begriffen*.

Anders als im AB0-Blutgruppensystem besitzen rh-negative Personen nur dann Antikörper gegen das Rhesusmerkmal, wenn eine ______________________ stattgefunden hat. Dies bedeutet, dass die Person irgendwann einmal mit ______________________________________ in so engen Kontakt gekommen sein muss, dass das eigene Immunsystem ________________ gegen dieses Merkmal gebildet hat. Eine mögliche Quelle dieses Kontakts ist die Schwangerschaft mit einem Rh-positiven Kind, eine weitere Möglichkeit ist eine fehlerhaft durchgeführte ___________________________.

* *Antikörper; Bluttransfusion; Rh-postivem Blut/Erythrozyten; Sensibilisierung*

Aufgabe 13 → Thymus

Beurteilen Sie die folgenden Aussagen auf ihre Richtigkeit, indem Sie ankreuzen.

	richtig	falsch
a) Das Thymusgewebe baut sich während des Lebens zu Fettgewebe um.	○	○
b) Die Rückbildung des Thymusgewebes ist mit der Pubertät weitgehend abgeschlossen.	○	○
c) Zurückgebildetes Thymusgewebe kann (z. B. durch eine Frischzelleninfusion) wieder aktiviert werden.	○	○
d) Im Thymus entstehen sämtliche T-Lymphozyten.	○	○
e) Auch im Alter finden sich regelmäßig Inseln funktionsfähigen Thymusgewebes.	○	○

Aufgabe 14 → Thymus

Wo liegt der Thymus? Bitte kreuzen Sie an. (1)

○ a) zwischen Brustbein und Herzbeutel
○ b) zwischen Herzbeutel und Lungenhilus
○ c) an der Rückfläche des Herzbeutels
○ d) zwischen Herzbeutel und Zwerchfell
○ e) zwischen Zwerchfell und Lungenhilus

Aufgabe 15 → Waldeyer-Rachenring

Kennzeichnen Sie in der folgenden Abbildung farbig die Anteile des sog. Waldeyer-Rachenrings, und beschriften Sie diese Anteile.

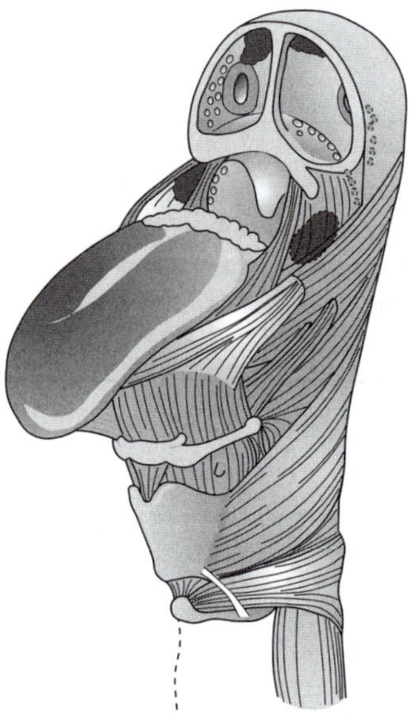

Aufgabe 16 → Mandeln

In der folgenden Textpassage verbergen sich zwei inhaltliche Fehler – welche?

Die Anteile des Waldeyer-Rachenrings, die Mandeln, ordnen sich rund um den mittleren und oberen Rachenraum an. Alle Mandeln bestehen im Wesentlichen aus Lymphfollikeln, in denen sich hauptsächlich T-Lymphozyten vermehren. Die Mandeln sollen verhindern, dass Mikroorganismen über die infektionsgefährdeten Schleimhäute des Rachenraums ins Körperinnere eindringen. Dementsprechend finden sich hier auch in erster Linie T-Killerzellen, in geringerem Umfang auch T-Helferzellen und Gedächtniszellen.

▸ ______________________________

▸ ______________________________

Beide inhaltlichen Fehler gehören zusammen; der zweite ist sozusagen ein Folgefehler des ersten. Denken Sie daran, was die Mandeln funktionell vom Thymus unterscheidet. Außerdem liegen die Mandeln sehr oberflächlich unter der Schleimhaut des Rachens. Welche Einweißstoffe könnten die Mandeln an die Schleimhaut abgeben und welche Zellen stellen diese Stoffe her?

Aufgabe 17 → Lymphatisches Darmgewebe

Welche Aussage trifft nicht zu? Bitte kreuzen Sie an. (1)

Die Peyer-Plaques ...

- ○ a) sind Gruppen von Lymphfollikeln.
- ○ b) kommen vor allem im Duodenum vor.
- ○ c) bestehen überwiegend aus B-Lymphozyten.
- ○ d) liegen dicht unterhalb des Schleimhautepithels.
- ○ e) schützen das Darmrohr vor Mikroorganismen aus dem Darminhalt.

Aufgabe 18 → Lymphgefäße

Welcher inhaltliche Fehler verbirgt sich in dem folgenden Schema der Lymphbahnen des Körpers?

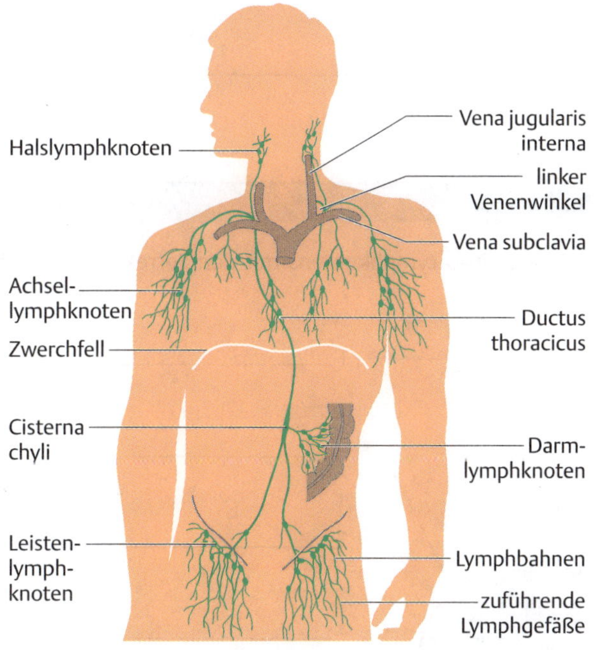

Verfolgen Sie besonders die großen Lymphstämme. Gehen Sie z. B. von den Leistenlymphknoten aus und arbeiten Sie sich dann stromabwärts vor!

Aufgabe 19 → Lymphgefäße

Welche der folgenden Aussagen trifft/treffen zu? Bitte kreuzen Sie an. (1)

1) Das Lymphsystem bildet wie die Blutgefäße einen in sich geschlossenen Kreislauf.
2) Das Lymphsystem beginnt mit feinen Lymphkapillaren zwischen den Gewebezellen.
3) Sämtliche Lymphflüssigkeit passiert einen oder mehrere Lymphknoten, bevor sie ins Blut mündet.
4) Die Lymphe aus rechtem und linkem Arm gelangt auf unterschiedlichen Wegen ins Blut.

○ a) Nur Aussage 1 ist richtig.
○ b) Nur die Aussagen 1 und 3 sind richtig.
○ c) Nur die Aussagen 2 und 4 sind richtig.
○ d) Nur die Aussagen 3 und 4 sind richtig.
○ e) Nur die Aussagen 2, 3 und 4 sind richtig.

Aufgabe 20 → Lymphgefäße

Welcher der folgenden Begriffe gehört nicht in den Bereich des Lymphsystems? Bitte kreuzen Sie an. (1)

○ a) Venenwinkel
○ b) Cisterna chyli
○ c) Marksinus
○ d) Ductus choledochus
○ e) Ductus thoracicus

Aufgabe 21 → Lymphknoten

Ergänzen Sie die folgende Abbildung eines Lymphknotens mit den korrekten Beschriftungen.

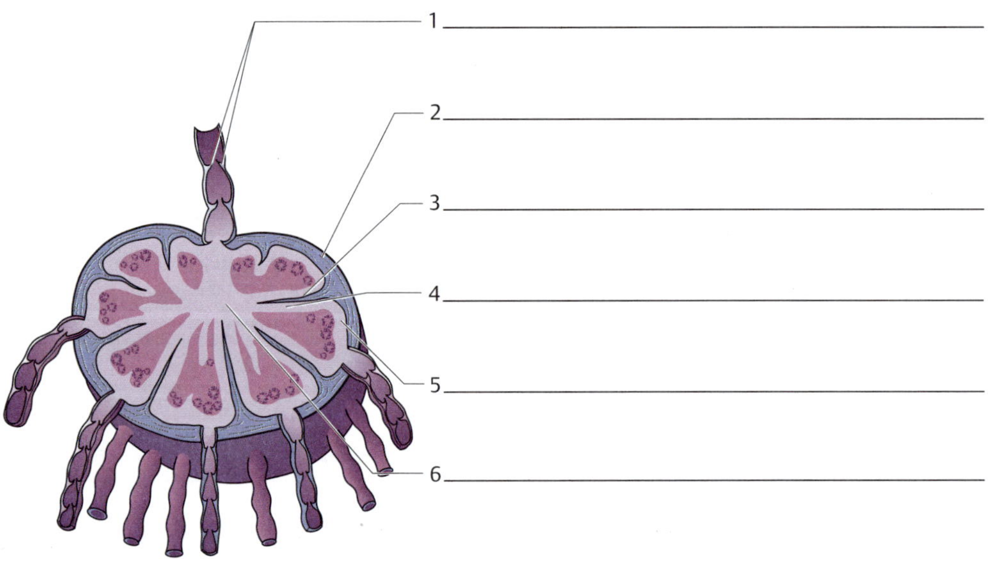

Aufgabe 22 → Milz

Ergänzen Sie die folgende Textpassage mit den untenstehenden Begriffen*.

Hinsichtlich ihrer Funktion besteht die Milz aus zwei Anteilen, der roten Pulpa und der ______________. Letzterer Anteil ist der Sammelbegriff für tausende von ______________, die sich verstreut innerhalb der roten Pulpa erkennen lassen. Es handelt sich dabei um lymphatisches Gewebe, das – anders als im Fall von Mandeln und Peyer-Plaques – in erster Linie aus ______-Lymphozyten besteht. Bezogen auf das Gesamtgewicht der Milz spielt das lymphatische Gewebe eine ______________ Rolle.

* *T; Malpighi-Körperchen/Malpighi-Milzkörperchen; eher geringe; weißen Pulpa*

Aufgabe 23 → Milz

Zeichnen Sie in die folgende Abbildung der Oberbauchorgane die Milz mit den sie versorgenden Blutgefäßen ein.

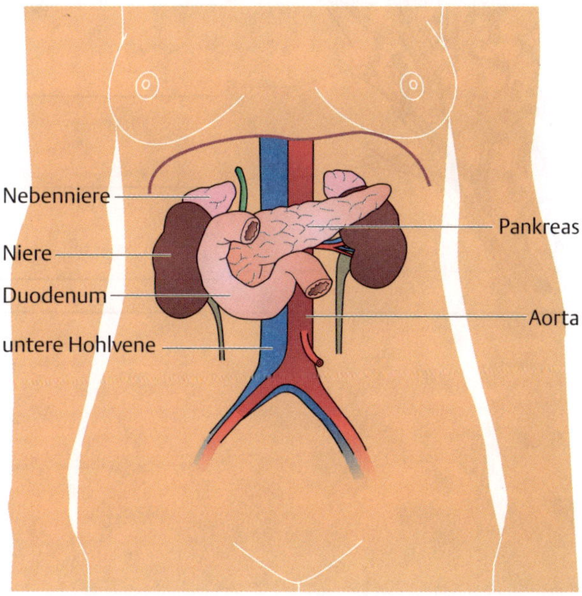

Aufgabe 24 → Milz

Beurteilen Sie die folgenden Aussagen auf ihre Richtigkeit, indem Sie ankreuzen.

	richtig	falsch
a) Die Milzsinus gehören zum Venensystem.	○	○
b) Die Milz besitzt insofern einen teilweise offenen Kreislauf, als viele Arteriolen frei zwischen den Milzzellen enden.	○	○
c) Arterielles und venöses Blut vermischen sich bereits in den Pinselarterien miteinander.	○	○
d) In den Milzsinus herrscht eine sehr langsame Bluströmung.	○	○

Der Milzkreislauf hat einiges mit der Blutströmung in der Plazenta gemeinsam (Kap. 10, LE 13). Beide Organe unterscheiden sich in dem mikroskopischen Aufbau ihrer Blutgefäße von allen anderen Organen. Verwandt ist allenfalls noch die Leber (Kap. 8, LE 15). Denken Sie daran, dass es auch in der Leber Sinusoide gibt.

Aufgabe 25 → Schnitt durch die Milz

Ergänzen Sie die folgende Abbildung mit den korrekten Beschriftungen.

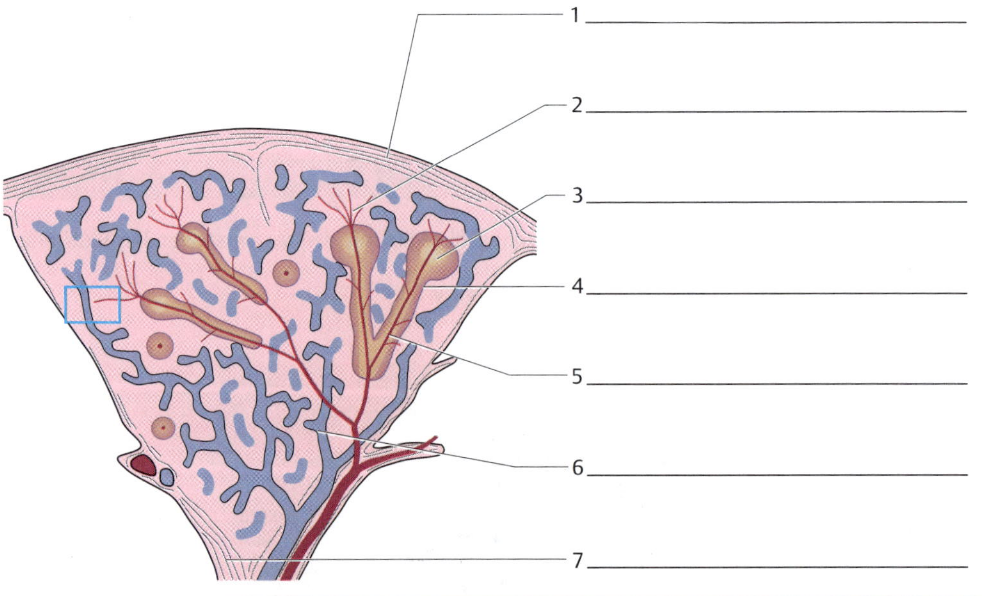

Aufgabe 26 → Immunsystem/Lymphatische Organe – Kreuz und quer

Lösen Sie bitte das folgende Kreuzworträtsel.

waagrecht:

3 „Duldung“ körpereigener Antigene durch das Immunsystem
6 Einbau eines Fremdstoffes in die Zellmembran von Makrophagen zur Verbesserung der Immunantwort
8 Endast der zuführenden Blutgefäße in der Milz
9 innerer Teil eines Lymphfollikels (Sekundärfollikel)
10 Wanderung von Granulozyten durch die Wand eines Blutgefäßes
13 lösliche Antikörper im Serum
14 Überwiegen eines Gens über ein anderes auf demselben Genort

senkrecht:

1 antikörperproduzierender, umgewandelter B-Lymphozyt
2 Eiweißstoff im Mundspeichel, der Bakterienwände auflösen kann
4 Teil der Kreuzprobe (Spenderserum mit gewaschenen Empfängererythrozyten)
5 lymphatisches Organ am Dach des Epipharynx
7 lymphatisches Milzgewebe
11 Bindungsstelle eines Antigens für einen speziellen Antikörper
12 eines von mehreren möglichen Genen auf einem bestimmten Genort (Locus)

Aufgabe 1

(LE 2)
d

Aufgabe 2

(LE 2)
ja a, b, d, h
nein c, e, f, g

Aufgabe 3

(LE 3)
a3, b1, c2, d4, e5

Aufgabe 4

(LE 3)
e

Aufgabe 5

(LE 4)
a3, a6, a8, b1, b4, c1, d1, d7, e2, e5

Aufgabe 6

(LE 4)

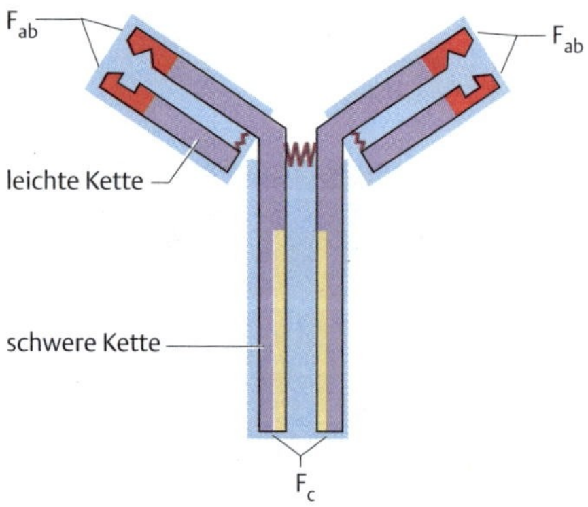

Aufgabe 7

(LE 5)
Makrophagen; Haupthistokompatibilitätskomplex; MHC; II; klonale Expansion

Aufgabe 8

(LE 5)
b

Aufgabe 9

(LE 7)
B rh-negativ

Aufgabe 10

(LE 7)
Alle Felder zeigen eine Reaktion.

Aufgabe 11

(LE 7)
b

Aufgabe 12

(LE 7)
Sensibilisierung; Rh-positivem Blut/Erythrozyten; Antikörper; Bluttransfusion

Aufgabe 13

(LE 8)
richtig a, e
falsch b, c, d

Aufgabe 14

(LE 8)
a

Aufgabe 15

(LE 9)

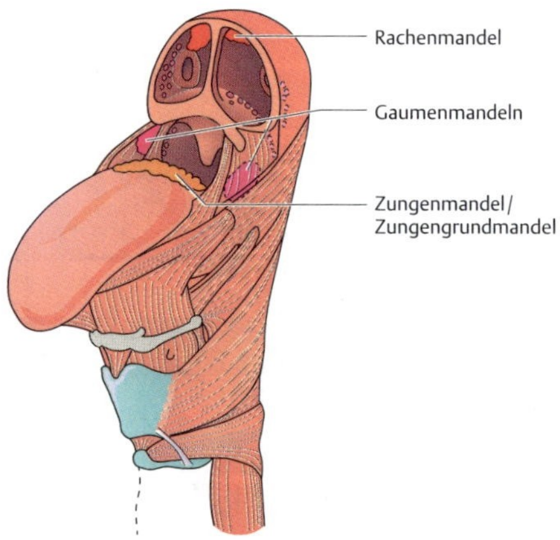

Aufgabe 16

(LE 9)
- Die Mandeln enthalten in erster Linie B-Lymphozyten.
- Keine T-Killerzellen, stattdessen IgA-produzierende B-Zellen

Aufgabe 17

(LE 9)
b

Aufgabe 18

(LE 10)
Ductus thoracicus mündet von oben in den linken Venenwinkel ein.

Aufgabe 19

(LE 10)
e

Aufgabe 20

(LE 10)
d

Aufgabe 21

(LE 10)
1 Lymphklappen
2 Kapsel
3 Trabekel
4 Intermediärsinus
5 Randsinus
6 Marksinus

Aufgabe 22

(LE 11)
weißen Pulpa; Malpighi-Körperchen/Malpighi-Milzkörperchen; T; eher geringe

Aufgabe 23

(LE 11)

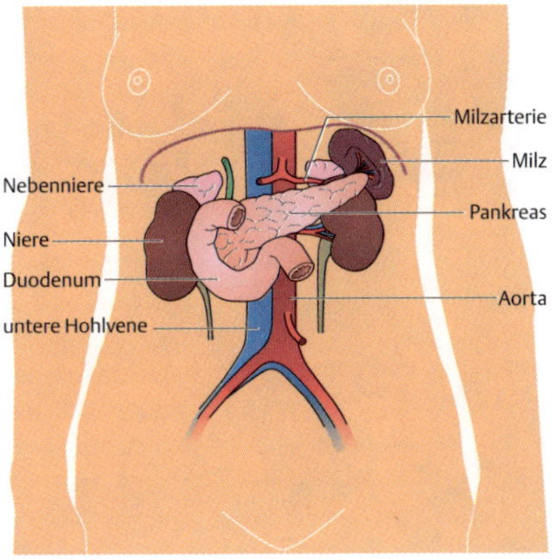

Aufgabe 24

(LE 11)
richtig a, b, d
falsch c

Aufgabe 25

(LE 11)
1 Kapsel/Organkapsel
2 Pinselarterie
3 Lymphfollikel
4 Lymphstrang/Lymphscheide
5 Zentralarterie
6 Milszinus
7 Milzbalken

Aufgabe 26

waagrecht:
3 Immuntoleranz
6 Antigenpraesentation
8 Pinselarterie
9 Keimzentrum
10 Diapedese
13 Immunglobuline
14 Dominanz

senkrecht:
1 Plasmazelle
2 Lysozym
4 Minortest
5 Rachenmandel
7 weisse Pulpa
11 Epitop
12 Allel

6 Atmung

Aufgabe 1 → Nasenraum

Zeichnen Sie verschiedenfarbig ein, wie sich die folgenden Strukturen auf den Gesichtsschädel projizieren:

- Nasenhöhle
- Kieferhöhle
- Stirnhöhle

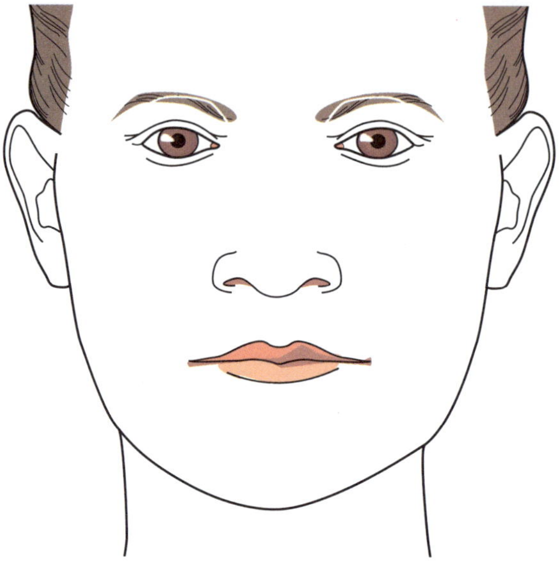

Aufgabe 2 → Nasenraum

Welche Struktur grenzt nicht an den Nasenraum? Bitte kreuzen Sie an. (1)

- ○ a) harter Gaumen
- ○ b) Kieferhöhle
- ○ c) Keilbeinhöhle
- ○ d) Paukenhöhle
- ○ e) oberer Rachenraum

Aufgabe 3 → Nasenhöhle

Ordnen Sie den folgenden Strukturen deren jeweilige Öffnung in die Nasenhöhle zu, indem Sie Verbindungslinien ziehen.

a) Ohrtrompete	1) oberer Rachenraum (Epipharynx)
b) Tränen-Nasen-Gang	2) oberer Nasengang
c) Stirnhöhle	3) mittlerer Nasengang
d) Kieferhöhle	4) unterer Nasengang
e) Keilbeinhöhle	

Die Mündung der Ohrtrompete können Sie sich leicht erschließen, wenn Sie bedenken, dass das Ohr hinter und seitlich des Nasen- und Rachenraums liegt. Die Keilbeinhöhle begrenzt hinten oben den Nasenraum, also dürfte auch ihre Mündung eher im oberen Bereich liegen. Jetzt brauchen Sie bloß noch zu wissen, dass der Tränenkanal sehr viel länger ist, als man zunächst vermuten würde. Vergleichen Sie auch Abb. 14.4 sowie **Aufgabe 4, Kap. 14**.

Aufgabe 4 → Nase

Beurteilen Sie, ob die Nase folgende Funktionen erfüllt oder nicht, indem Sie ankreuzen.

	richtig	falsch
a) Anfeuchtung der Einatemluft	○	○
b) Entfeuchtung der Ausatemluft, dadurch Schutz vor Austrocknung	○	○
c) Filterung und Reinigung der Einatemluft	○	○
d) Erwärmung der Einatemluft	○	○
e) Abgabe von Fetttröpfchen an die Einatemluft	○	○

Aufgabe 5 → Rachen

Welche der folgenden Aussagen trifft nicht zu? Bitte kreuzen Sie an. (1)

Der weiche Gaumen ...

○ a) trennt oberen und mittleren Rachenraum voneinander.
○ b) ist durch zwei Muskeln an der Schädelbasis aufgehängt.
○ c) setzt sich in das Zäpfchen fort.
○ d) besteht aus mit Schleimhaut bedeckter quergestreifter Muskulatur.
○ e) enthält die Gaumenmandeln.

Aufgabe 6 → Kehlkopf

Ergänzen Sie die folgende Abbildung (Kehlkopf von hinten) mit den korrekten Beschriftungen.

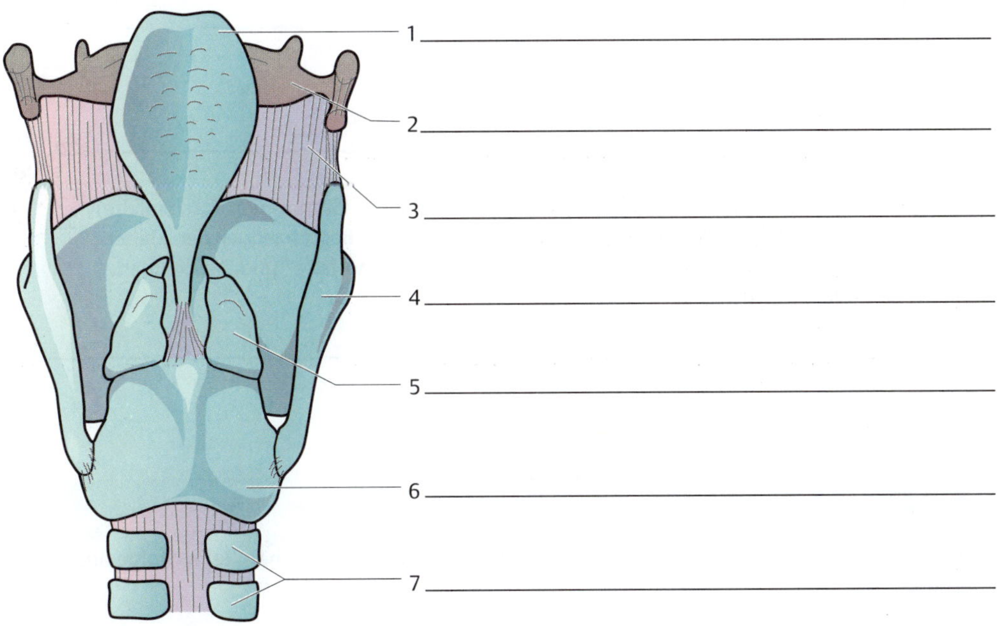

Aufgabe 7 → Kehlkopfskelett

Ergänzen Sie die folgende Textpassage mit den untenstehenden Begriffen*.

Das Kehlkopfskelett besteht aus ____________ Gewebe. Es setzt sich aus insgesamt fünf Anteilen zusammen: dem Kehldeckel, dem großen, schneepflugförmigen ____________, den beiden kleinen ____________ sowie dem ____________, der die Luftwege vollständig umfasst. Eine Besonderheit des Kehldeckels ist seine Zusammensetzung aus ____________. Diese macht den Kehldeckel biegsam und erlaubt es ihm, beim Schlucken die Luftwege dicht abzuschließen.

* *Stellknorpeln; Schildknorpel; Knorpel-; elastischem Knorpel; Ringknorpel*

Aufgabe 8 → Kehlkopf Taschenfalten

Beurteilen Sie folgende Aussagen auf ihre Richtigkeit, indem Sie ankreuzen.

Die Taschenfalten liegen ...	richtig	falsch
a) parallel zu den Stimmbändern.	○	○
b) rechtwinklig zu den Stimmbändern.	○	○
c) oberhalb der Stimmbänder.	○	○
d) unterhalb der Stimmbänder.	○	○
e) am Oberrand des Kehldeckels.	○	○
f) am Zungengrund.	○	○
g) innerhalb des Kehlkopfskeletts.	○	○

Sie sollten die ...bänder (Stimm- und Taschenbänder) klar von den ...falten (Stimm- und Taschenfalte) unterscheiden: Die ...bänder sind nichts anderes als die verstärkten inneren Begrenzungen der ...falten. Sie befinden sich also dort, wo die Falten umschlagen. Die Begriffe „Vorhoffalte" und „Taschenfalte" werden übrigens gleichbedeutend verwendet.

Aufgabe 9 → Schluckreflex

Ordnen Sie die folgenden Teilschritte des Schluckreflexes in der richtigen zeitlichen Reihenfolge an, indem Sie Ziffern von 1 bis 5 vergeben.

a) Kontraktion der Schlundmuskulatur ___
b) Anheben des Gaumensegels ___
c) Absenken des Kehlkopfs ___
d) Kieferschluss ___
e) Verschluss der Luftwege durch den Kehldeckel ___

Aufgabe 10 → Hustenreflex

Welche der folgenden Teilschritte gehören zum Hustenreflex? Bitte kreuzen Sie an. (1)

1) Verkrampfen von Zwerchfell und Rippenmuskulatur
2) Aktives Öffnen der Stimmritze durch Muskelzug
3) Plötzliche Druckerhöhung im mittleren Rachenraum
4) Auswurf von Schleim in die Mundhöhle

○ a) Nur die Aussagen 1 und 2 sind richtig.
○ b) Nur die Aussagen 2 und 4 sind richtig.
○ c) Nur die Aussagen 1, 2 und 4 sind richtig.
○ d) Nur die Aussagen 1, 3 und 4 sind richtig.
○ e) Nur die Aussagen 2 und 3 sind richtig.

Aufgabe 11 → Kehlkopf Stimmbänder

Welche der folgenden Aussagen trifft zu? Bitte kreuzen Sie an. (1)

○ a) Je höher die Spannung der Stimmbänder, desto tiefer wird die Stimme.
○ b) Je länger die Stimmbänder, desto höher wird die Stimme.
○ c) Die Länge der Stimmbänder wird beim Sprechen ständig verändert.
○ d) Die reinen Vokale entstehen durch unterschiedliche Obertöne über derselben Grundfrequenz.
○ e) „Ü“ ist ein reiner Vokal.

Mit einem Grashalm kann man gut experimentieren, wie sich eine Veränderung der Länge und der Spannung auf die erzeugte Tonhöhe auswirkt. Wenn Sie ein Saiteninstrument spielen, sind Ihnen diese Zusammenhänge natürlich längst vertraut.

Aufgabe 12 → Luftröhre und Bronchien

Beurteilen Sie die folgenden Aussagen auf ihre Richtigkeit, indem Sie ankreuzen.

	richtig	falsch
a) Luftröhre und Hauptbronchien bestehen aus einer Reihe geschlossener Knorpelringe.	○	○
b) Beim Schlucken wird die Luftröhre an ihrer Hinterwand passiv eingedellt.	○	○
c) Die Luftröhre besteht aus 7, seltener aus 8 Einzelknorpeln.	○	○
d) Beim Atmen und Schlucken verschiebt sich die Luftröhre in ihrer Längsrichtung.	○	○
e) Die Luftröhre teilt sich auf Höhe des 4. Brustwirbelkörpers in die beiden Hauptbronchien auf.	○	○

Aufgabe 13 → Luftröhre und Bronchien

Ergänzen Sie die folgende Textpassage mit den untenstehenden Begriffen*.

Je kleiner die Bronchien werden, desto unregelmäßiger wird ihre Besetzung mit Knorpelspangen. Sehr kleine Bronchien und Bronchiolen enthalten ____________ Knorpel. Prozentual ____________ sich der Anteil an Muskulatur mit abnehmendem Querschnitt der Bronchien. Es handelt sich durchweg um ____________ Muskulatur, die sich auf äußere Reize hin spastisch zusammenziehen kann. Das daraus entstehende Krankheitsbild heißt allergisches ________________________.

* *glatte; keinen; Asthma bronchiale; erhöht*

Aufgabe 14 → Anatomischer Totraum

Welche Strukturen gehören zum anatomischen Totraum? Bitte kreuzen Sie an. (1)

1) Nasenhöhle
2) oberer Rachenraum
3) Nasennebenhöhlen
4) Ohrtrompete
5) Luftröhre
6) Kehlkopf
7) Bronchien
8) Alveolen

- ○ a) Alle Strukturen gehören dazu.
- ○ b) Nur 5, 6 und 7 gehören dazu.
- ○ c) Nur 1, 3, 6 und 7 gehören dazu.
- ○ d) Nur 2, 3, 5, 7 und 8 gehören dazu.
- ○ e) Nur 1, 2, 5, 6 und 7 gehören dazu.

Der Totraum wirkt wie ein körpereigener Schnorchel: Sowohl beim Ein- als auch beim Ausatmen strömt Luft durch den Schnorchel, ohne dass der Schnorchel etwas an der Zusammensetzung der Luft ändern würde. Je länger der Schnorchel, desto mehr Luft pendelt bei jedem Atemzyklus hin und her. Übrigens würde eine luftgefüllte Aussackung des Schnorchels nicht zum Totraum zählen, weil sich das Volumen der hin- und herpendelnden Luft dadurch nicht vergrößern würde. Welche anatomische Struktur ließe sich mit einer solchen Ausbuchtung vergleichen?

Aufgabe 15 → Atmungssystem Flimmerepithel

Welche Aussage zum Flimmerepithel trifft nicht zu? Bitte kreuzen Sie an. (1)

- ○ a) Das Flimmerepithel fördert Schleim und kleine Fremdkörper in Richtung des mittleren Rachenraums.
- ○ b) Das Flimmerepithel bedeckt den oberen Rachenraum.
- ○ c) Das Flimmerepithel bedeckt den mittleren Rachenraum.
- ○ d) Das Flimmerepithel bedeckt den unteren Rachenraum.
- ○ e) Die Ursache der Flimmerbewegung ist ein koordinierter Schlag von Zilien auf der Oberfläche der Epithelzellen.

Aufgabe 16 → Lunge

Ergänzen Sie die folgende Abbildung mit den korrekten Beschriftungen.

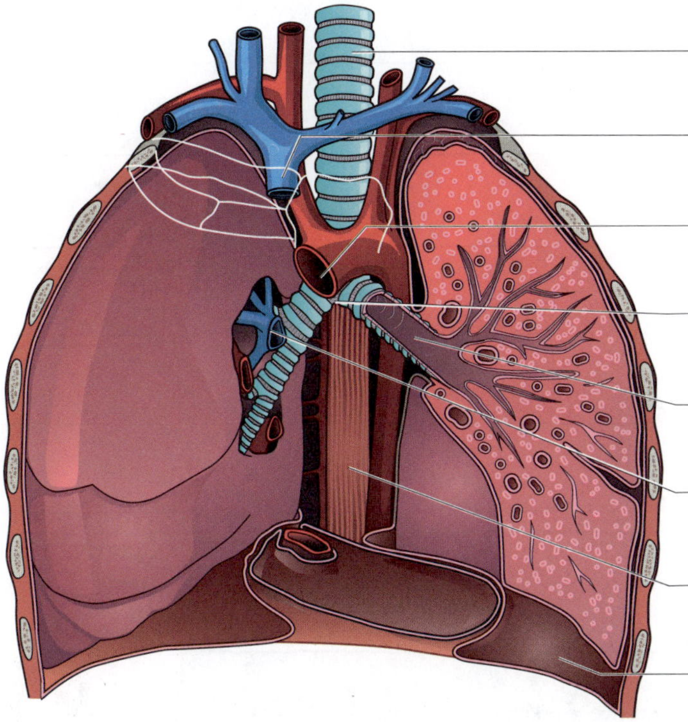

1 ______________________________

2 ______________________________

3 ______________________________

4 ______________________________

5 ______________________________

6 ______________________________

7 ______________________________

8 ______________________________

Aufgabe 17 → Lunge

Ordnen Sie die folgenden Strukturen nach ihrer Größe (1 = am größten, 5 = am kleinsten):

a) Lungenläppchen ___
b) Lungenalveolen ___
c) Lungenflügel ___
d) Lungensegmente ___
e) Lungenlappen ___

Aufgabe 18 → Lungenlappen

Welche der folgenden Aussagen trifft zu? Bitte kreuzen Sie an. (1)

○ a) Die Rückfläche der Lunge wird fast ausschließlich vom Oberlappen eingenommen.
○ b) Ober- und Unterlappen grenzen links und rechts in einer symmetrisch verlaufenden Spalte aneinander.
○ c) Der Lungenhilus wird ausschließlich vom Mittellappen gebildet.
○ d) Die linke Lunge hat keinen Mittellappen.
○ e) Das Herz grenzt beidseits ausschließlich an den Mittellappen.

Aufgabe **19** → **Lunge Alveolen**

Ergänzen Sie die folgende Abbildung mit den korrekten Beschriftungen.

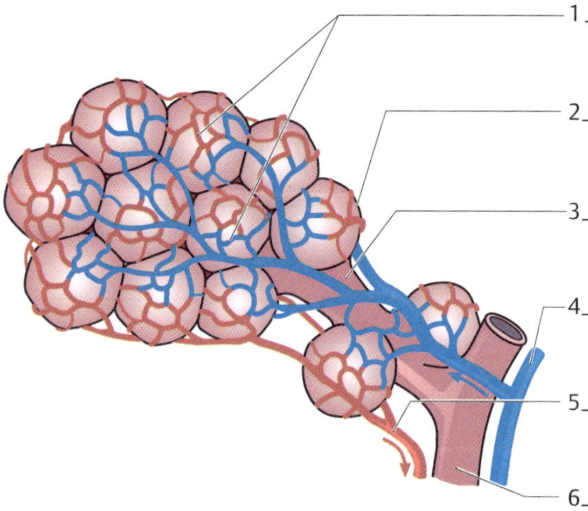

Auf der Abbildung können Sie zwei kleine zuführende Luftwege erkennen. Der etwas größere rechts im Bild nimmt nicht am Gasaustausch teil und gehört damit zum Totraum (s.a. **Aufgabe 14**). Der kleinere Ast links ist bereits ein Teil der weintraubenartigen Struktur und kann daher Kohlendioxid gegen Sauerstoff austauschen.

Aufgabe **20** → **Lunge Pleuraraum**

Das äußere Blatt der Pleura hat je nach seiner anatomischen Lage mehrere verschiedene Namen. Welcher der folgenden gehört nicht dazu? Bitte kreuzen Sie an. (1)

- ○ a) Pleura parietalis
- ○ b) Pleura costalis
- ○ c) Pleura diaphragmatica
- ○ d) Pleura mediastinalis
- ☒ e) Pleura visceralis

Denken Sie daran, an welche Organe der Pleuraraum grenzt. Die in der Liste genannten Namen sind rein topographisch-anatomisch zu verstehen. Für den Physiologen handelt es sich immer um dieselbe Struktur.

Aufgabe 21 → Lunge Pleuraraum

Welcher Teil der Lunge ist als einziger nicht von Pleura bedeckt?

Aufgabe 22 → Lunge Pleuraspalt

Was würde passieren, wenn im Pleuraspalt kein Unterdruck herrschen würde? Bitte kreuzen Sie an. (1)

- ○ a) Die Lunge würde in sich zusammenfallen.
- ○ b) Die Pleurablätter würden miteinander verkleben.
- ○ c) Der Atemwegswiderstand würde sinken.
- ○ d) Die Lungenflügel würden überdehnt werden.
- ○ e) Die Lunge würde nicht mehr durchblutet werden.

Aufgabe 23 → Lungenvolumina

Wie groß ist das normale Atemzugvolumen in Ruhe? Bitte kreuzen Sie an.

- ○ a) 0,1 l
- ○ b) 0,5 l
- ○ c) 1 l
- ○ d) 2 l
- ○ e) 4 l

Aufgabe 24 → Lungenvolumina Compliance

Was versteht man unter „Compliance" im Zusammenhang mit der Lunge? Bitte kreuzen Sie an. (1)

- ○ a) Ein Maß für die Steifigkeit der Lunge (= $\delta P/\delta V$)
- ○ b) ein Maß für die Dehnbarkeit der Lunge (= $\delta V/\delta P$)
- ○ c) die Belastbarkeit der Lunge auf Druck (= $\delta P/\delta V \times P$)
- ○ d) das maximale Lungenvolumen V_{max}
- ○ e) Der Begriff existiert im Zusammenhang mit der Lunge nicht.

Aufgabe 25 → Lungenvolumina Spirometrie

Die folgende Abbildung zeigt schematisch einen spirometrischen Ausdruck. Bei Einatmung bewegt sich der Schreiber nach oben, bei Ausatmung nach unten. Kennzeichnen und beschriften Sie die Ihnen bekannten Lungenvolumina.

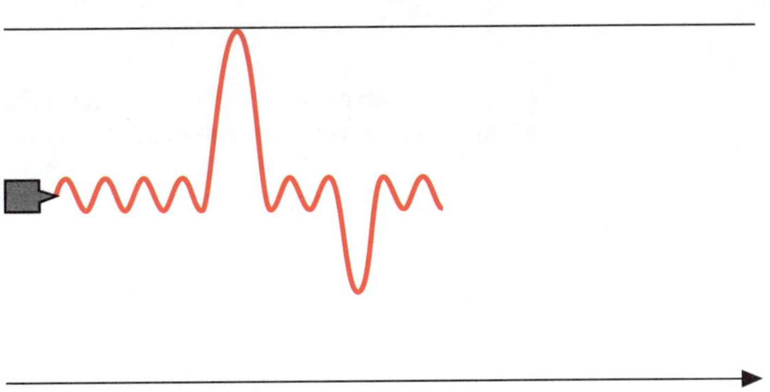

Aufgabe 26 → Lungenvolumina Asthma bronchiale

In der folgenden Textpassage verbirgt sich ein inhaltlicher Fehler – welcher?

Für obstruktive Ventilationsstörungen – als Beispiel Asthma bronchiale – ist typisch, dass der Atemwegswiderstand vor allem bei der Ausatmung ansteigt, während er bei der Einatmung nur wenig verändert ist. Deshalb verschiebt sich die Atemruhelage immer mehr in Richtung der Exspiration, das inspiratorische Reservevolumen wird größer.

In dem Text verbirgt sich ein logischer Widerspruch. Wenn Sie diesen Widerspruch aufspüren können, brauchen Sie bloß noch zu entscheiden, welche der beiden sich gegenseitig widersprechenden Aussagen richtig ist. Die andere Aussage ist naturgemäß der gesuchte Fehler. Ein Tip: Überlegen Sie, was mit einem Luftballon passiert, in den man durch ein Ventil zwar Luft hineinpumpen kann, der aber keine Luft mehr herauslässt.

Aufgabe 27 → Lungenvolumina Kapazität

Ordnen Sie den folgenden Begriffen die korrekte Erklärung und die richtige Maßzahl zu, indem Sie Verbindungslinien ziehen.

a) Sekundenkapazität EV_1

b) fraktionelle Sekundenkapazität FEV_1

c) Vitalkapazität VK

1) maximales Luftvolumen, welches die Lunge bei einem Atemzug bewegen kann

2) maximales Luftvolumen, welches in einer Sekunde bewegt werden kann

3) Luftvolumen, welches normalerweise bei ruhiger Atmung in einer Sekunde bewegt wird

4) Anteil der Sekundenkapazität an der Vitalkapazität

5) maximales Luftvolumen, welches bei stoßweiser Atmung (fraktioniert) bewegt werden kann

I) %

II) s

III) l/s

IV) l

V) s/l

Aufgabe 28 → Atemmechanik

Welche der folgenden Aussagen trifft nicht zu? Bitte kreuzen Sie an. (1)

○ a) Die Einatmung ist ein aktiver, die Ausatmung ein passiver Vorgang.
○ b) Das Zwerchfell liegt in der Atemruhelage vor dem 3. Lendenwirbelkörper.
○ c) Alle Muskelzüge des Zwerchfells laufen radiär auf das Centrum tendineum zu.
○ d) Das Zwerchfell wird aus dem Halsmark (C_4) innerviert.
○ e) Bei Ausatmung liegt der äußere Rand des Zwerchfells innen dem Brustkorb an.

Aufgabe 29 → Atemmechanik Zwischenrippenmuskeln

Wie verlaufen die Mm. intercostales interni (innere Zwischenrippenmuskeln)? Zeichnen Sie den Verlauf der Muskeln in das untenstehende Schema ein.

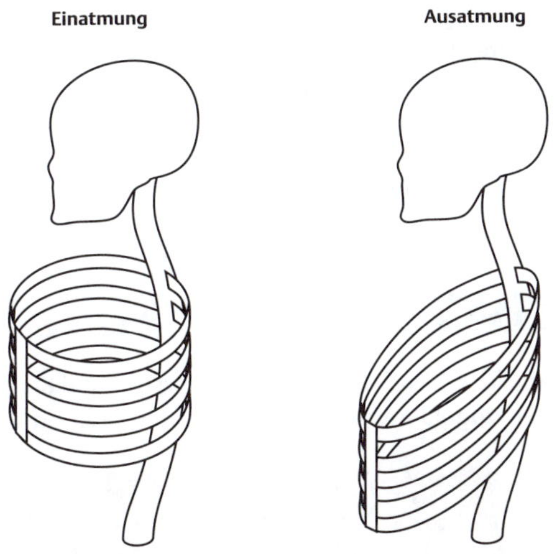

Aufgabe 30 → Atemmechanik

Welche der folgenden Aussagen trifft zu? Bitte kreuzen Sie an. (1)

1) Die Zwischenrippenmuskulatur beteiligt sich sowohl an der Ein- als auch an der Ausatmung.
2) An der Einatmung wirken einige Halsmuskeln (z. B. die Mm. scaleni) mit.
3) An der Einatmung wirkt die Bauchmuskulatur mit.
4) Die Einatemmuskeln sind schwächer als die Ausatemmuskeln.
5) In Ruhe überwiegt die Rippenatmung über die Zwerchfellatmung.

○ a) Nur die Aussagen 1 und 3 sind richtig.
○ b) Nur die Aussagen 1, 4 und 5 sind richtig.
○ c) Nur die Aussagen 1 und 2 sind richtig.
○ d) Nur die Aussagen 2 und 5 sind richtig.
○ e) Nur die Aussagen 3, 4 und 5 sind richtig.

Aus Kap. 2 kennen Sie bereits alle wichtigen Hals- und Bauchmuskeln. Überlegen Sie, was mit dem Brustkorb oder mit dem Zwerchfell geschieht, wenn sich eine der Muskelgruppen anspannt. Mit diesen Überlegungen lassen sich vier der fünf Aussagen auf ihre Richtigkeit hin überprüfen. Die fünfte Aussage ist allerdings Lernstoff.

Aufgabe 31 Atemregulation

Beurteilen Sie, ob die folgenden Faktoren an der Regulation der Atmung mitwirken oder nicht, indem Sie ankreuzen.

	ja	nein
a) Kohlendioxid-Partialdruck im Blut	○	○
b) Sauerstoff-Partialdruck im Blut	○	○
c) Kohlendioxid-Partialdruck in der Luft	○	○
d) pH-Wert im Blut	○	○
e) Calciumkonzentration im Blut	○	○

Aufgabe 32 Gasaustausch

Welche Aussage trifft nicht zu? Bitte kreuzen Sie an. (1)

- ○ a) Die Lungenarterie führt sauerstoffreiches Blut.
- ○ b) In der Lungenarterie herrscht ein niedriger Blutdruck (maximal ca. 25 mmHg).
- ○ c) Im Stehen fallen die Äste der Lungenarterie, welche die Lungenspitze versorgen, in sich zusammen.
- ○ d) Die Durchblutung der Lunge ist im Liegen gleichmäßiger als im Stehen.
- ○ e) Das Verhältnis von Ventilation zu Perfusion ist in jedem Lungensegment ungefähr 1 : 1.

Aufgabe 33 Alveolärer Gasaustausch

Die folgende Abbildung zeigt das Schema des Gasaustauschs von Sauerstoff und Kohlendioxid zwischen Blut und Alveolarluft. Ergänzen Sie die Abbildung um die ungefähren Werte von pO_2 und pCO_2 in den entsprechenden Bereichen.

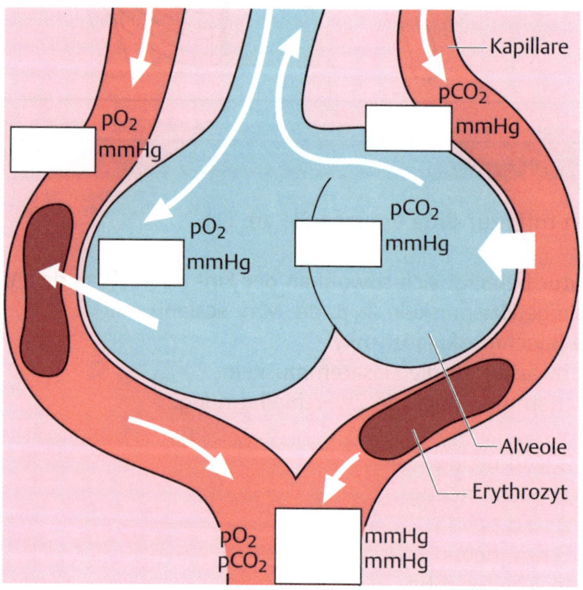

Zur Erinnerung: Mit p... bezeichnet man den Partialdruck eines Gases in Millimetern Quecksilbersäule (mmHg) oder Pascal (Pa). Der gesamte Luftdruck von ca. 760 mmHg (auf Meereshöhe) ist also die Summe aller Partialdrücke. Kommt ein Gas X z. B. zu 1 % in der Luft vor, dann beträgt sein Partialdruck pX 1 % von 760 mmHg = 7,6 mmHg.

Aufgabe **34** ° → **Alveolärer Gasaustausch**

Ergänzen Sie die folgende Textpassage mit den untenstehenden Begriffen*.

In den Alveolen findet der Gasaustausch statt, d. h., ________________ wird an die Alveolarluft abgegeben und dafür ____________ ins Blut aufgenommen. Die Geschwindigkeit des Gasaustauschs wächst proportional zur ________________ und umgekehrt proportional zur __________ der Diffusionsmembran. Daher muss dieser Wert möglichst klein werden; er beträgt zwischen Blut und Luft lediglich 1 µm.

* *Diffusionsfläche; Sauerstoff; Dicke; Kohlendioxid*

Aufgabe 35 → Atmung – Kreuz und quer

Lösen Sie bitte das folgende Kreuzworträtsel.

waagrecht:

7 Wie heißt die spezielle Auskleidung der Luftwege?
9 Fortsetzung der Luftröhre nach der Bifurkation
10 pathologische Flüssigkeitsansammlung im Pleuraraum
11 Bestandteil der Pleura, liegt dem parietalen Blatt gegenüber (... Blatt)
14 Lungenbelüftung
15 kleine Nasennebenhöhlen zwischen Nasenraum und Stirnhöhle
16 Wo sitzen die Rezeptoren für die Sauerstoffsättigung des Blutes?

senkrecht:

1 physikalisches Phänomen, das dem Gasaustausch in der Lunge zugrundeliegt
2 wichtigster Inspirationsmuskel
3 Was fehlt dem linken Lungenflügel im Vergleich zum rechten?
4 mittlerer Rachenraum
5 Nasennebenhöhle in Nachbarschaft zur Hypophyse
6 vorderer Anteil des Kehlkopfskeletts
8 hufeisenförmiges Skelett der Luftröhre (Pl.)
12 Nasenscheidewand
13 Lungenbläschen

Aufgabe 1

(LE 1)

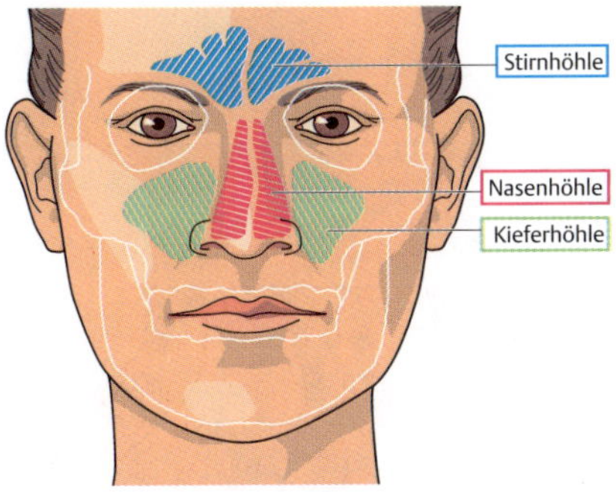

Aufgabe 2

(LE 1)
d

Aufgabe 3

(LE 1)
a1, b4, c3, d3, e2

Aufgabe 4

(LE 1)
richtig a, c, d
falsch b, e

Aufgabe 5

(LE 2)
e

Aufgabe 6

(LE 2)
1 Kehldeckel
2 Zungenbein
3 Membrana thyrohyoidea
4 Schildknorpel
5 Stellknorpel
6 Ringknorpel
7 Trachealknorpel

Aufgabe 7

(LE 2)
Knorpel-; Schildknorpel; Stellknorpeln; Ringknorpel; elastischem Knorpel

Aufgabe 8

(LE 2)
richtig a, c, g
falsch b, d, e, f

Aufgabe 9

(LE 3)
1 = d, 2 = b, 3 = e, 4 = a, 5 = c

Aufgabe 10

(LE 3)
d

Aufgabe 11

(LE 3)
d

Aufgabe 12

(LE 4)
richtig b, d, e
falsch a, c

Aufgabe 13

(LE 4)
keinen; erhöht; glatte; Asthma brochiale

Aufgabe 14

(LE 4)
e

Aufgabe 15

(LE 4)
c

Aufgabe 16

(LE 5)
1 Luftröhre
2 obere Hohlvene
3 Aorta
4 Bifurkation
5 Hauptbronchus
6 Lungenarterie
7 Speiseröhre
8 Zwerchfell

Aufgabe 17

(LE 5)
1 = c, 2 = e, 3 = d, 4 = a, 5 = b

Aufgabe 18

(LE 5)
d

Aufgabe 19

(LE 5)
1 Kapillarnetz
2 Alveole
3 Bronchiolus terminalis
4 Ast der Lungenarterie
5 Ast der Lungenvene
6 Bronchiolus

Aufgabe 20

(LE 6)
e

Aufgabe 21

(LE 6)
Lungenhilus (Lungenstiel, Organstiel)

Aufgabe 22

(LE 6)
a

Aufgabe 23

(LE 7)
b

Aufgabe 24

(LE 7)
b

Aufgabe 25

(LE 7)

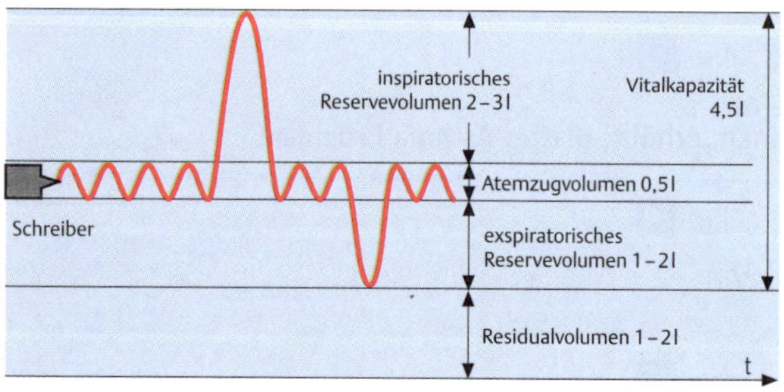

Aufgabe 26

(LE 7)
Die Atemruhelage verschiebt sich in Richtung Inspiration, das inspiratorische Reservevolumen wird geringer.

Aufgabe 27

(LE 7)
a2III, b4I, c1IV

Aufgabe 28

(LE 8)
b

Aufgabe 29

(LE 8)

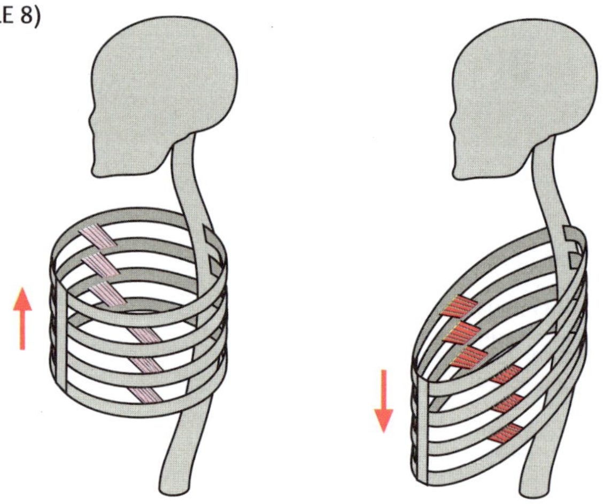

Aufgabe 30

(LE 8)
c

Aufgabe 31

(LE 8)
ja a, b, d
nein c, e

Aufgabe 32

(LE 9)
a

Aufgabe 33

(LE 9)

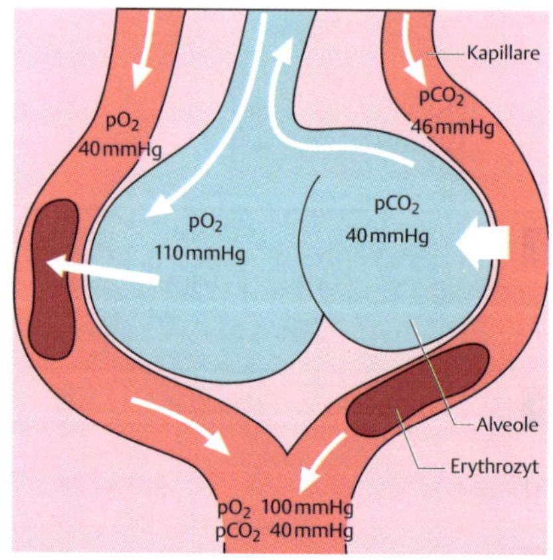

Aufgabe 34

(LE 9)
Kohlendioxid; Sauerstoff; Diffusionsfläche; Dicke

Aufgabe 35

waagrecht:
7 Flimmerepithel
9 Hauptbronchus
10 Erguss
11 viszerales
14 Ventilation
15 Siebbeinzellen
16 Aortenbogen

senkrecht:
1 Diffusion
2 Zwerchfell
3 Mittellappen
4 Mesopharynx
5 Keilbeinhoehle
6 Schildknorpel
8 Knorpelspangen
12 Septum
13 Alveole

Glückwunsch!

Sie haben schon einen großen Schritt in Richtung erfolgreiches Examen gemacht. Gönnen Sie sich eine kleine Verschnaufpause mit Jens, Uwe und Peter in der *Anatomie-Zwischenprüfung.*

Du zitterst ja, Peter!
Och, das ist nur die Kälte. Dieser März, weißt Du...
Die nächsten, bitte!
Frau Tierbach-Hansch!
Ihr schaut's aber fesch aus. Edel!
Tja, meine Erziehung
Wir hatten jeder 3 Lose ziehen müssen. Drei kleine rosa Papierstreifen
Lesen Sie die Fragen in Ruhe durch. Soweit alles klar, Leute?
Alles klar, Frau Dr. Fischer
Ja, genau: Die Leber Schon gewonnen.
Wow! Mit links.
Jawohl. Pancreas und Epithelgewebe
Oh, Nein! Die Nervenzelle... Aber Nerven kommen doch nicht dran – dacht ich??!
Die zweite Frage könnt vielleicht was werden... Galle. Aber dazu kann man nicht viel labern?!
Jens, möchten Sie anfangen? Sagen Sie uns nochmal ihre beiden Nummern, ja!
Also, soll ich anfangen? Schön. Meine erste Frage betrifft die Bauchspeicheldrüse (Pancreas). Sie liegt hinter dem Magen. Der Pankreaskopf wird von der Duodenalschleife
umfaßt. Der Körper überquert die Wirbelsäule. Der Pankreasschwanz reicht bis zum Hilus der Milz...

... und die Vorderfläche wird vom Bauchfell überzogen. Nicht zu vergessen, als rein seröse Drüse hat natürlich...
... der exkretorische Anteil der Bauchspeicheldrüse eine Riesen-Ähnlichkeit mit der Ohrspeicheldrüse und...
Sehr gut, sehr gut, Jens
Mit Ihrer Erlaubnis möchte ich nun zum Bauchspeichel kommen
Klatsch, Klatsch
Als Produkt der Bauchspeicheldrüse wird der Bauchspeichel in einer-sage und schreibe-mittleren Tages-
Die Nervenzelle ist.... äh... ja... die Nervenzelle ist eine.... schei..
Junge, Junge! Der legt aber ganz schön zu...
menge von 1 1/2 l gebildet zusammen mit den alkalischen Sekreten... laber... laber.....
12 Minuten später
Trypsin und Chymotrypsin spalten ...
Jens, ich denke, das reicht. Sie haben sich gut, wirklich sehr gut vorbereitet.
Ja, aber... ich wollt aber noch nur ganz kurz...
Uwe, möchten Sie jetzt weitermachen?
Oh ja, sehr gern
Also, die Leber. Diese rotbraun gefärbte Leber ist die größte Verdaungsdrüse des Menschen
Ihr Gewicht beträgt beim Erwachsenen ca. 1500 g und Sie liegt größtenteils im...
ja, ja, im rechten Oberbauch. Ach, wieso... wieso hab ich nicht dieses Thema bekommen???
laber. laber.
... und an der Unterseite des rechten Leberlappens lassen sich noch zwei weitere kleine Lappen abtrennen, die nach ihrer Form Lobus gradratus und Lobus caudatus genannt werden. Eine konvexe Zwerchfellseite und...

eine konkave Eingeweide seite werden an der Leberoberfläche...
freilich auch unterschieden.
Grandios. Ausgezeichnet ausgezeichnet, Uwe
Noch eine abschließende Frage: Können Sie uns etwas über die Blutversorgung der Leber sagen?
Och, wenn's weiter nix is! Kein Problem. Also, die Blutversorgung der Leber
erfolgt zu etwa 75% durch die Pfortader und zu 25% durch...
Danke, Uwe! Ich bin ehrlich beeindruckt
Echt?
So, Peter, Sie wollen uns was über die Nervenzelle erzählen, stimmt's!
Ja, genau.
Ja, dann legen Sie mal los. Wir sind gespannt!
Ja, ... äh... die Nervenzelle... äh... besteht.... äh....
... aus 3 Teilen
Die da wären?
Ja, da gibt es dieses eine Teil ... äh... mit den vielen kleinen Ästen
Und wie heißt dieses Teil?
Dendriten?
Schrupp!

Und weiter?
Ja, dann kommt das lange Teil, das Neuron, glaub ich und...
Jetzt fehlt uns noch drittens? Nun...?
Die Synapse, vielleicht?!
Sehr gut, sehr gut! Wissen Sie auch, was das griechische Wort synapsis bedeutet?
Wie bitte?!
???
Verknoten?...Äh..., Nein, Ver... Verknüpfen? Genau: verknüpfen
Ja! Toll! Schön. Noch eine abschließende Frage. Was fällt Ihnen zu "Überträgersubstanz" ein?
A... Ace... Acetyl...yl... A, ja!
AAAH! Gähn!
Ül, Ül, Ül, Ül
Acetylcholin ist eine Überträgersubstanz
Ja, ich denke, das genügt, nicht wahr, Fr. Dr. Fischer?! Der Prüfling sollte uns lieber was zur Galle erzählen!
Entäuschen Sie mich blos nicht
Die Galle ist eine gelb-...
braune Flüssigkeit, deren Menge und Zusammensetzung von der Art der Nahrung abhängt...
Zum Glück hatte ich die Galle gut gelernt. Jetzt konnte ich auch etwas glänzen
Als wesentliche organische Verbindungen sind in der Galle...

... Gallensäuren, Gallenfarbstoffe, Cholesterin, Phospolipide und Enzyme enthalten.
Grosartig!
Der nächste, bitte!
Klapp, Klapp
Gong, Gong
Der Uwe kam dann dran und war absolut spitze
auch Jens lies keinen Zweifel an seinem Können.
Dann gab's noch eine kurze Unterredung. Daraufhin sollten
Murmel, Murmel...
wir das Prüfungszimmer verlassen und kurz draußen warten.
Nach 5 Minuten ungeduldigen Wartens war es dann soweit
Kommen Sie noch mal rein. Ihnen werden jetzt Ihre Noten gesagt!
Jens bekommt 2x mal die Eins. Uwe erhält ebenso 2x mal Einser. Peter bekommt 2x mal die Zwei. Ich hoffe Sie sind alle zufrieden mit ihren Noten, oder?!
Glocke
Aber Ja!
Natürlich, sicher!
Aber ja, doch!
Vielleicht sollte ich Ihnen noch kurz sagen, daß Ihre Noten hier, für die Abschlußprüfung im nächsten Jahr, gewissermaßen, überhaupt.
keinerlei Bedeutung haben. Noch einen schönen Tag heute Auf Wiederseh'n.
ENDE

7 Ernährung

Aufgabe 1 → Energiebilanz

Wie heißt der Energieumsatz, der in der folgenden Abbildung mit * gekennzeichnet ist?

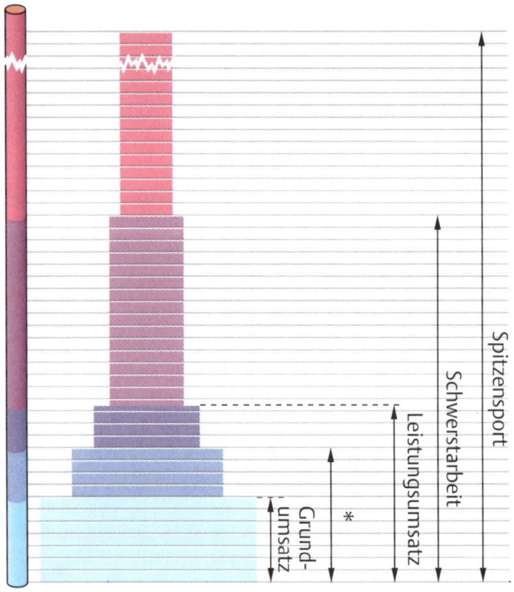

Aufgabe 2 → Energiebilanz

Welche der folgenden Aussagen trifft nicht zu? Bitte kreuzen Sie an. (1)

- ○ a) Der Grundumsatz ist die Energiemenge, die der Körper in absoluter Ruhe bei angenehmer Temperatur verbraucht.
- ○ b) Der Grundumsatz hängt von Art und Umfang körperlicher und geistiger Belastung ab.
- ○ c) Der Grundumsatz beträgt normalerweise 1500–2000 kcal/Tag (6000–8000 kJ/Tag).
- ○ d) Nach Verletzung oder bei Krankheit kann der Grundumsatz um das Mehrfache ansteigen.
- ○ e) Führt man dem Körper täglich genau die Energiemenge zu, die dem Grundumsatz entspricht, so nimmt man an Gewicht ab.

Haben Sie bemerkt, dass es „*Kilo*joule“ und „*Kilo*kalorien“ heißt, während man allgemein von „Kalorien“ spricht? Eine Kalorie ist streng physikalisch gesehen 1/1.000 Kilokalorie, also eine verschwindend kleine Einheit. Dass man umgangssprachlich das Vorwort „*Kilo*“ weglässt, ist also reine Faulheit.

Aufgabe 3 → Respiratorischer Quotient

Wie errechnet sich der respiratorische Quotient (RQ)? Bitte kreuzen Sie an. (1)

- ○ a) Energiebedarf/Energiezufuhr
- ○ b) CO_2-Abgabe/Kalorienbedarf
- ○ c) O_2-Aufnahme/Energiezufuhr
- ○ d) O_2-Aufnahme/Kalorienbedarf
- ○ e) CO_2-Abgabe/O_2-Aufnahme

Aufgabe 4 → Physiologischer Brennwert

Erklären Sie den Begriff „physiologischer Brennwert".

Aufgabe 5 → Physiologischer Brennwert

Die drei Grundnährstoffe haben unterschiedliche physiologische Brennwerte. Welche Reihenfolge ist richtig? Bitte kreuzen Sie an. (1)

- ○ a) Fett = Eiweiß = Kohlenhydrate
- ○ b) Eiweiß = Kohlenhydrate < Fett
- ○ c) Eiweiß < Kohlenhydrate < Fett
- ○ d) Kohlenhydrate < Eiweiß = Fett
- ○ e) Fett < Kohlenhydrate = Eiweiß

Fett dient als Energiespeicher. Daher muss logischerweise sein physiologischer Brennwert besonders ... sein. Eiweiß und Kohlenhydrate haben ganz verschiedene Stoffwechselwege. Bei der Beurteilung des Brennwerts, also der Energieausbeute bei reiner körpereigener Verbrennung, sollte Sie dieser Unterschied aber nicht beirren.

Aufgabe 6 → Ballaststoffe

Ergänzen Sie die folgende Textpassage mit den untenstehenden Begriffen*.

Ballaststoffe gehören ____________ zu den Grundnährstoffen. Sie ____________ im Magen-Darm-Trakt und binden so Flüssigkeit. Daher muss man bei ballaststoffreicher Ernährung besonders auf ausreichende Flüssigkeitszufuhr achten. Außerdem ____________ Ballaststoffe die Verdauung und helfen mit, den Blutzuckerspiegel konstant zu halten. Ballaststoffe binden Stickstoff und senken die Produktion des giftigen ____________, der beim Abbau von Eiweißstoffen entsteht. Durch eine ____________ Passage des Darminhalts helfen Ballaststoffe, Dickdarmkarzinomen vorzubeugen.

* *schnellere; Ammoniaks; nicht; verzögern; quellen*

Aufgabe 7 → Eiweißverdauung

Welche Aminosäurengruppe gehört typischerweise nicht zu den essentiellen Aminosäuren? Bitte kreuzen Sie an. (1)

- ○ a) basische Aminosäuren
- ○ b) saure Aminosäuren
- ○ c) schwefelhaltige Aminosäuren
- ○ d) verzweigtkettige Aminosäuren
- ○ e) aromatische Aminosäuren

Aufgabe 8 → Biologische Wertigkeit

Ordnen Sie die folgenden Nahrungsmittel nach ihrer biologischen Wertigkeit, indem Sie Ziffern vergeben (1 = höchste, 4 = niedrigste biologische Wertigkeit).

a) Hülsenfrüchte ___
b) Hühnerei ___
c) Weizenmehl ___
d) Fleisch ___

Aufgabe 9 → Eiweißverdauung

Die folgende Textpassage enthält zwei inhaltliche Fehler – welche?

Die Eiweißverdauung beginnt bereits im Magen. Dort spalten Pepsine von den Eiweißketten einzelne Aminosäuren ab, beginnend am sog. carboxyterminalen Ende. Im Duodenum kommen aus dem Pankreas Trypsin und Chymotrypsin hinzu, die als typische Endopeptidasen die verbliebenen Eiweißketten in der Mitte auftrennen. Die restlichen kurzen Eiweißstükke, sog. Oligopeptide, können im letzten Abschnitt des Ileums entweder als Ganzes die Darmwand passieren oder werden von Aminopeptidasen in der Darmschleimhaut noch weiter zerkleinert.

▸ ______________________________

▸ ______________________________

____

Die Frage ist zugegebenermaßen nicht ganz einfach. Einen der Fehler finden Sie vielleicht durch folgenden Hinweis: Eiweiß ist ein besonders wertvolles Nahrungsmittel und wird daher schnell und effektiv in den Körper aufgenommen. Mit Fett hat der Dünndarm dagegen wesentlich mehr Schwierigkeiten. Falls Sie den zweiten Fehler nicht selbst entdecken, empfehle ich Ihnen, sich zunächst die Abb. 7.8 genau anzusehen, ohne den Text zu lesen.

Aufgabe 10 → Kohlenhydratverdauung

Beurteilen Sie die folgenden Aussagen zum Stoffwechsel der Kohlenhydrate auf ihre Richtigkeit, indem Sie ankreuzen.

	richtig	falsch
a) Ohne Sauerstoff ist die Energieausbeute pro Glucosemolekül wesentlich geringer als in Gegenwart von Sauerstoff.	○	○
b) Beim Stoffwechsel der Kohlenhydrate entsteht aus ATP das energiereichere ADP.	○	○
c) Die Leber kann Glucose aus Glykogen oder aus Aminosäuren herstellen.	○	○
d) Das Gehirn deckt seinen Energiebedarf normalerweise aus Fettsäuren, ist also nicht auf Glucose als Energielieferant angewiesen.	○	○

Aufgabe 11 → Kohlenhydratverdauung

Ordnen Sie den folgenden Enzymen der Kohlenhydratverdauung denjenigen Ort zu, an dem sie typischerweise vorkommen, indem Sie Verbindungslinien ziehen.

a) α-Amylase

b) Disaccharidasen

c) Oligosaccharidasen

1) nur in den Mundspeicheldrüsen

2) nur im Pankreas

3) nur in der Darmschleimhaut

4) in Pankreas und Darmschleimhaut

5) in Pankreas und Mundspeicheldrüsen

6) nur im Magen

7) in Magen- und Darmschleimhaut

Aufgabe 12 → Fettverdauung

Welche der folgenden Aussagen trifft zu? Bitte kreuzen Sie an. (1)

○ a) Das Endprodukt der Fettverdauung ist Harnstoff.
○ b) Im Fettstoffwechsel werden pro Fettmolekül genauso viele ATP erzeugt wie beim Abbau von Glucose.
○ c) Fett- und Kohlenhydratstoffwechsel münden letztlich in dieselben Stoffwechselwege ein (Zitratzyklus).
○ d) Essentielle Fettsäuren kann der Körper aus Kohlenhydraten aufbauen.
○ e) Mehrfach ungesättigte Fettsäuren sind in der Regel schädliche Oxydantien.

Aufgabe 13 → Fettverdauung

Ergänzen Sie die folgende Textpassage mit den untenstehenden Begriffen*.

Durch die Bewegung des Magenantrums werden die Fettbestandteile der Nahrung in mikroskopisch feine Tröpfchen aufgelöst; es entsteht eine ______________ . Dadurch vergrößert sich die Oberfläche, so dass das Verdauungsenzym Lipase aus dem ______________ mehr Angriffsfläche vorfindet. Die Lipase spaltet aus einem Triglycerid ______________ ab, so dass ein Monoglycerid zurückbleibt. Die Spaltprodukte werden in ______________ verpackt, zur Dünndarmschleimhaut gebracht und dort von den Dünndarmepithelzellen absorbiert.

---

* *zwei Fettsäuren; dem Pankreas; Mizellen; Emulsion*

Eigentlich sollten die einzusetzenden Begriffe nicht allzu schwer zu finden sein. Die Auflösung liefert Abb. 7.12. Falls Sie bei diesem Thema Verständnisprobleme haben, empfehle ich Ihnen, sich zusätzlich LE 16 und 18 aus Kap. 8 vorzunehmen.

Aufgabe 14 → Fettverdauung

Ordnen Sie den beiden folgenden Strukturen die entsprechenden Inhaltsstoffe zu, indem Sie Verbindungslinien ziehen.

a) Mizellen

b) Lipoproteine (z. B. LDL)

1) Cholesterin
2) Monoglyceride
3) Diglyceride
4) Triglyceride
5) Phospholipide
6) Proteine
7) Gallensalze (Gallensäuren)
8) freie Fettsäuren

Aufgabe 15 → Fettverdauung, Lipoproteine

Worin unterscheiden sich „High density lipoprotein (HDL)" und „Low density lipoprotein (LDL)" voneinander? Bitte kreuzen Sie an. (1)

○ a) HDL ist größer als LDL.
○ b) HDL ist, im Gegensatz zu LDL, ein wichtiger Risikofaktor für Arteriosklerose.
○ c) HDL enthält weniger Cholesterin als LDL.
○ d) HDL kommt im Darmlumen vor, LDL im Blut.
○ e) Es gibt keinen Unterschied, LDL ist die ältere Bezeichnung für HDL.

Aufgabe 16 → Fettlösliche Vitamine

Welche Vitamine sind fettlöslich?

Aufgabe 17 → Fettlösliche Vitamine

Welche Gefahr besteht bei fettlöslichen Vitaminen?

Aufgabe 18 → Vitamine

Ordnen Sie den unten stehenden Vitaminen die entsprechende Bedeutung für den Organismus zu, indem Sie Verbindungslinien ziehen.

a) Vitamin A
b) Vitamin B_{12}
c) Vitamin C
d) Vitamin D
e) Vitamin K
f) Folsäure
g) Vitamin B_6

1) Aufbau von Gerinnungsfaktoren
2) Schutz vor Skorbut
3) Aminosäurenstoffwechsel
4) Schutz vor rissiger Haut
5) Bildung roter Blutkörperchen
6) Lichtwahrnehmung in der Netzhaut
7) geistige Leistungsfähigkeit
8) Calciumhaushalt

Die Aufgabe der Vitamine ist leider ein schwer eingängiger Paukstoff. Hilfreich ist die Unterscheidung in fett- und wasserlösliche Vitamine. Die vier fettlöslichen Vitamine unterscheiden sich untereinander so stark, dass eine gegenseitige Verwechslung unwahrscheinlich ist. Bei den wasserlöslichen Vitaminen hilft es Ihnen vielleicht zu wissen, dass Vitamin B_2 und Nikotinsäure sowie Vitamin B_{12} und Folsäure ähnliche Aufgaben im Stoffwechsel erfüllen.

Aufgabe 19 → Vitamine

Welche der folgenden Aussagen trifft nicht zu? Bitte kreuzen Sie an. (1)

- ○ a) Vitamin B_6 ist ein wasserlösliches Vitamin.
- ○ b) Vitamin B_{12} kann nur mit dem im Magen gebildeten Intrinsic factor zusammen aufgenommen werden.
- ○ c) Vitamin B_1 führt bei Überdosierung zu lebensbedrohlichen Krämpfen.
- ○ d) Vitamin D muss nach seiner Aufnahme im Körper modifiziert werden.
- ○ e) Vitamin K wird vor allem von der Leber benötigt.

Aufgabe 20 → Mineralstoffe

Beurteilen Sie, ob die folgenden Aussagen auf die Mineralstoffe Natrium und Chlorid zutreffen, indem Sie ankreuzen.

	richtig	falsch
a) Natrium wird überwiegend als NaCl (Kochsalz) aufgenommen.	○	○
b) Natrium findet sich vorwiegend im Intrazellulärraum.	○	○
c) Salzreiche Ernährung kann den Blutdruck erhöhen.	○	○
d) Durch verstärkte Salzaufnahme lagert der Körper Wasser ins Gewebe ein.	○	○
e) Täglich sollte nicht mehr als 1 g Salz aufgenommen werden.	○	○

Aufgabe 21 → Mineralstoffe

Ordnen Sie den folgenden Mineralien deren jeweils wichtigsten Wirkort zu, indem Sie Verbindungslinien ziehen.

a) Jod	1) Knochen
b) Magnesium	2) Muskulatur
c) Calcium	3) rotes Knochenmark
d) Fluor	4) Schilddrüse
e) Eisen	5) Zähne
	6) Leber
	7) Gehirn
	8) Niere

7 Ernährung

Aufgabe 1

(LE 1)
Erhaltungsbedarf

Aufgabe 2

(LE 1)
b

Aufgabe 3

(LE 2)
e

Aufgabe 4

(LE 2)
Energieausbeute pro Gramm Nährstoff im menschlichen Körper

Aufgabe 5

(LE 2)
b

Aufgabe 6

(LE 2)
nicht; quellen; verzögern; Ammoniaks; schnellere

Aufgabe 7

(LE 3)
b

Aufgabe 8

(LE 3)
1 = b, 2 = d, 3 = c, 4 = a

Aufgabe 9

(LE 3)
- Pepsine sind ebenfalls Endopeptidasen.
- Die Resorption von Oligopeptiden und Aminosäuren erfolgt im ganzen Dünndarm, also nicht nur im unteren Ileum.

Aufgabe 10

(LE 4)
richtig a, c
falsch b, d

Aufgabe 11

(LE 4)
a5, b3, c3

Aufgabe 12

(LE 5)
c

Aufgabe 13

(LE 5)
Emulsion; Pankreas; zwei Fettsäuren; Mizellen

Aufgabe 14

(LE 5)
a1, a2, a7, a8, b1, b4, b5, b6

Aufgabe 15

(LE 5)
c

Aufgabe 16

(LE 6)
A, D, E und K

Aufgabe 17

(LE 6)
Anreicherung im Körper bei zu hoher Zufuhr – Überdosierung

Aufgabe 18

(LE 6)
a4, a6, b5, c2, d8, e1, f5, g3

Aufgabe 19

(LE 6)
c

Aufgabe 20

(LE 7)
richtig a, c, d
falsch b, e

Aufgabe 21

(LE 7)
a4, b2, c1, d5, e3

8 Verdauung

Aufgabe 1 → Zähne

Ergänzen Sie die folgende Abbildung mit den korrekten Beschriftungen.

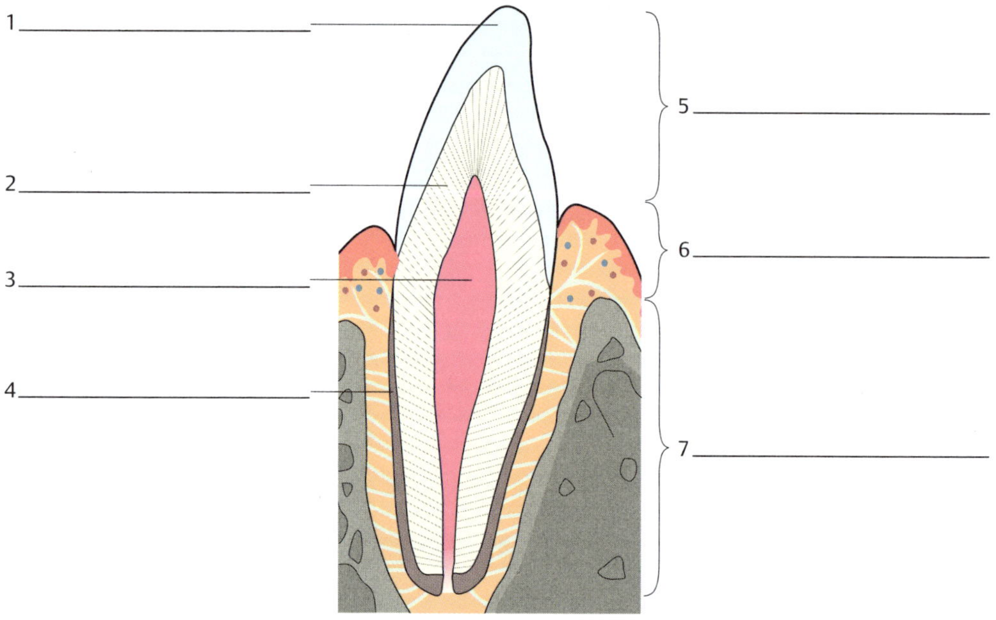

Aufgabe 2 → Magen-Darm-Kanal

Zum Magen-Darm-Kanal, also zum Verdauungstrakt im engeren Sinn, zählen (Bitte kreuzen Sie an.):

	richtig	falsch
a) Mundhöhle	○	○
b) Oberer Rachenraum	○	○
c) Speiseröhre	○	○
d) Pankreasgang	○	○
e) Ileum	○	○

Aufgabe 3 → Mundhöhle

Welche Aussage trifft zu? Bitte kreuzen Sie an. (1)

○ a) Der M. pterygoideus lateralis ist der stärkste Kaumuskel des Körpers.

○ b) Alle Kaumuskeln werden vom N. facialis (VII. Hirnnerv) innerviert.

○ c) Der M. temporalis formt die Kontur der Schläfe, zieht unter dem Jochbogen zum Unterkiefer und setzt am vorderen Unterkieferast an.

○ d) Der M. masseter wird von den beiden Mm. pterygoidei überlagert.

○ e) Das Kiefergelenk ist ein typisches Scharniergelenk.

Aufgabe 4 → Zähne

Ordnen Sie den folgenden mit der Zahnformel angegebenen Zähnen zu, wo sie sich befinden, indem Sie Verbindungslinien ziehen.

a) 38

b) 22

c) 53

d) 13

e) 44

1) 1. Backenzahn rechts unten

2) 2. Schneidezahn links oben

3) Eckzahn rechts oben

4) Weisheitszahn (3. Molar) links unten

5) fehlerhafte Angabe

Merken muss man sich eigentlich nur, dass der rechte Oberkiefer die Nummer 1 hat. Danach folgen die übrigen drei Kieferhälften vom Zahnarzt gesehen im Uhrzeigersinn.

Aufgabe 5 → Zähne

Ergänzen Sie die folgende Textpassage mit den untenstehenden Begriffen*.

Das Milchgebiss besteht aus insgesamt ________ Zähnen, von denen die ____________________ zuerst durch das Zahnfleisch brechen. Im 3. Lebensjahr ist der Zahndurchbruch, die sog. erste Dentition, abgeschlossen. Der Durchbruch der bleibenden Zähne, die zweite Dentition, beginnt in der Regel im ____________________. Als erster bleibender Zahn erscheint der ____________________.

* *erste Molar; 20; 6.–7. Lebensjahr; Schneidezähne*

Aufgabe 6 → Mundhöhle

Welche Aussage trifft <u>nicht</u> zu? Bitte kreuzen Sie an. (1)

- ○ a) Der M. buccinator ist ein nicht willkürlich steuerbarer glatter Muskel.
- ○ b) Das Zäpfchen ist die hintere Verlängerung des weichen Gaumens und liegt dem Zungengrund gegenüber.
- ○ c) Der Mundvorhof ist der Raum zwischen den Zahnreihen und der Wange.
- ○ d) Zur Mundbodenmuskulatur gehört auch der M. mylohyoideus.
- ○ e) Der harte Gaumen besteht aus einer Knochenplatte, welche Mund- und Nasenhöhle voneinander trennt.

Aufgabe 7 → Zunge

Zeichnen Sie farbig die Regionen der Zunge ein, mit denen wir die folgenden Geschmacksqualitäten wahrnehmen: *sauer – bitter – süß – salzig.*

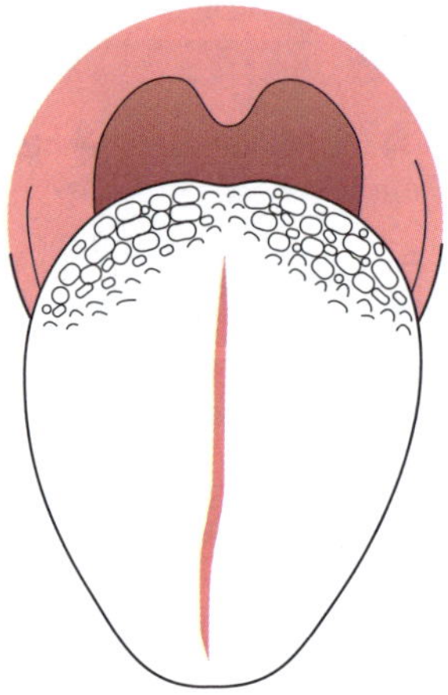

Aufgabe 8 → Zunge

Ordnen Sie die folgenden Strukturen den entsprechenden Bereichen der Zunge zu, indem Sie Verbindungslinien ziehen.

a) Wallpapillen

b) Blattpapillen

c) Fadenpapillen

d) Pilzpapillen

1) vordere 2/3 der Zunge

2) Oberseite der Zunge, vor dem Zungengrund

3) seitlicher Zungenrand, vor dem Zungengrund

Aufgabe 9 → Mundspeicheldrüsen

Welche der folgenden Aussagen trifft zu? Bitte kreuzen Sie an. (1)

○ a) Die Glandula sublingualis produziert den größten Teil des Mundspeichels.
○ b) Im Speichel finden sich besonders viele Immunglobuline der Klasse IgE.
○ c) Der pH-Wert des Speichels ist stark sauer.
○ d) Die Verdauung von Kohlenhydraten beginnt bereits im Mund durch die α-Amylase des Speichels.
○ e) Die Glandula submandibularis ist eine typische seröse Speicheldrüse.

Aufgabe 10 → Mundspeicheldrüsen

Beurteilen Sie die folgenden Aussagen auf ihre Richtigkeit, indem Sie ankreuzen.

	richtig	falsch
a) Der Drüsenazinus steht am Beginn des Gangsystems einer Speicheldrüse.	○	○
b) Im Schaltstück sind die Drüsenzellen besonders hoch und sezernieren besonders viel Bicarbonat.	○	○
c) Enzyme werden vor allem von den Zellen des Drüsenazinus abgegeben.	○	○
d) Die Zellen des Drüsenazinus haben eine pyramidenartige Form.	○	○

Im Grunde sind alle Drüsen des Körpers weitgehend gleich aufgebaut. Unterschiede bestehen in der Länge der Drüsenschläuche, ob sie eher filigran oder plump, verzweigt oder röhrenförmig sind. Vergleichen Sie auch Pankreas (Kap. 8, LE 13) und Prostata (Kap. 10, LE 2) mit den Mundspeicheldrüsen.

Aufgabe 11 → Mundspeicheldrüsen

In der folgenden Textpassage verbergen sich zwei inhaltliche Fehler – welche?

Die Produktion und Abgabe von Speichel steht unter der Kontrolle des vegetativen Nervensystems. Eine Aktivierung des Parasympathikus hemmt die Speichelsekretion. Die parasympathischen Fasern gelangen mit dem VII. und IX. Hirnnerv zu den Speicheldrüsen. Der VII. Hirnnerv (N. facialis) zieht durch die Ohrspeicheldrüse und versorgt diese auch mit parasympathischen Fasern.

- ____________________
- ____________________

Aufgabe 12 → Magen-Darm-Kanal

Welche der folgenden Aussagen trifft/treffen zu? Bitte kreuzen Sie an. (1)

1) Die Schleimhaut des Magen-Darm-Kanals besitzt eine eigene Muskelschicht.
2) Die Längsmuskelschicht des Magen-Darm-Kanals liegt innen und wird von der Ringmuskelschicht bedeckt.
3) Blutgefäße und Nerven erreichen den Magen-Darm-Kanal in der Regel zwischen zwei Blättern des Bauchfells.

○ a) Nur Aussage 1 ist richtig.
○ b) Nur Aussage 2 ist richtig.
○ c) Nur Aussage 3 ist richtig.
○ d) Nur die Aussagen 1 und 2 sind richtig.
○ e) Nur die Aussagen 1 und 3 sind richtig.

Aufgabe 13 → Speiseröhre

Welche der folgenden Aussagen trifft/treffen zu? Bitte kreuzen Sie an. (1)

1) Die Speiseröhre ist 35–50 cm lang.
2) Vorder- und Hinterwand der Speiseröhre berühren einander im Halsbereich.
3) Die Speiseröhre steht unter ständigem Zug in ihrer Längsrichtung.
4) Nach dem Schlucken gelangen die Bissen weitgehend passiv, der Schwerkraft folgend, in den Magen.

○ a) Nur die Aussagen 1 und 2 sind richtig.
○ b) Nur die Aussagen 1, 2 und 3 sind richtig.
○ c) Nur die Aussagen 2 und 3 sind richtig.
○ d) Nur die Aussagen 2, 3 und 4 sind richtig.
○ e) Alle Aussagen sind richtig.

Als Bild von der funktionellen Anatomie der Speiseröhre können Sie sich vorstellen, Sie würden einen langgestreckten, wurstförmigen Luftballon vorne und hinten aufschneiden und in die Länge ziehen. Welche Form – rund oder platt – nimmt das Ganze an? Wenn Sie einen Golfball in den Luftballon stekken, das Gummi wieder straffziehen und senkrecht halten – wird der Golfball nach unten rutschen oder bleibt er stecken?

Aufgabe 14 → Speiseröhre

Beurteilen Sie die folgenden Aussagen auf ihre Richtigkeit, indem Sie ankreuzen.

	richtig	falsch
a) Die erste Engstelle der Speiseröhre liegt hinter dem Ringknorpel des Kehlkopfes.	○	○
b) Die zweite Engstelle entsteht durch die Nachbarschaft zur rechten Herzkammer.	○	○
c) Die dritte Engstelle ist der Durchtritt durch das Zwerchfell.	○	○

Aufgabe 15 → Magen-Darm-Kanal

Beurteilen Sie die folgenden Aussagen auf ihre Richtigkeit, indem Sie ankreuzen.

	richtig	falsch
a) Zwischen Ring- und Längsmuskelschicht liegt ein Nervengeflecht, welches beide Muskelschichten ansteuert.	○	○
b) Der Plexus myentericus ist ein Netzwerk von Venen innerhalb der Darmmuskulatur.	○	○
c) An der Darmperistaltik nimmt fast ausschließlich die Längsmuskelschicht teil.	○	○
d) Durch Auffaltung der Schleimhaut vergrößert sich die innere Oberfläche des Darms auf etwa das Fünffache.	○	○

Aufgabe 16 → Oberbauchorgane

Kennzeichnen Sie verschiedenfarbig die folgenden Organe bzw. Organteile auf diesem Querschnitt durch den Oberbauch:

- Magen
- Leber
- Milz
- Niere
- Pankreas
- Aorta

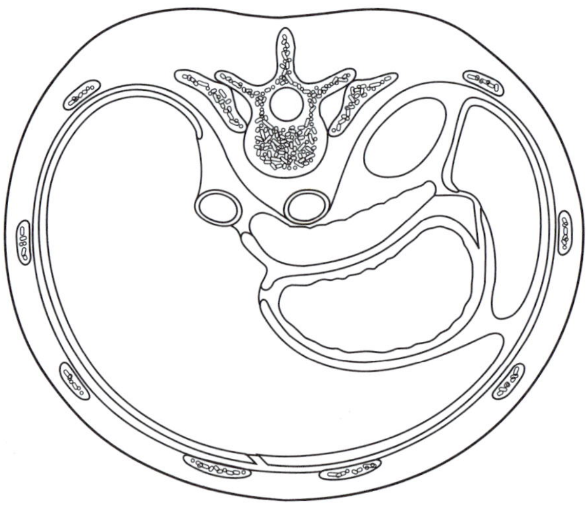

Derartige Schnitte werden Sie als CT (Computertomographie)- oder MRT (Kernspintomographie)-Bilder häufiger zu Gesicht bekommen. Im Gegensatz zu diesen zeigt unsere Zeichnung einen Querschnitt durch den Körper in der Ansicht von oben nach unten. Bei CT- und MRT-Bildern ist alles spiegelverkehrt, weil sie stets eine Ansicht von unten nach oben zeigen. Beachten Sie immer die Seitenangaben R und L!

Aufgabe **17** → **Magen**

Ergänzen Sie die folgende Textpassage mit den untenstehenden Begriffen*.

Am Mündungsteil zum Magen verdickt sich die Muskulatur der Speiseröhre zu einem ____________, der den Rückstrom von Mageninhalt in die Speiseröhre verhindert. Dieser Aufgabe dient auch der spitze ____________ ____________, der dafür sorgt, dass Magenfundus und Endteil der Speiseröhre nebeneinander liegen. Bei jeder ____________ im Bauchraum legt sich der Fundus der Speiseröhre an und verschließt diese passiv wie ein Ventil.

* *Druckerhöhung; Fundus-Kardia-Winkel, Schließmuskel*

Aufgabe **18** → **Magen**

Ergänzen Sie die folgende Zeichnung mit den korrekten Beschriftungen.

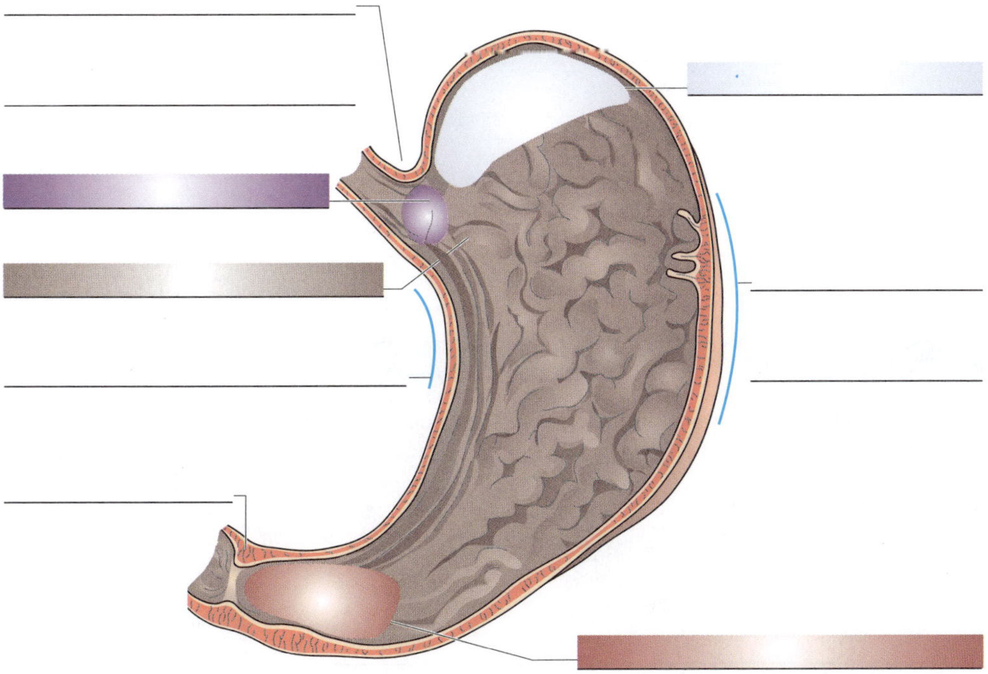

Aufgabe 19 → Erbrechen

Wie verhalten sich die folgenden anatomischen Strukturen beim Erbrechen?

a) Zwechfell ______

b) Kehldeckel ______

c) Bauchmuskulatur ______

d) Magenmuskulatur ______

e) Mageneingang ______

f) Magenausgang ______

Jede der genannten Strukturen kann sich nur relativ einförmig verhalten. Ein Muskel kann entweder schlaff oder gespannt sein, ein Ventil ist entweder offen oder zu. Für jeden einzelnen Punkt haben Sie also 50 % Trefferwahrscheinlichkeit, auch bei absolutem Nichtwissen.

Aufgabe 20 → Erbrechen

Welche Stimuli können Erbrechen auslösen? Nennen Sie mindestens fünf unterschiedliche Einflüsse.

- ______
- ______
- ______
- ______
- ______

Aufgabe 21 → Magen-Darm-Kanal

Sind die folgenden Organe bzw. Organteile normalerweise steril oder unsteril?
Bitte kreuzen Sie an.

	steril	unsteril
a) Duodenum	○	○
b) Pankreas	○	○
c) Peritonealhöhle	○	○
d) Wurmfortsatz	○	○
e) Blinddarm	○	○

Aufgabe 22 → Peritoneum

Welche der folgenden Aussagen trifft zu? Bitte kreuzen Sie an. (1)

- ○ a) Der Magen ist ein typisches retroperitoneales Organ.
- ○ b) Bedeckt das Bauchfell nur eine Seite eines Organs, während die andere in Bindegewebe übergeht, dann spricht man von einer intraperitonealen Lage.
- ○ c) Das Bauchfell ist insgesamt etwa genauso groß wie die Haut (ca. 2 m^2).
- ○ d) Das Bauchfell sezerniert ständig Flüssigkeit in die Peritonealhöhle.
- ○ e) Das Leitsymptom einer Bauchfellentzündung ist eine Lähmung der Bauchmuskulatur.

Aufgabe 23 → Magen

Beteiligen sich die folgenden Gefäße an der arteriellen Versorgung des Magens? Bitte kreuzen Sie an.

	ja	nein
a) Truncus coeliacus	○	○
b) A. gastroepiploica sinistra	○	○
c) A. mesenterica superior	○	○
d) Milzarterie (A. lienalis)	○	○
e) Leberarterie (A. hepatica propria)	○	○
f) A. testicularis	○	○

Aufgabe 24 → Magendrüsen

Welche Stoffe werden von den folgenden Zelltypen der Magendrüsen hergestellt? Bitte ziehen Sie Verbindungslinien.

a) D-Zellen

b) Nebenzellen

c) Hauptzellen

d) Belegzellen

e) G-Zellen

1) Salzsäure

2) Schleim

3) Pepsinogene

4) Somatostatin

5) Gastrin

Nicht nur die Immunologen, sondern auch die mit Hormonen befassten Endokrinologen reden gerne in Abkürzungen. Das kommt daher, weil diese Gebiete maßgeblich unter angloamerikanischem Einfluss entstanden sind, während in den klassischen, überwiegend europäisch geprägten Wissensgebieten Abkürzungen eine Rarität sind.

Aufgabe 25 → Magen

Welche der folgenden Aussagen trifft nicht zu? Bitte kreuzen Sie an. (1)

- ○ a) Die Magendrüsen des Fundus und Korpus enthalten Haupt-, Neben- und Belegzellen.
- ○ b) Die Magendrüsen sind lange, wenig verzweigte, sog. tubuläre (röhrenförmige) Drüsen.
- ○ c) Die Drüsen des Magenantrums sezernieren Hormone.
- ○ d) Die Magenschleimhaut wird von einer sauren Schleimschicht bedeckt, die wie der Säureschutzmantel der Haut vor Infektionen schützt.
- ○ e) Der Magensaft hat einen pH von ungefähr 2.

Aufgabe 26 → Magensekretion

Ordnen Sie die folgenden Begriffe den Phasen der Magensekretion zu, indem Sie Verbindungslinien ziehen.

a) Sekretin

b) Stop der Magensekretion

c) Gastrin

d) Dehnung des Magenantrums

e) Gewürze, Alkohol

f) psychische Einflüsse

g) Pawlow-Hund

h) N. vagus (X. Hirnnerv)

1) zephale Phase

2) gastrische Phase

3) intestinale Phase

Aufgabe 27 → Magen

Ordnen Sie die Nahrungsbestandteile nach ihrer Verweildauer im Magen, indem Sie ankreuzen. (1)

- ○ a) Fette < Kohlenhydrate < Eiweiß
- ○ b) Kohlenhydrate < Fette < Eiweiß
- ○ c) Eiweiß < Kohlenhydrate < Fette
- ○ d) Kohlenhydrate < Eiweiß < Fette
- ○ e) Eiweiß < Fette < Kohlenhydrate

Berücksichtigen Sie bei Ihrer Antwort, welchen Aufwand der Magen-Darm-Trakt für das Aufschließen und die Aufnahme der drei Grundnährstoffe treiben muss (Kap. 7, LE 3 bis 5). Je komplexer die Aufnahme, desto länger dauert die Prozedur. Dies zeigt sich auch in den unterschiedlich langen Verweildauern im Magen.

Aufgabe 28 → Magen, Peristaltik

Beurteilen Sie die folgenden Aussagen auf ihre Richtigkeit, indem Sie ankreuzen.

	richtig	falsch
a) Im Nüchternzustand treten alle 2 Stunden peristaltische Wellen bei geöffnetem Pylorus auf.	○	○
b) Die peristaltischen Wellen des Magens beginnen im oberen Korpus und werden in Richtung Pylorus stärker und schneller.	○	○
c) Die stärkste Peristaltik tritt kurz nach dem Essen im Magenfundus auf.	○	○
d) Der Magen erzeugt selbstständig peristaltische Wellen, ohne auf das Nervensystem angewiesen zu sein.	○	○

Aufgabe 29 → Magenabschnitte

Ordnen Sie den folgenden Magenabschnitten ihre korrekte Funktion zu, indem Sie Verbindungslinien ziehen.

a) Antrum

b) Korpus

c) Fundus

d) Magenstraße

1) Speicherung der Nahrung

2) Pepsinproduktion

3) Zerkleinern der Nahrungsbestandteile

4) Abfluss von Flüssigkeit

Aufgabe 30 → Magen

Welchen Einfluss hat das parasympathische Nervensystem auf die folgenden Magenfunktionen? Bitte kreuzen Sie an.

	steigt	fällt
a) Salzsäuresekretion	○	○
b) Stärke der Magenperistaltik	○	○
c) Geschwindigkeit der Magenperistaltik	○	○
d) Sekretion von Gastrin	○	○

Aufgabe 31 → Dünndarm

In welchen Teil des Darms münden die Ausführungsgänge des Pankreas und die ableitenden Gallenwege?

Aufgabe 32 → Dünndarm

Nennen Sie die drei Anteile des Dünndarms in der richtigen Reihenfolge.

▸ ▸ ▸

Aufgabe 33 → Dünn- und Dickdarm

Kennzeichnen Sie verschiedenfarbig die drei Abschnitte des Dünndarms und die in der Abbildung sichtbaren Abschnitte des Dickdarms.

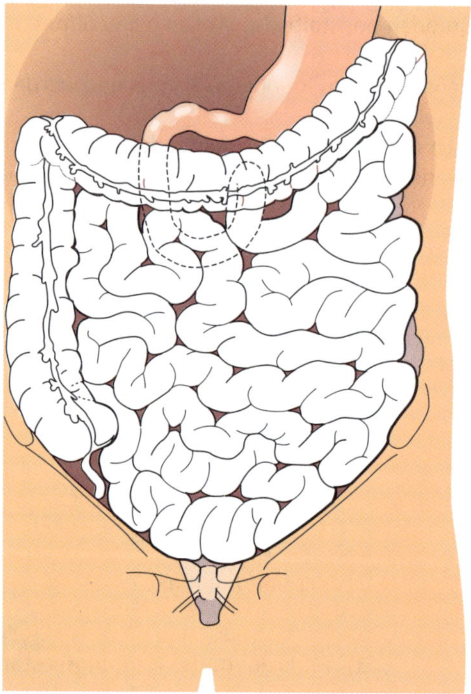

Aufgabe 34 → Dünndarm

Ordnen Sie den folgenden Begriffen die korrekte Erklärung und die Größenverhältnisse zu, indem Sie Verbindungslinien ziehen.

a) Plicae	1) Fingerförmige Ausstülpungen der Zellmembran einzelner Schleimhautepithelzellen	I) 0,2–0,4 mm
b) Krypten	2) Auffaltungen der Schleimhaut und Submukosa einschließlich der Schleimhautmuskelschicht	II) 0,5–1 mm
c) Mikrovilli	3) Auffaltungen der Schleimhaut ohne Beteiligung der Schleimhautmuskelschicht	III) 1–2 μm
d) Zotten	4) Einstülpungen der Schleimhaut, ähnlich wie Magendrüsen	IV) einige mm

Bei den verschiedenen Oberflächenmerkmalen kommt es erfahrungsgemäß immer wieder zu Verwechslungen – sitzen nun viele Plicae auf einer Zotte oder viele Zotten auf einer Plica? Es mag vielleicht helfen, wenn Sie sich die deutsche Übersetzung des Wortes Plica (= Falte) vergegenwärtigen.

Aufgabe 35 → Dünndarmschleimhaut

Welche Fläche ergäbe die Dünndarmschleimhaut, wenn man sämtliche oberflächenvergrößernden Strukturen platt ausstreichen könnte? Bitte kreuzen Sie an. (1)

- ○ a) die Fläche von zwei DIN A3-Blättern
- ○ b) die Fläche eines Wohnzimmersofas (1 – 2 m^2)
- ○ c) die Grundfläche eines Zimmers (ca. 10 – 20 m^2)
- ○ d) die Grundfläche eines Einfamilienhauses (ca. 100 m^2)
- ○ e) die Fläche eines Fußballfelds

Aufgabe 36 → Dickdarm, Tänien

Beurteilen Sie die folgenden Aussagen auf ihre Richtigkeit, indem Sie ankreuzen.	richtig	falsch
a) Tänien sind längs verlaufende Stränge auf der Oberfläche des Dickdarms.	○	○
b) Es gibt insgesamt fünf Tänien, im Bereich des Blinddarms nur vier.	○	○
c) Die Tänien entsprechen der zusammengeschobenen Längsmuskelschicht des Dickdarms.	○	○
d) Nur eine Tänie ist im gesamten Verlauf des Dickdarms von der Bauchhöhle her sichtbar.	○	○

Aufgabe 37 → Dickdarm

Welche beiden inhaltlichen Fehler verbergen sich in der folgenden Textpassage?

Der Dickdarm erhält seine Gefäßversorgung sowohl aus der A. mesenterica superior als auch aus der A. mesenterica inferior. Beide Gefäßgebiete sind scharf voneinander getrennt, besitzen also keine Anastomosen (Verbindungen) miteinander. Der Übergang zwischen den beiden Gefäßgebieten erfolgt im Bereich der rechten Kolonflexur. Die A. mesenterica inferior versorgt auch den größten Teil des Mastdarms.

▸ ______________________________

____

▸ ______________________________

Eine klare Einserfrage! Wenn Sie nicht weiter wissen, sehen Sie sich Abb. 8.26 b an.

Aufgabe 38 Dickdarm

Welche der folgenden Aussagen trifft/treffen zu? Bitte kreuzen Sie an. (1)

1) Der Mastdarm ist ca. 20 – 30 cm lang.
2) Der obere Teil des Mastdarms heißt Ampulle und speichert den Kot.
3) Ampulle und Analkanal sind durch den inneren Schließmuskel voneinander getrennt.
4) Venenpolster in der Hämorrhoidalzone schließen den Darm „wasserdicht" ab.

○ a) Nur die Aussagen 1, 2 und 4 sind richtig.
○ b) Nur die Aussagen 1, 3 und 4 sind richtig.
○ c) Nur die Aussagen 2, 3 und 4 sind richtig.
○ d) Nur die Aussagen 2 und 3 sind richtig.
○ e) Alle Aussagen sind richtig.

Aufgabe 39 Dickdarmschleimhaut

Welche mikroskopischen Strukturen sind typisch für die Dickdarmschleimhaut?
Bitte kreuzen Sie an.

	typisch	untypisch
a) Zotten	○	○
b) Krypten	○	○
c) Lymphfollikel	○	○
d) Brunner-Drüsen	○	○
e) Becherzellen	○	○
f) hormonproduzierende Zellen	○	○

Aufgabe 40 Dünn- und Dickdarm

Wie bezeichnet man die abgebildete Form der Bewegung der Darmmuskulatur, und welchem Zweck dient diese Bewegung?

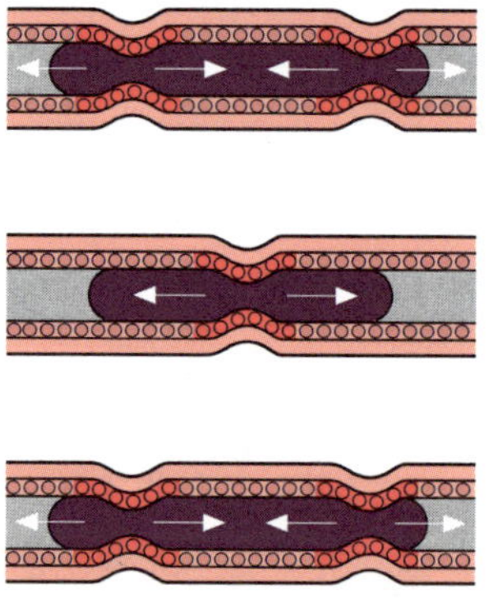

▸ ______________________________

▸ ______________________________

Aufgabe 41 → Darmmotorik

Beurteilen Sie die folgenden Aussagen zur propulsiven Peristaltik auf ihre Richtigkeit, indem Sie ankreuzen.

Die propulsive Peristaltik ...	richtig	falsch
a) tritt nur 1- bis 2mal pro Minute auf.	○	○
b) bewegt den Darminhalt ausschließlich in Richtung Anus.	○	○
c) ist eine aktive Leistung hauptsächlich der Längsmuskelschicht.	○	○
d) verursacht Durchfälle, falls sie zu stark ausgeprägt ist.	○	○

Aufgabe 42 → Darmmotorik

Ergänzen Sie die folgende Textpassage mit den untenstehenden Begriffen*.

Wegen der Verfestigung des Darminhalts im Dickdarm reicht die normale Peristaltik meist nicht aus, um den Kot in die _______________ des Mastdarms zu befördern. Daher laufen 2- bis 3mal täglich starke _______________ über den gesamten Dickdarm, die den Darminhalt verschieben und bei genügender Füllung des Mastdarms Stuhldrang auslösen. Die Passagezeiten der Nahrung im Magen-Darm-Trakt sind individuell verschieden. Täglicher Stuhlgang sollte deshalb _______________ mit Abführmitteln erzwungen werden.

* *nicht; Ampulle; Massenbewegungen*

Aufgabe 43 → Darmmotorik

Wie lange verbleiben normalerweise unverdauliche Nahrungsbestandteile im Magen-Darm-Kanal? Bitte kreuzen Sie an. (1)

○ a) 3–5 Stunden
○ b) ca. 24 Stunden
○ c) 2–3 Tage
○ d) ca. 5 Tage
○ e) länger als eine Woche

Die Frage taucht immer wieder bei Eltern von Kleinkindern auf, wenn diese einen Fremdkörper verschluckt haben. Im Allgemeinen stellen auch größere Gegenstände kein Problem dar, sofern sie nicht gerade besonders spitz oder sehr langgestreckt sind. Meistens gilt: Was hineingeht, kommt auch wieder raus!

Aufgabe 44 Gallenwege

Ergänzen Sie die folgende Abbildung mit den korrekten Beschriftungen.

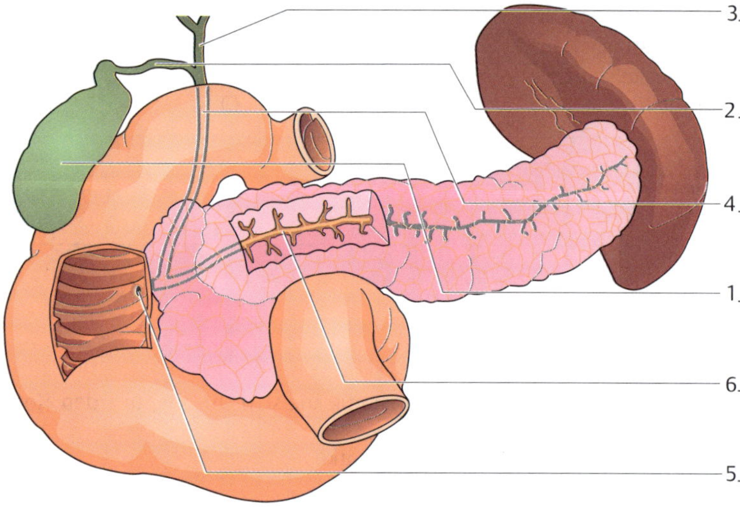

Aufgabe 45 Pankreas

Mit welcher Drüse zeigt das Pankreas hinsichtlich seiner Sekreteigenschaften und seines mikroskopischen Aufbaus die größte Verwandtschaft? Bitte kreuzen Sie an. (1)

- ○ a) Glandula submandibularis (Unterkieferdrüse)
- ○ b) Glandula sublingualis (Unterzungendrüse)
- ○ c) Glandula parotidea (Ohrspeicheldrüse)
- ○ d) Glandula thyroidea (Schilddrüse)
- ○ e) Prostata

Aufgabe 46 Pankreasenzyme

Ordnen Sie den folgenden Begriffen die dazu passenden Aussagen zu, indem Sie Verbindungslinien ziehen.

a) Chymotrypsin

b) α-Amylase

c) Proenzym

d) Phospholipase

e) Enterokinase

f) Trypsinogen

1) spaltet Trypsinogen zu Trypsin

2) wird im Pankreas produziert

3) wird durch Trypsin aus seiner Vorstufe gespalten

4) inaktive Vorstufe eines Enzyms

5) dient der Verdauung von Kohlenhydraten

6) dient der Verdauung von Fetten

Aufgabe 47 → Pankreassekretion

Welche der folgenden Aussagen trifft nicht zu? Bitte kreuzen Sie an. (1)

○ a) Die Pankreassekretion ähnelt in ihren drei verschiedenen Phasen der Magensekretion.
○ b) In der zephalen Phase regt der N. vagus (X. Hirnnerv) die Sekretion eines enzymhaltigen Pankreassaftes an.
○ c) In der gastrischen Phase regt Gastrin das Pankreas zur Abgabe eines besonders bicarbonatarmen Sekrets an.
○ d) Sekretin und CCK sind die Schlüsselhormone der intestinalen Phase.
○ e) CCK fördert die Enzymsekretion im Pankreas.

Dass auch das Pankreas wie der Magen „Phasen“ hat, sollte Sie nicht überraschen, wenn Sie bedenken, dass Magen, Darm und Galle eng zusammenarbeiten müssen, um die Nährstoffe optimal aufzuschließen. Beachten Sie, dass das Pankreas erst aktiv werden muss, nachdem der Magen mit seiner Arbeit fertig ist.

Aufgabe 48 → Pankreas

Welche der folgenden Aussagen trifft/treffen zu? Bitte kreuzen Sie an. (1)

1) Hormonproduzierende Zellen finden sich vorwiegend im Kopfteil des Pankreas.
2) Die hormonproduzierenden Zellen des Pankreas gruppieren sich zu Langerhans-Inseln.
3) Insulinproduzierende Zellen sind häufiger als alle anderen hormonproduzierenden Pankreaszellen.
4) Zwischen den Langerhans-Inseln finden sich keine enzymbildenden Azini.

○ a) Nur die Aussagen 1 und 2 sind richtig.
○ b) Nur die Aussagen 1, 2 und 4 sind richtig.
○ c) Nur die Aussagen 2 und 3 sind richtig.
○ d) Nur die Aussagen 3 und 4 sind richtig.
○ e) Alle Aussagen sind richtig.

Aufgabe 49 → Pankreas Hormone

Welche der folgenden Hormone sind Gegenspieler des Insulins hinsichtlich ihres (kurzfristigen) Effekts auf den Blutzuckerspiegel? Bitte kreuzen Sie an.

	Gegenspieler	kein Gegenspieler
a) Glukagon	○	○
b) Oxytocin	○	○
c) Cortisol	○	○
d) Adrenalin	○	○
e) Melanotropin	○	○
f) Somatostatin	○	○
g) Noradrenalin	○	○
h) Gastrin	○	○

Wie Sie wissen, senkt Insulin den Blutzuckerspiegel, indem es den Aufbau von Glykogen und Fett aus Glucose fördert. Die Gegenspieler des Insulins bauen also Glykogen und/oder Fette ab und erhöhen den Blutzuckerspiegel. Zu welchem Zweck setzt der Organismus wohl solche Hormone frei?

Aufgabe 50 → Pankreas

Ordnen Sie den folgenden Zelltypen des Pankreas die jeweils produzierte Substanz zu, indem Sie Verbindungslinien ziehen.

a) B-Zellen	1) Glukagon
b) Ausführungsgangzellen	2) Insulin
c) A-Zellen	3) Somatostatin
d) Azinuszellen	4) Enzyme
e) D-Zellen	5) Bicarbonat

Aufgabe 51 → Pfortadersystem

In der folgenden Abbildung versteckt sich ein inhaltlicher Fehler – welcher?

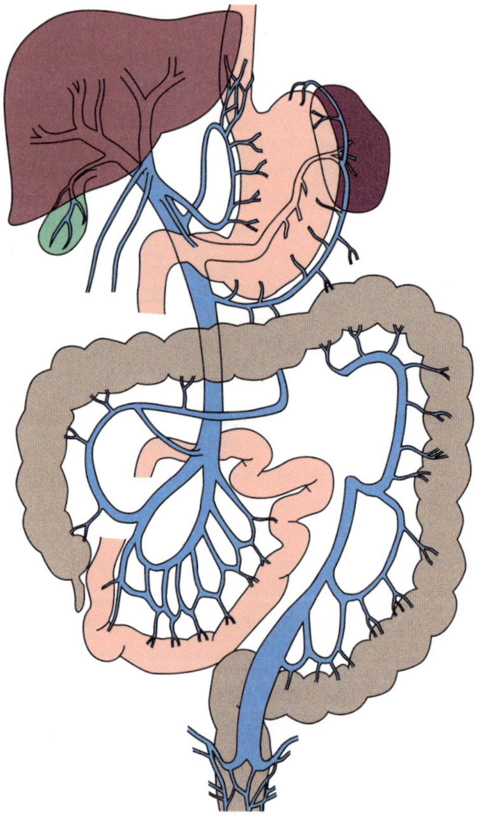

Schauen Sie sich genau an, aus welchen Organen die Pfortader das venöse Blut sammelt. Ist ein Organ dabei, das gar nicht zum Pfortaderkreislauf gehört? Oder müsste ein Organ, das außerhalb des Pfortaderkreislaufs eingezeichnet ist, eigentlich doch dazugehören?

Aufgabe 52 → Leber

Der folgende Text enthält zwei inhaltliche Fehler – welche?

Die Leber besteht aus insgesamt vier Lappen. Der größte davon ist der linke Leberlappen; er reicht bis über die Mittellinie des Körpers hinaus. Die Leber liegt weitgehend intraperitoneal, wird also von Bauchfell eingehüllt. Nur die sogenannte Area nuda geht ohne Peritonealüberzug direkt in den Retroperitonealraum zwischen linker und rechter Niere über. An der Vorderfläche ist die Leber über das Lig. teres hepatis – eine degenerierte Fortsetzung der Nabelvene – mit der Bauchwand verbunden.

▸ ______________________________

▸ ______________________________

Aufgabe 53 → Leber, Gefäßversorgung

Welche der folgenden Aussagen trifft nicht zu? Bitte kreuzen Sie an. (1)

- ○ a) Die Leber erhält Zufluss aus der A. hepatica propria, einem Ast des Truncus coelicus.
- ○ b) Die Leber erhält Zufluss aus der Pfortader.
- ○ c) Die untere Hohlvene transportiert das gesamte aus der Leber abströmende Blut zum Herzen.
- ○ d) Das Blut aus der Pfortader ist sauerstoffärmer als das aus der unteren Hohlvene.
- ○ e) Die Lebervenen liegen vollständig innerhalb des Organs, sind also von außen nicht sichtbar.

Überlegen Sie sich, welche Stationen das Blut erstens in der Leberarterie, zweitens in der Pfortader und drittens in den Lebervenen schon hinter sich hat und was mit dem Blut auf diesem Weg passiert ist.

Aufgabe 54 → Leberläppchen

Ergänzen Sie die folgende Abbildung mit den korrekten Beschriftungen.

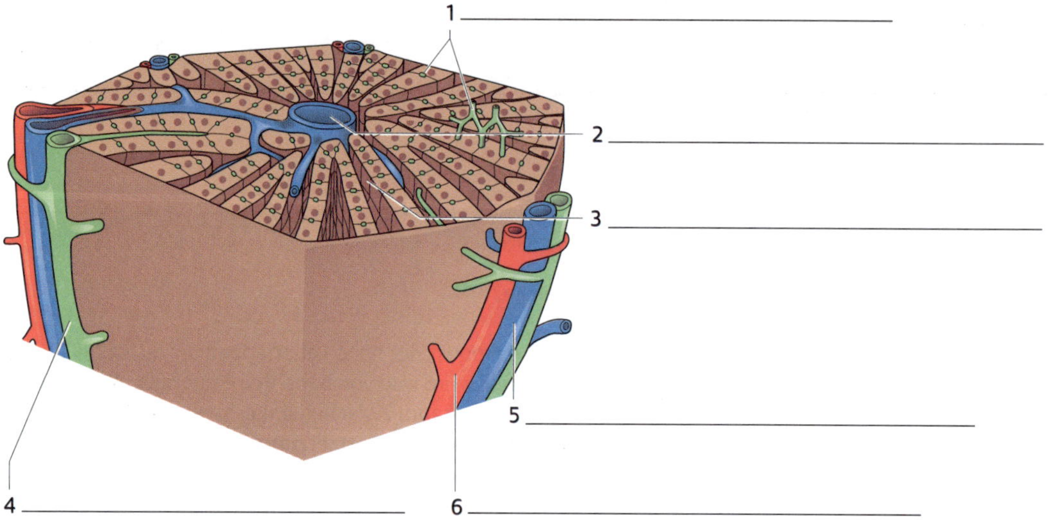

Aufgabe 55 → Gallensalze

Welche der folgenden Aussagen trifft zu? Bitte kreuzen Sie an. (1)

○ a) Am enterohepatischen Kreislauf nehmen nur die Gallensalze (Gallensäuren) teil.
○ b) Der enterohepatische Kreislauf der Gallensalze dient dazu, die zeit- und energieaufwendige Neusynthese einzusparen.
○ c) Insgesamt enthält der Organismus ca. 120 g Gallensalze, den Gallensalz-Pool.
○ d) Der Gallensalz-Pool wird alle 2–3 Tage einmal umgewälzt.
○ e) Die Gallensalze werden von der Leber an Glyzerin gekoppelt.

Aufgabe 56 → Galle

Beurteilen Sie, ob die folgenden anatomischen Strukturen am enterohepatischen Kreislauf der Gallensalze teilnehmen, indem Sie ankreuzen.

	richtig	falsch
a) Gallenblase	○	○
b) Gallengang	○	○
c) A. mesenterica superior	○	○
d) Dünndarm	○	○
e) Dickdarm	○	○
f) Pfortader	○	○
g) Leber	○	○
h) Pankreas	○	○

Aufgabe 57 → Galle

Woraus entsteht die braune Färbung des Stuhls? Bitte kreuzen Sie an.

- ○ a) aus konjugierten Gallensalzen
- ○ b) aus Abbauprodukten des Hämoglobins
- ○ c) aus Bakterienfarbstoffen
- ○ d) aus oxydierten unverdaulichen Nahrungsbestandteilen
- ○ e) aus abgestoßenen Darmepithelzellen

Aufgabe 58 → Galle, Ikterus

Ordnen Sie den folgenden Begriffen die korrekte Erklärung bzw. eine mögliche Ursache zu, indem Sie Verbindungslinien ziehen.

a) Ikterus

b) prähepatischer Ikterus

c) Neugeborenenikterus

1) Urobilinogen über 1–2 mg/100 ml

2) zu langsame Konjugierung von Bilirubin

3) zu langsamer Abbau von Erythrozyten

4) Bilirubin über ca. 2–6 mg/100 ml

5) zu schneller Abbau von Erythrozyten

6) Rückstau von Galle durch Gallengangstein

Das Wortungetüm „prähepatischer Ikterus" heißt übersetzt: Gelbsucht, deren Ursache *vor* der Leber liegt. Wenn Sie hier unsicher sind, sollten Sie sich den zeitlichen Ablauf in Erinnerung rufen, wie aus Hämoglobin die ausscheidungsfähigen Endprodukte entstehen.

Aufgabe 59 → Gallenblase

Welche Funktion erfüllt die Gallenblase nicht? Bitte kreuzen Sie an. (1)

- ○ a) Speicherung der Galle
- ○ b) Konzentrierung der Galle
- ○ c) Transport von Wasser aus der Galle ins Blut
- ○ d) Transport von NaCl aus der Galle ins Blut
- ○ e) Sekretion von Gallensalzen

Aufgabe 60 → Gallenblase

Welche Struktur gehört nicht zur Gallenblase? Bitte kreuzen Sie an. (1)

- ○ a) Fundus
- ○ b) Korpus
- ○ c) Antrum
- ○ d) Hals
- ○ e) Gallenblasengang

Aufgabe 61 → Leberfunktion

Welche der folgenden Funktionen erfüllt die Leber? Bitte kreuzen Sie an. (1)

Die Leber sorgt für die ...
1) Entgiftung von Fremdstoffen.
2) Konjugation von Bilirubin.
3) Produktion von Thrombozyten.
4) Speicherung von Glykogen.
5) Aktivierung von T-Lymphozyten.
6) Produktion von Harnstoff aus Ammoniak.

- ○ a) Nur die Aussagen 1, 2, 4 und 6 sind richtig.
- ○ b) Nur die Aussagen 1, 3, 4 und 5 sind richtig.
- ○ c) Nur die Aussagen 2, 5 und 6 sind richtig.
- ○ d) Nur die Aussagen 1, 4 und 5 sind richtig.
- ○ e) Nur die Aussagen 3 und 4 sind richtig.

Aufgabe 62 → Verdauung – Kreuz und quer

Lösen Sie bitte das folgende Kreuzworträtsel.

waagrecht:

2 parallele Längsfalten der Magenschleimhaut an der kleinen Kurvatur
4 Welche Mundspeicheldrüse produziert ein besonders zähes Sekret? (Glandula ...)
7 Hormon, welches die Ausschüttung von Bikarbonat im Pankreas steigert
10 Ort, an dem das Lebersekret konzentriert wird
11 Zahnmark mit Nerven und Blutgefäßen
12 sich selbst aktivierendes Verdauungsenzym des Pankreas
13 Abbauprodukt von Hämoglobin
15 erster Dünndarmabschnitt
16 kleine Schleimhautfältchen im Dünndarm

senkrecht:

1 Hormon der B-Zellen im Pankreasschwanz
2 äußerer Kaumuskel (M. ...)
3 blutführender Spaltraum zwischen den Leberzellen
5 Mageneingang
6 Ort der Speicherung von Fäkalien im Mastdarm
8 salzsäureproduzierende Zellen des Magens
9 Dickdarmteil mit den meisten Lymphfollikeln (dt.)
10 Magenhormon, erhöht die Sekretion von Salzsäure
14 Geschmacksqualität, die am Zungengrund wahrgenommen wird

8 Verdauung

Aufgabe 1

(LE 2)
1 Zahnschmelz
2 Dentin
3 Zahnpulpa
4 Zement
5 Zahnkrone
6 Zahnhals
7 Zahnwurzel

Aufgabe 2

(LE 1)
richtig a, c, e
falsch b, d

Aufgabe 3

(LE 2)
c

Aufgabe 4

(LE 2)
a4, b2, c5, d3, e1

Aufgabe 5

(LE 2)
20; Schneidezähne; 6.–7. Lebensjahr; erste Molar

Aufgabe 6

(LE 3)
a

Aufgabe 7

(LE 3)

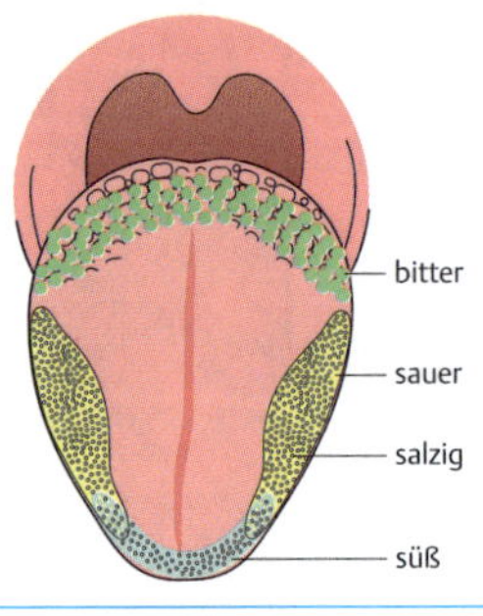

Aufgabe 8

(LE 3)
a2, b3, c1, d1

Aufgabe 9

(LE 4)
d

Aufgabe 10

(LE 4)
richtig a, c, d
falsch b

Aufgabe 11

(LE 4)
- Parasympathikus stimuliert Speichelsekretion.
- Die Ohrspeicheldrüse wird durch IX. Hirnnerv innerviert.

Aufgabe 12

(LE 5)
e

Aufgabe 13

(LE 6)
c

Aufgabe 14

(LE 6)
richtig a, c
falsch b

Aufgabe 15

(LE 5)
richtig a
falsch b, c, d

Aufgabe 16

(LE 7)

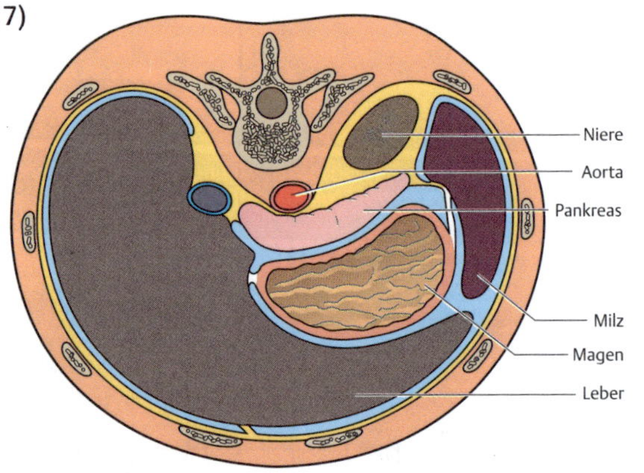

Aufgabe 17

(LE 6)
Schließmuskel; Fundus-Kardia-Winkel; Druckerhöhung

Aufgabe 18

(LE 7)

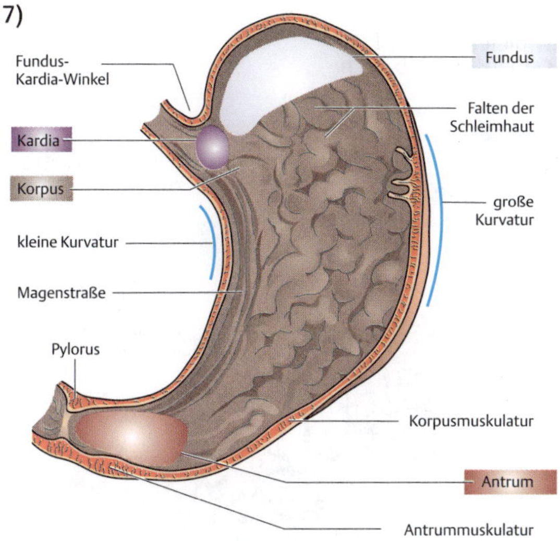

Aufgabe 19

(LE 6)
a) ist fixiert in Einatemstellung
b) schließt sich
c) spannt sich an
d) spannt sich an
e) erschlafft/öffnet sich
f) spannt sich an/verschließt sich

Aufgabe 20

(LE 6)
- psychische Reize, Erregung
- optische ekelerregende Reize
- Gerüche
- Schwindel
- Hirndruck
- Magen-/Darmerkrankungen
- Schmerz
- Medikamente, Gifte
- Schwangerschaft

Aufgabe 21

(LE 7)
steril b, c
unsteril a, d, e

Aufgabe 22

(LE 7)
c

Aufgabe 23

(LE 7)
ja a, b, d
nein c, e, f

Aufgabe 24

(LE 8)
a4, b2, c3, d1, e5

Aufgabe 25

(LE 8)
d

Aufgabe 26

(LE 8)
a3, b3, c2, d2, e2, f1, g1, h1

Aufgabe 27

(LE 9)
d

Aufgabe 28

(LE 9)
richtig a, b, d
falsch c

Aufgabe 29

(LE 10)
a3, b2, c1, d4

Aufgabe 30

(LE 8, 9)
steigt a, b, c, d
fällt –

Aufgabe 31

(LE 10)
Duodenum

Aufgabe 32

(LE 10)
Duodenum, Jejunum, Ileum

Aufgabe 33

(LE 10)

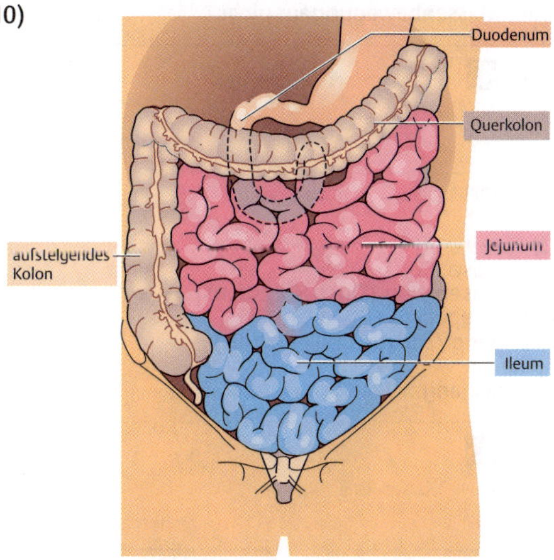

Aufgabe 34

(LE 10)
a2IV, b4I, c1III, d3II

Aufgabe 35

(LE 10)
d

Aufgabe 36

(LE 11)
richtig a, c, d
falsch b

Aufgabe 37

(LE 11)
- A. mesenterica superior und inferior haben Anastomosen miteinander.
- Übergang im Bereich der linken Kolonflexur.

Aufgabe 38

(LE 11)
a

Aufgabe 39

(LE 11)
typisch b, c, e
untypisch a, d, f

Aufgabe 40

(LE 12)
- Segmentationsperistaltik
- dient der Durchmischung des Darminhalts

Aufgabe 41

(LE 12)
richtig a, b, d
falsch c

Aufgabe 42

(LE 12)
Ampulle; Massenbewegungen; nicht

Aufgabe 43

(LE 12)
c

Aufgabe 44

(LE 13)
1 Gallenblase
2 Gallenblasengang (Ductus cysticus)
3 Ductus hepaticus
4 Gallengang (Ductus choledochus)
5 Papille
6 Pankreasgang

Aufgabe 45

(LE 13)
c

Aufgabe 46

(LE 13)
a2, a3, b2, b5, c2, c4, d2, d6, e1, f2, f4

Aufgabe 47

(LE 14)
c

Aufgabe 48

(LE 14)
c

Aufgabe 49

(LE 14)
Gegenspieler a, c, d, f, g
Kein Gegenspieler b, e, h

Aufgabe 50

(LE 14)
a2, b5, c1, d4, e3

Aufgabe 51

(LE 15)

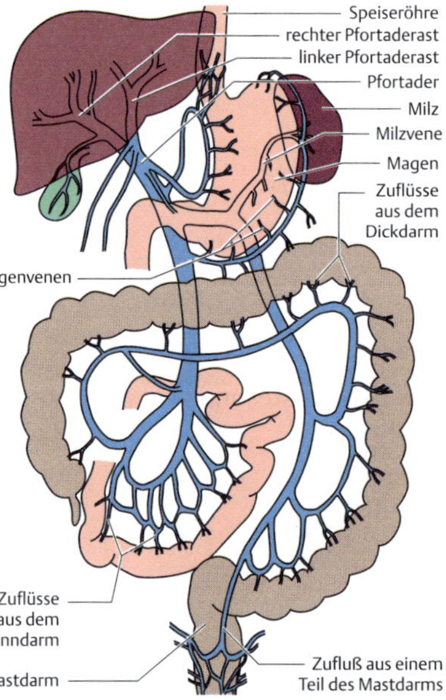

Das venöse Blut aus dem Colon descendens fließt über die Pfortader ab, nicht über das Gefäßgeflecht des Mastdarms.

Aufgabe 52

(LE 15)
- Der rechte Leberlappen ist am größten.
- Die Area nuda grenzt ans Zwerchfell.

Aufgabe 53

(LE 15)
d

Aufgabe 54

(LE 15)
1 Gallenkanälchen
2 Zentralvene
3 Sinusoid
4 Ductulus biliferus
5 Läppchenvene
6 Läppchenarterie

Aufgabe 55

(LE 16)
b

Aufgabe 56

(LE 16)
richtig a, b, d, f, g
falsch c, e, h

Aufgabe 57

(LE 16)
b

Aufgabe 58

(LE 16)
a4, b5, c2

Aufgabe 59

(LE 17)
e

Aufgabe 60

(LE 17)
c

Aufgabe 61

(LE 18)
a

Aufgabe 62

waagrecht:
2 Magenstrasse
4 sublingualis
7 Sekretin
10 Gallenblase
11 Pulpa
12 Trypsin
13 Bilirubin
15 Duodenum
16 Zotten

senkrecht:
1 Insulin
2 masseter
3 Sinusoid
5 Kardia
6 Ampulle
8 Belegzellen
9 Wurmfortsatz
10 Gastrin
14 bitter

9 Niere und Harnwege

Aufgabe 1 → Nieren

Zeichnen Sie in die unten stehende Abbildung der Bauchorgane (Ansicht von vorne) ein, wie sich – z. B. bei einer Röntgenaufnahme – die beiden Nieren, die Harnleiter und die Harnblase über die anderen Organe projizieren.

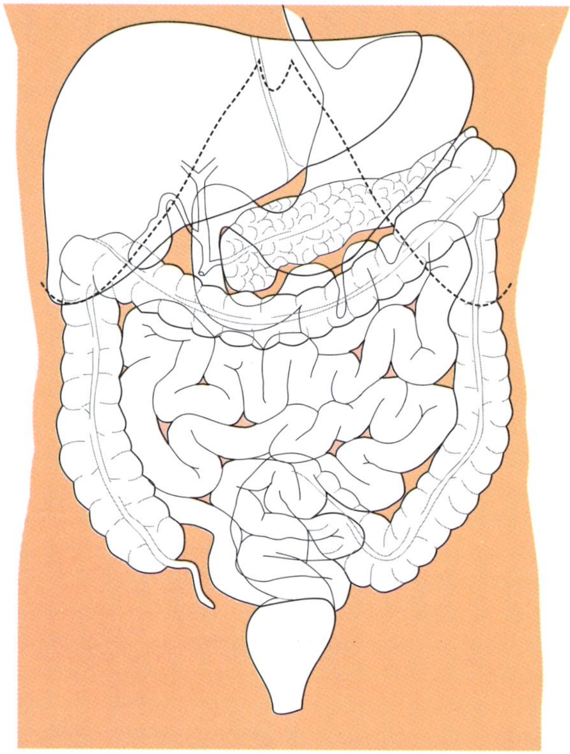

Aufgabe 2 → Niere

Welche Aussage trifft nicht zu? Bitte kreuzen Sie an. (1)

- ○ a) Die Nierenarterien gehen fast rechtwinklig aus der Aorta ab.
- ○ b) Die Nieren erhalten ein Viertel des gesamten Herzzeitvolumens und sind damit pro Gramm eines der am besten durchbluteten Organe.
- ○ c) Ein Fettpolster schützt die Nieren vor zu starken Erschütterungen.
- ○ d) Der Nierenhilus enthält Nierenarterie, Nierenvene und Harnleiter.
- ○ e) Nierenmark und Nierenrinde bilden eine durchgehende Grenzfläche parallel zur Oberfläche des Organs.

Aufgabe 3 → Niere

Beurteilen Sie die folgenden Aussagen auf ihre Richtigkeit, indem Sie ankreuzen.	richtig	falsch
a) Jede Nierensäule (Columna renalis) endet in einem eigenen Nierenkelch.	○	○
b) Zwischen je zwei Nierensäulen befindet sich eine Markpyramide.	○	○
c) Alle Markpyramiden zusammen bilden das Nierenmark.	○	○
d) Ein Nierenlappen besteht aus einer Markpyramide und den beiderseits angrenzenden Anteilen der Nierensäulen.	○	○
e) Alle Nephrone eines Nierenlappens leiten ihren Urin in einen gemeinsamen Nierenkelch.	○	○

Aufgabe 4 → Nephron

Ergänzen Sie die folgende Abbildung mit den korrekten Beschriftungen.

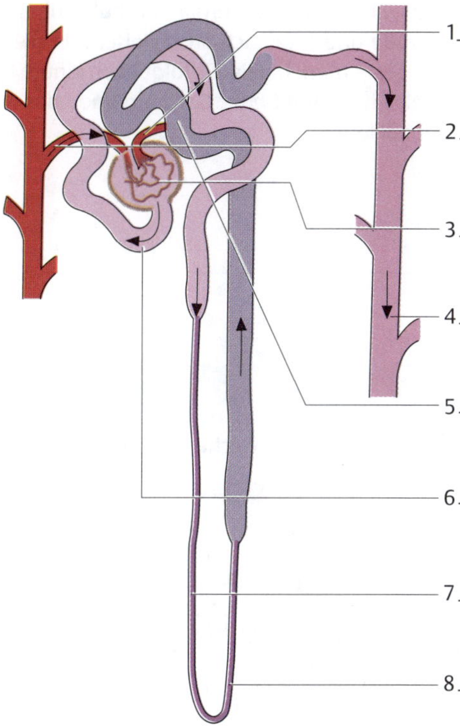

Aufgabe 5 → Glomerulum

Worin besteht der Unterschied zwischen einem Nierenkörperchen und einem Glomerulum? Bitte kreuzen Sie an. (1)

- ○ a) „Nierenkörperchen" ist ein funktioneller, „Glomerulum" ein rein anatomischer Begriff.
- ○ b) Ein Nierenkörperchen besteht aus einem Glomerulum und einer Bowman-Kapsel.
- ○ c) Ein Nierenkörperchen besteht aus einem Glomerulum und einem Netz aus Kapillarschlingen.
- ○ d) Ein Glomerulum besteht aus einem Nierenkörperchen und einem juxtaglomerulären Apparat.
- ○ e) Beide Bezeichnungen meinen ein und dieselbe Struktur.

Aufgabe 6 → Tubulus

Welches ist die zentrale Aufgabe des Nierentubulus?

Der Nierentubulus ist ja nach dem Nierenkörperchen der zweite Abschnitt des Nephrons. Die Aufgabe des Nierenkörperchens kennen Sie: Es erzeugt den Primärharn. Also ist der Tubulus dafür zuständig, aus dem Primärharn den Endharn herzustellen. Wie geht das?

Aufgabe 7 → Tubulus

In der folgenden Textpassage ist ein inhaltlicher Fehler versteckt – welcher?

Am Ende des Nierenkörperchens geht das Epithel der Bowman-Kapsel in das des proximalen Tubulus über. Der proximale Tubulus ist zunächst vielfach gewunden, dann ein kurzes Stück gerade und setzt sich anschließend in die Henle-Schleife fort. Die Spitze der Henle-Schleife reicht mehr oder weniger tief ins Nierenmark hinein. Es folgt nach einem kurzen Überleitungssegment der distale Tubulus, dessen gewundener Anteil distales Konvolut heißt. Ganz am Ende des Nephrons leitet ein langes gerades Sammelrohr die Tubulusflüssigkeit zur Nierenpapille ab.

Aufgabe 8 → Glomerulum

Zeichnen Sie in die folgende schematische Abbildung eines Glomerulum ein, in welcher Richtung die folgenden Drücke wirken:

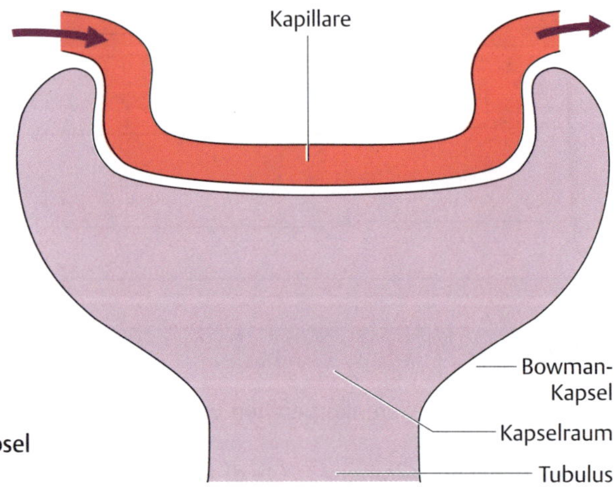

- kolloidosmotischer Druck
- Blutdruck
- Druck in der Bowman-Kapsel
- effektiver Filtrationsdruck

Vergleichen Sie auch *Kap. 3, Aufgabe 41* und Kap. 3, LE 9. In beiden Fällen geht es um das Ungleichgewicht zwischen Filtration und Resorption. Allerdings fließt im Fall der Niere die „zuviel" filtrierte Flüssigkeit nicht über die Lymphbahnen ab, sondern wird in der Bowman-Kapsel aufgefangen. Funktionell ist das Nierenkörperchen also nichts anderes als ein Spezialfall eines x-beliebigen Kapillarstromgebiets.

Aufgabe 9 → Filtration

Welche der folgenden Strukturen haben Anteil an der Filterfunktion der Glomerulumschlingen? Bitte kreuzen Sie an. (1)

1) Endothelzellen
2) Mesangiumzellen
3) Basalmembran der Endothelzellen
4) Macula-densa-Zellen
5) Prodozyten

- ○ a) Nur die Strukturen 1 und 2 sind beteiligt.
- ○ b) Nur die Strukturen 1 und 3 sind beteiligt.
- ○ c) Nur die Strukturen 2 und 4 sind beteiligt.
- ○ d) Nur die Strukturen 1, 3 und 5 sind beteiligt.
- ○ e) Nur die Strukturen 2, 4 und 5 sind beteiligt.

Aufgabe 10 → Filtration

Können die folgenden Stoffe den Filter des Glomerulums durchdringen oder nicht? Bitte ziehen Sie Verbindungslinien.

a) Glucose

b) Kalium

c) Immunglobuline

d) Erythrozyten

e) Aminosäuren

f) Magnesium

1) dringt durch den glomerulären Filter in die Bowman-Kapsel

2) wird vom glomerulären Filter in den Kapillaren zurückgehalten

Aufgabe 11 → Filtrationsdruck

Berechnen Sie den effektiven Filtrationsdruck im Nierenkörperchen unter folgenden Voraussetzungen:

- Blutdruck in den Kapillaren 46 mmHg
- Druck in der Bowman-Kapsel 22 mmHg
- Sauerstoffpartialdruck 85 mmHg
- Kohlendioxidpartialdruck 40 mmHg
- kolloidosmotischer Druck 24 mmHg
- Blutdruck 130/70 mmHg

▸ ______________________________ mmHg

Wieviel Flüssigkeit wird unter diesen Bedingungen von den Glomerula filtriert?

▸ ______________________________

Aufgabe 12 → Primärharnvolumen

Wie groß ist das Volumen des Primärharns pro Tag, und welcher Anteil wird davon rückresorbiert? Bitte kreuzen Sie an. (1)

- ○ a) Primärharnvolumen 2,8–3,5 l/Tag, 50% rückresorbiert
- ○ b) Primärharnvolumen 50–80 l/Tag, 70% rückresorbiert
- ○ c) Primärharnvolumen 50–80 l/Tag, 98% rückresorbiert
- ○ d) Primärharnvolumen 160–200 l/Tag, 99% rückresorbiert
- ○ e) Primärharnvolumen 1400–1700 l/Tag, 99,9% rückresorbiert

Aufgabe 13 → Tubulus

Die folgende Abbildung zeigt einen Querschnitt durch die Henle-Schleife auf der bezeichneten Höhe. Welche Stoffe werden hauptsächlich zwischen ab- und aufsteigender Henle-Schleife und den Kapillaren (Vasa recta) hin- und hertransportiert? Zeichnen Sie die Transportrichtung als Pfeil in die Abbildung ein.

Henle-Schleife

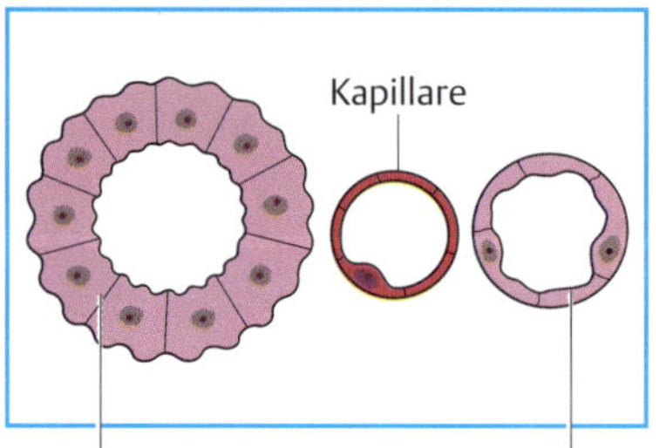

Aufgabe 14 → Resorption

Ergänzen Sie die folgende Textpassage mit den untenstehenden Begriffen*.

Der proximale Tubulus ist sehr stoffwechselaktiv. Seine Epithelzellen resorbieren etwa ______________ der in den Glomerula filtrierten Menge an Salzen und etwa ______________ des filtrierten Wasservolumens. Die eigentliche treibende Kraft für diese Resorption ist der aktive Transport von ______________ aus dem Lumen des Tubulus in die Kapillaren zwischen den Tubuli. Wegen des durchlässigen Epithels des proximalen Tubulus verändert sich die Osmolalität der Tubulusflüssigkeit vom Anfang bis zum Ende des gewundenen Anteils des proximalen Tubulus ________.

* *Natrium; zwei Drittel; nicht; zwei Drittel*

Obwohl die Zellen des proximalen Nierentubulus einen extrem hohen Stoffwechsel haben, verbraucht die Niere insgesamt gesehen nur einen geringen Bruchteil des Sauerstoffs aus dem durch sie hindurchströmenden Blut (s. a. Kap. 4, LE 3 und *Kap. 4, Aufgabe 13*). Der Grund ist die extrem starke Durchblutung der Niere.

Aufgabe 15 → Resorption

Welche der folgenden Aussagen trifft nicht zu? Bitte kreuzen Sie an. (1)

Das Sammelrohr ...

- ○ a) ist für Aldosteron empfindlich.
- ○ b) kann seine Wasserdurchlässigkeit verändern.
- ○ c) ist für Oxytocin empfindlich.
- ○ d) dient der Feinregulierung der Säure- und Wasserausscheidung.
- ○ e) ist für ADH empfindlich.

Aufgabe 16 → Clearance

Die Kreatininclearance wird in der Klinik häufiger bestimmt. Für welche Größe dient die Kreatininclearance als Schätzwert? Bitte kreuzen Sie an. (1)

- ○ a) für die Nierendurchblutung
- ○ b) für den renalen Plasmafluss
- ○ c) für die glomeruläre Filtrationsrate
- ○ d) für die Sekretionsleistung der Niere
- ○ e) für die Filtrationsfraktion

Aufgabe 17 → Clearance

Beurteilen Sie, ob die folgenden Messgrößen in die Berechnung der Kreatininclearance eingehen oder nicht, indem Sie ankreuzen.

	richtig	falsch
a) Kreatininkonzentration im Blutplasma	○	○
b) Herzzeitvolumen	○	○
c) Urinzeitvolumen	○	○
d) Kreatininmenge im Kreislauf	○	○
e) Kreatininkonzentration im Urin	○	○
f) Kreatininproduktion in der Muskulatur	○	○

Aufgabe 18 → Clearance

Bitte kreuzen Sie an. (1)

Für eine Substanz, die im Glomerulum frei filtriert und im Tubulus zusätzlich sezerniert wird, ...

- ○ a) ist die Clearance gleich Null,
- ○ b) ist die Clearance kleiner als die glomeruläre Filtrationsrate,
- ○ c) ist die Clearance größer als die glomeruläre Filtrationsrate,
- ○ d) ist die Clearance größer als der renale Plasmafluss.
- ○ e) Aus den oben genannten Angaben lässt sich keine Aussage zur Clearance dieser Substanz herleiten.

Aufgabe 19 → Wasserhaushalt

Wenn ein Patient ein zu geringes Plasmavolumen hat und gleichzeitig die Osmolalität des Blutplasmas zu hoch ist, dann leidet er unter einer (1)

- ○ a) normotonen Hyperhydratation,
- ○ b) isovolämischen Hypotonie,
- ○ c) hypertonen Hyperhydratation,
- ○ d) hypotonen Dehydratation,
- ○ e) hypertonen Dehydratation.

Vielleicht stolpern Sie über die Ähnlichkeit zwischen den Bezeichnungen „Hypo...“ und „Hyper...“. „Hypo...“ meint zu wenig von etwas, „Hyper...“ zu viel. Als Eselsbrücke können Sie sich merken, dass das „o“ in „Hypo“ tiefer klingt als das „er“ in „Hyper“, also ist bei „Hypo...“ von irgendetwas zu wenig vorhanden. Prägen Sie sich den Unterschied gut ein! Eine Verwechslung kann lebensgefährliche Folgen haben, z. B. wenn Sie bei einem erhöhten Serumkalium versehentlich zum Stationsarzt sagen, ein Patient habe eine Hypokaliämie, und der Arzt daraufhin Kaliuminfusionen verordnet.

Aufgabe 20 Wasserhaushalt

Durch welchen ärztlichen oder pflegerischen Fehler kann ein Patient in eine hypertone Dehydratation geraten? Bitte kreuzen Sie an. (1)

- ○ a) Indem zu große Mengen isotoner Kochsalzlösung infundiert werden.
- ○ b) Indem man besonders älteren Patienten nicht genug Flüssigkeit zuführt.
- ○ c) Indem man zuviel Blut entnimmt (Aderlass) und durch genausoviel Glucoselösung ersetzt.
- ○ d) Indem man Patienten zu häufig zum Trinken von Wasser auffordert.
- ○ e) Durch keine der oben genannten Verhaltensweisen.

Aufgabe 21 Nierenhormone

Vervollständigen Sie die unten schematisch angegebene Hormonkaskade, die zu einem gleichmäßigen Blutdruck und Blutvolumen beiträgt.

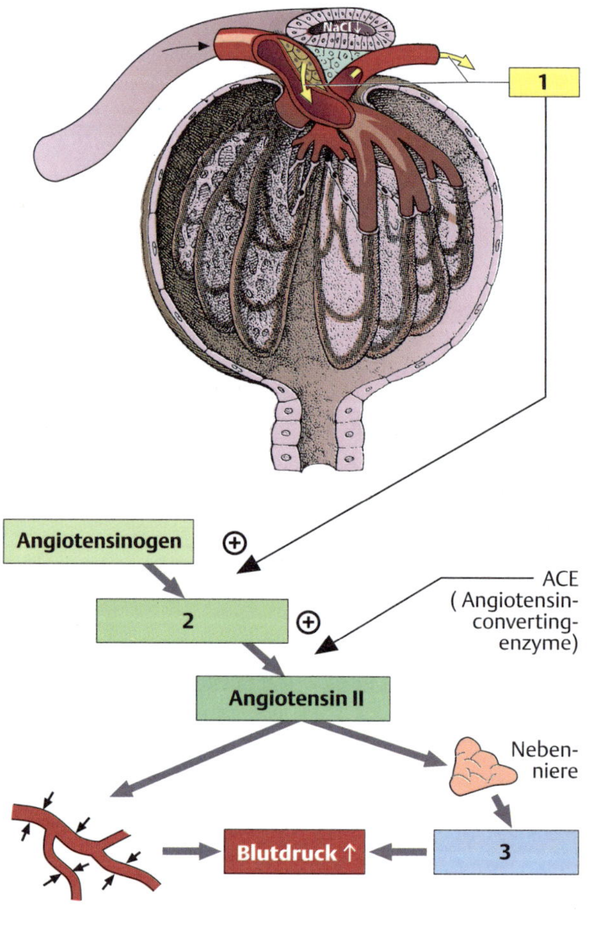

1 ______________________________

2 ______________________________

3 ______________________________

Aufgabe **22** → **Nierenhormone**

Ordnen Sie den folgenden Hormonen die auf sie zutreffenden Aussagen zu, indem Sie Verbindungslinien ziehen.

a) Angiotensinogen
b) ADH
c) Aldosteron
d) Cortisol
e) Erythropoetin

1) wirkt direkt auf die Niere ein.
2) ist eine inaktive Hormonvorstufe.
3) hat keinen direkten Einfluss auf die Nierenfunktion.
4) wird von der Niere produziert.
5) ist ein Hormon der Nebennierenrinde.
6) ist ein Hormon des Hypothalamus.
7) ist ein Steroidhormon.
8) besteht aus Aminosäuren, ist also ein Peptid.

Aufgabe **23** → **Nierenhormone**

Welche der folgenden Aussagen trifft/treffen zu? Bitte kreuzen Sie an. (1)

Aldosteron ...
1) wirkt auf den kortikalen (zur Nierenrinde gehörenden) Anteil der Sammelrohre.
2) wirkt auf den dünnen Teil der aufsteigenden Henle-Schleife.
3) beschleunigt die Resorption von Natrium.
4) beschleunigt die Resorption von Kalium.
5) beschleunigt die Sekretion von H^+-Ionen, also die Säureausscheidung mit dem Urin.

○ a) Nur Aussage 1 ist richtig.
○ b) Nur Aussage 2 ist richtig.
○ c) Nur die Aussagen 1 und 3 sind richtig.
○ d) Nur die Aussagen 2, 4 und 5 sind richtig.
○ e) Nur die Aussagen 1, 3 und 5 sind richtig.

Aufgabe 24 → Nierenhormone

Ergänzen Sie die folgende Textpassage mit den untenstehenden Begriffen*.

ADH trägt wegen seines – nur in hohen Dosen auftretenden – Effekts auf die Gefäßmuskulatur auch den Namen ________________. Normalerweise wirkt ADH jedoch hauptsächlich auf den ________________ Anteil des ________________ der Niere. Hier führt ADH dazu, dass sich sog. Wasserkanäle in die Zellmembran einbauen und die Wasserdurchlässigkeit ________________. Dadurch wird das Volumen des Urins ________________ und die Osmolalität ________________.

* *erhöhen; Sammelrohrs; steigt an; inneren/medullären/im Nierenmark befindlichen; geringer; Vasopressin*

ADH ist eines der beiden Hypophysenhinterlappenhormone (Kap. 11, LE 3). Es wird im Hypothalamus produziert und steht damit in einem engen Zusammenhang mit dem übrigen limbischen System (Kap. 12, LE 21). Die Urinproduktion richtet sich daher nicht nur nach dem Flüssigkeits- und Salzhaushalt des Körpers, sondern auch nach der emotionalen Befindlichkeit.

Aufgabe 25 → Nierenhormone

Beurteilen Sie die folgenden Aussagen auf ihre Richtigkeit, indem Sie ankreuzen.

	richtig	falsch
a) Die Niere produziert Erythropoetin, wenn sich der Sauerstoffpartialdruck im Blut erhöht.	○	○
b) Erythropoetin regt die Produktion roter Blutkörperchen an.	○	○
c) Unter Erythropoetin steigt der Hämatokritwert an.	○	○
d) Ein längerer Aufenthalt im Hochgebirge regt die Erythropoetinsekretion an.	○	○
e) Erythropoetin wird als Prohormon mit der Nahrung aufgenommen und in der Niere durch Hinzufügen einer OH-Gruppe aktiviert.	○	○

Aufgabe 26 → Nierenbecken

Welche der folgenden Aussagen ist richtig? Bitte kreuzen Sie an. (1)

○ a) Jeder Nierenkelch sammelt den Urin aus mindestens zwei Nierenpapillen.

○ b) Im Gegensatz zum Nierenbecken sind die Nierenkelche nicht von Übergangsepithel ausgekleidet.

○ c) Jede Niere besitzt drei oder vier Nierenkelche.

○ d) Es gibt verzweigte (dendritische) und plumpe (ampulläre) Formen des Nierenbeckens.

○ e) Nierenkelche und Nierenbecken besitzen keine eigene Muskelschicht.

Aufgabe 27 → Harnleiter

Welche der folgenden Aussagen trifft nicht zu? Bitte kreuzen Sie an. (1)

- ○ a) Der Harnleiter ist ca. 30 cm lang.
- ○ b) Der Außendurchmesser des Harnleiters beträgt 1,5–2 cm.
- ○ c) Der Harnleiter überkreuzt die großen Beckengefäße A. und V. iliaca communis.
- ○ d) Auf einem Großteil seines Verlaufs liegt der Harnleiter der Vorderfläche des M. psoas major auf.
- ○ e) Der Harnleiter wird unmittelbar von Bauchfell bedeckt.

Aufgabe 28 → Harnleiter

Die folgende Abbildung enthält einen inhaltlichen Fehler – welchen?

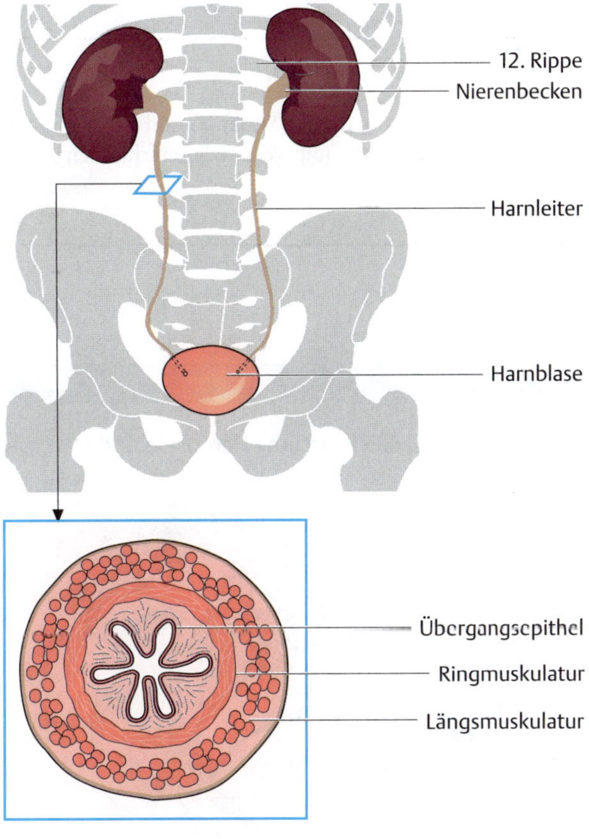

Der Fehler steckt im Detail. Sehen Sie sich besonders genau den Querschnitt des Harnleiters an. Überlegen Sie, ob es zwischen der Peristaltik im Harnleiter und im Magen-Darm-Trakt Unterschiede gibt.

Aufgabe 29 → Harnblase

Die folgende Textpassage enthält zwei inhaltliche Fehler – welche?

Die Harnblase wird auf ihrer Oberseite, dem sog. Blasendach, von Bauchfell bedeckt. Wenn sie sich füllt, wölbt sich das Blasendach in die Bauchhöhle vor, so dass Platz für das zusätzliche Urinvolumen entsteht. Ab einer Füllung von 800 bis 1000 ml entsteht Harndrang, der bei dieser Füllung aber noch unterdrückt werden kann. Nach dem Wasserlassen verbleibt in der Blase ein Restharnvolumen von 200–400 ml. Patienten mit einer benignen Prostatahyperplasie haben ein vergrößertes Restharnvolumen.

-
-

Überlegen Sie sich den Unterschied zwischen einer normalen Situation und derjenigen bei benigner Prostatahyperplasie (Kap. 9, LE 10). Beide Fehler hängen mit diesem Unterschied eng zusammen.

Aufgabe 30 → Harnblase und Harnröhre

Zeichnen Sie in dieses Schema eines weiblichen Beckenraums Harnblase und Harnröhre ein.

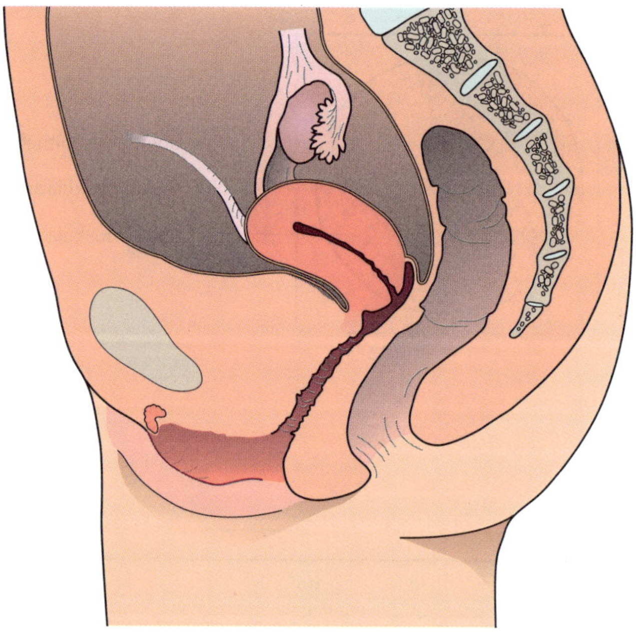

Aufgabe 31 → Harnblase

Welche der folgenden Aussagen treffen zu? Bitte kreuzen Sie an. (1)

Die Harnblase ...
1) ist wie der Uterus ein muskuläres Hohlorgan.
2) wird allseits von Peritoneum bedeckt.
3) liegt hinter der Symphyse.
4) ist nur bei starker Füllung zu tasten.
5) wird von Übergangsepithel ausgekleidet.

○ a) Nur die Aussagen 1 und 5 sind richtig.
○ b) Nur die Aussagen 1, 2, 4 und 5 sind richtig.
○ c) Nur die Aussagen 2 und 3 sind richtig.
○ d) Nur die Aussagen 1, 3, 4 und 5 sind richtig.
○ e) Alle Aussagen sind richtig.

Aufgabe 32 → Blasendreieck

Ist auf diesem Querschnitt durch ein männliches Becken das Blasendreieck zu erkennen? Wenn ja, dann zeichnen Sie das Blasendreieck farbig in die Abbildung ein.

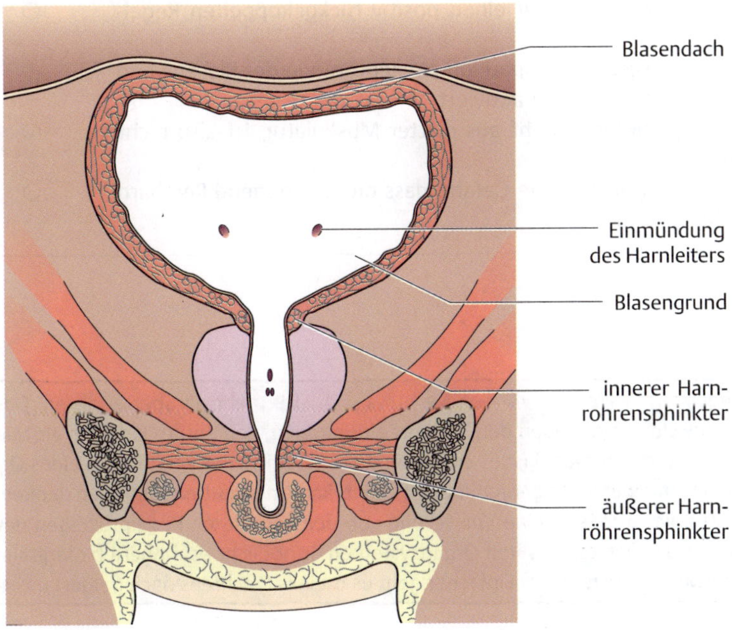

Aufgabe **33** → **Blasenentleerung**

Ordnen Sie den beiden Anteilen des vegetativen Nervensystems die entsprechenden Rückenmarksegmente und die richtige Funktion im Hinblick auf die Harnblase zu, indem Sie Verbindungslinien ziehen.

a) Parasympathikus	1) C_3-C_6	I) aktiviert Schließmuskel
b) Sympathikus	2) Th_5-Th_8	II) entspannt Schließmuskel
	3) L_1-L_3	III) aktiviert Blasenmuskulatur
	4) S_3-S_4	IV) entspannt Blasenmuskulatur

Aufgabe **34** → **Blasenentleerung**

Beurteilen Sie die folgenden Aussagen auf ihre Richtigkeit, indem Sie ankreuzen.	richtig	falsch
a) Die Blasenentleerung ist ein Beispiel für einen positiv rückgekoppelten Regelkreis.	○	○
b) Am Beginn des Urinflusses werden die Spannungsrezeptoren in der Blasenwand durch die Muskelkontraktion zusätzlich aktiviert.	○	○
c) Der äußere Harnröhrensphinkter besteht aus glatter Muskulatur, ist also nicht willkürlich zu steuern.	○	○
d) Bei chronischem Harnverhalt besteht die Gefahr, dass nicht genügend Restharn im Harnleiter verbleibt.	○	○

Falls Ihnen das Wort „Regelkreis“ fremd ist, können Sie in Kap. 11, LE 9 mehr darüber erfahren. Das Denken in Regelkreisen hat vielen Physiologen den Vorwurf eingetragen, den Körper lediglich als Maschine, also „mechanistisch“ zu sehen. Dabei ist es ein wesentlicher Schritt zum Verständnis eines Organs oder Organsystems. Und nur wer die Organfunktionen kennt, kann in größeren Systemen denken. Das Modell des Regelkreises hilft also, sich eine Vorstellung von den komplexen Regelprozessen des Körpers zu machen. Und nur das Verständnis von Organsystemen ermöglicht es, höhere biologische Prozesse zumindest ansatzweise zu verstehen. Einfacher geht es meines Erachtens nach (leider) nicht!

Aufgabe 35 → Niere und Harnwege – Kreuz und quer

Lösen Sie bitte das folgende Kreuzworträtsel.

waagrecht:

4 Konstanthalten des effektiven Filtrationsdrucks trotz unterschiedlichen Blutdrucks
7 Region der Harnblase zwischen Harnleitern und Harnröhre
11 Welcher Mechanismus liegt vor, wenn die Clearance einer Substanz größer ist als die GFR?
12 Sammelstelle des Urins aus einer Markpapille
13 Wo entsteht die Vorläuferform des aktiven Vitamins D_3?
14 Welches Mineralion wird neben H^+ durch Aldosteron vermehrt ausgeschieden?
15 Epithelzellen der inneren Schicht der Bowman-Kapsel

senkrecht:

1 Teil des juxtaglomerulären Apparats, Salzsensor
2 vermindertes Flüssigkeitsvolumen im Körper
3 Wirkort von ADH in der Niere
5 Gewebe zwischen zwei Markpyramiden
6 Welcher Teil des ZNS ist für die Blasenentleerung verantwortlich?
8 Nierenhormon mit Wirkung auf die Blutbildung
9 Ultrafiltrat des Plasmas in der Niere
10 Kapillarschlingen eines Nierenkörperchens

9 Niere und Harnwege

Aufgabe 1

(LE 1)

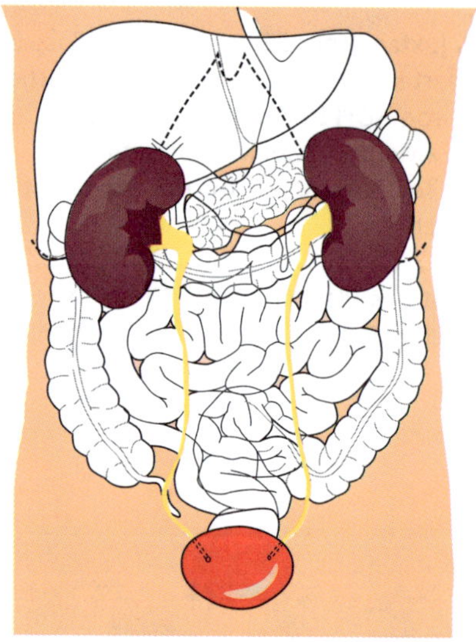

Aufgabe 2

(LE 1)
e

Aufgabe 3

(LE 1)
richtig b, c, d, e
falsch a

Aufgabe 4

(LE 2)
1 Vas efferens
2 Vas afferens
3 Glomerulum
4 Sammelrohr
5 distaler Tubulus/distales Konvolut
6 proximaler Tubulus
7 absteigender Ast der Henle-Schleife
8 aufsteigender Ast der Henle-Schleife

Aufgabe 5

(LE 2)
b

Aufgabe 6

(LE 2)
Rückresorption von 99 % des Primärharns ins Blut/Konzentrierung des Urins.

Aufgabe 7

(LE 2)
Überleitungssegment befindet sich zwischen distalem Konvolut und Sammelrohr, nicht vor dem distalen Tubulus.

Aufgabe 8

(LE 3)

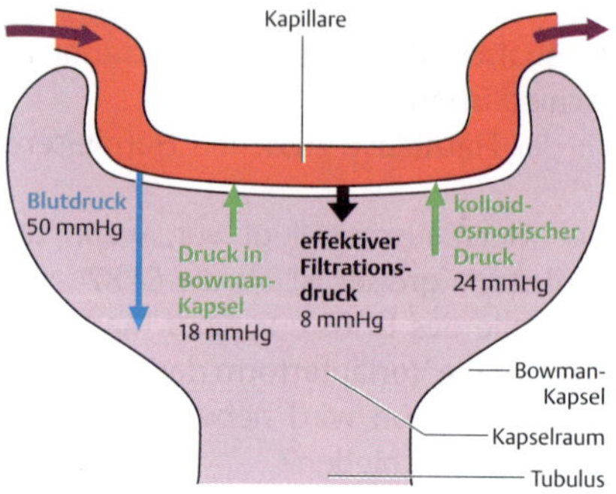

Aufgabe 9

(LE 3)
d

Aufgabe 10

(LE 3)
a1, b1, c2, d2, e1, f1

Aufgabe 11

(LE 3)
- effektiver Filtrationsdruck = Null
- keine Filtration

Aufgabe 12

(LE 3)
d

Aufgabe 13

(LE 4)

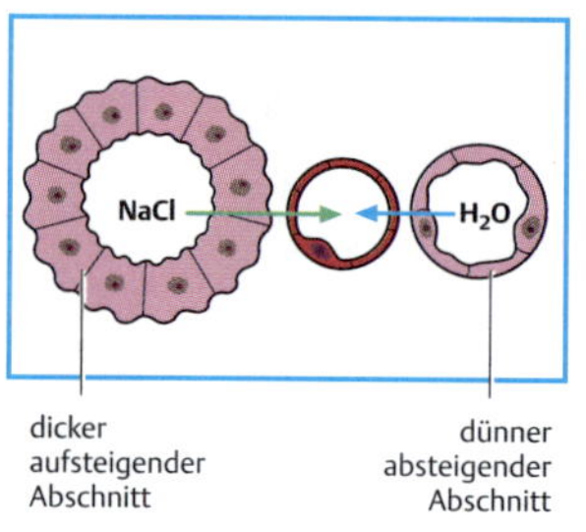

Aufgabe 14

(LE 4)
zwei Drittel; zwei Drittel; Natrium; nicht

Aufgabe 15

(LE 4)
c

Aufgabe 16

(LE 5)
c

Aufgabe 17

(LE 5)
richtig a, c, e
falsch b, d, f

Aufgabe 18

(LE 15
c

Aufgabe 19

(LE 6)
e

Aufgabe 20

(LE 6)
b

Aufgabe 21

(LE 7)
1 Renin
2 Angiotensin I
3 Aldosteron

Aufgabe 22

(LE 7)
a2, a3, a8, b1, b6, b8, c1, c5, c7, d3, d5, d7, e3, e4, e8

Aufgabe 23

(LE 7)
e

Aufgabe 24

(LE 7)
Vasopressin; inneren/medullären/im Nierenmark befindlichen; Sammelrohrs; erhöhen; geringer; steigt an

Aufgabe 25

(LE 7)
richtig b, c, d
falsch a, e

Aufgabe 26

(LE 8)
d

Aufgabe 27

(LE 8)
b

Aufgabe 28

(LE 8)

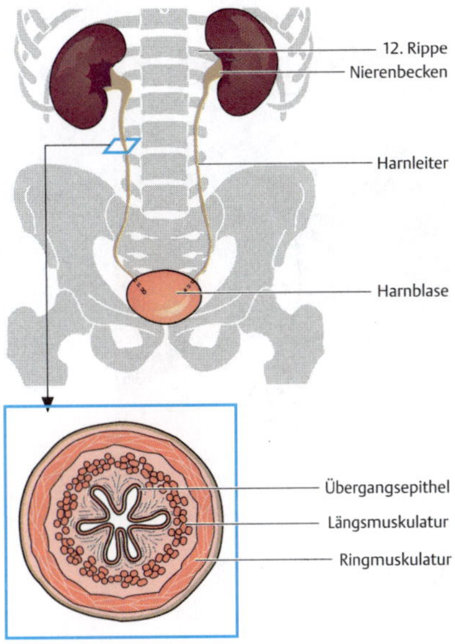

Die Ringmuskulatur muss außen, die Längsmuskulatur innen liegen.

Aufgabe 29

(LE 9)
- Harndrang entsteht bei 200–400 ml, ab 800 ml nicht mehr zu unterdrücken.
- Kein Restharnvolumen nach dem Wasser lassen.

Aufgabe 30

(LE 9)

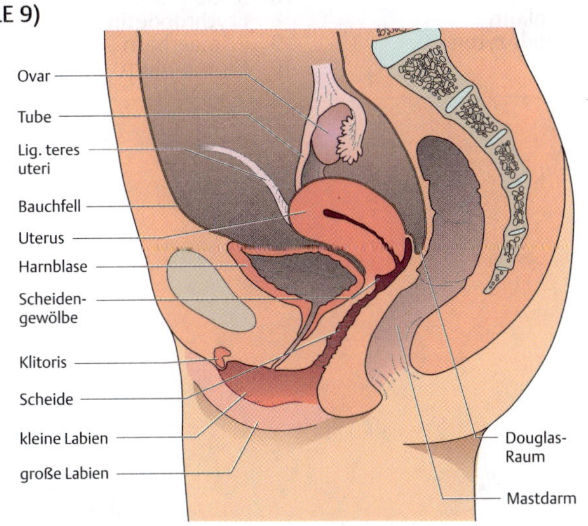

Aufgabe 31

(LE 9)
d

Aufgabe 32

(LE 9)

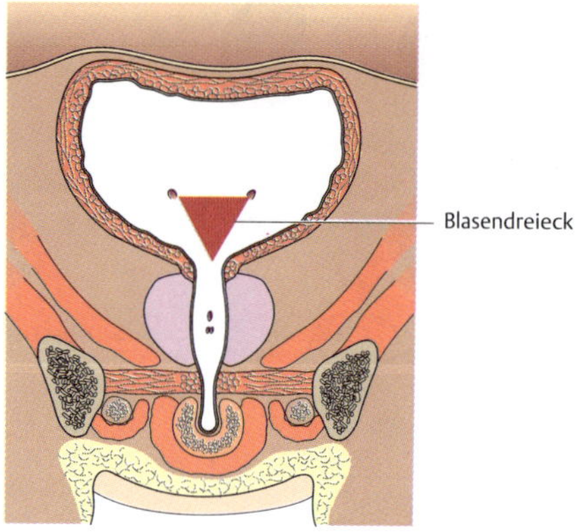

Aufgabe 33

(LE 10)
a4, II, III, b3, I, IV

Aufgabe 34

(LE 10)
richtig a, b
falsch c, d

Aufgabe 35

waagrecht:
4 Autoregulation
7 Blasendreieck
11 Sekretion
12 Nierenkelch
13 Haut
14 Kalium
15 Podozyten

senkrecht:
1 Macula densa
2 Dehydratation
3 Sammelrohr
5 Nierensaeule
6 Sakralmark
8 Erythropoetin
9 Primaerharn
10 Glomerulum

10 Fortpflanzung

Aufgabe 1 → Männliche Sexualorgane

Ergänzen Sie die folgende Abbildung mit den korrekten Beschriftungen.

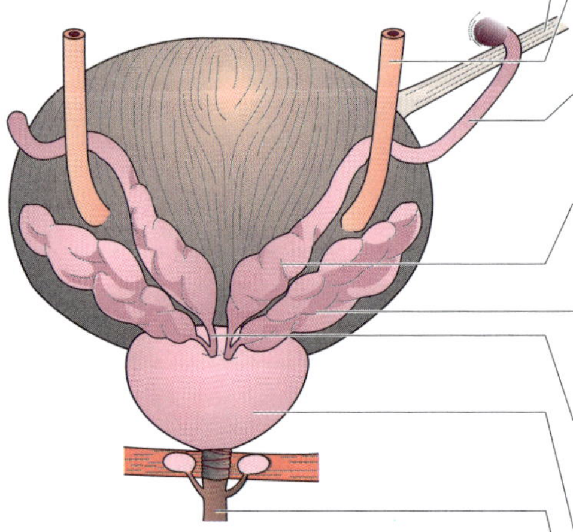

Aufgabe 2 → Männliche Sexualorgane

Welche der folgenden Aussagen trifft nicht zu? Bitte kreuzen Sie an. (1)

- ○ a) Die Temperatur im Hodensack liegt 2–5 Grad unter der Körperkerntemperatur.
- ○ b) Der Hoden wandert zwischen der 20. und 25. Schwangerschaftswoche in den Hodensack ein.
- ○ c) Beim Abstieg des Hodens (Deszensus) zieht er alle Schichten der Bauchwand hinter sich her.
- ○ d) Die Hodenarterie (A. testicularis) ist ein direkter Ast der Bauchaorta.
- ○ e) Beim Bestreichen der Oberschenkelinnenseite zieht sich der Hoden nach oben.

Aufgabe 3 → Nebenhodengang

Nennen Sie mindestens zwei der wichtigsten Aufgaben des Nebenhodengangs.

- ______________________
- ______________________

Aufgabe 4 → Männliche Sexualorgane

In der folgenden Abbildung der männlichen Sexualorgane verbergen sich drei inhaltliche Fehler – welche?

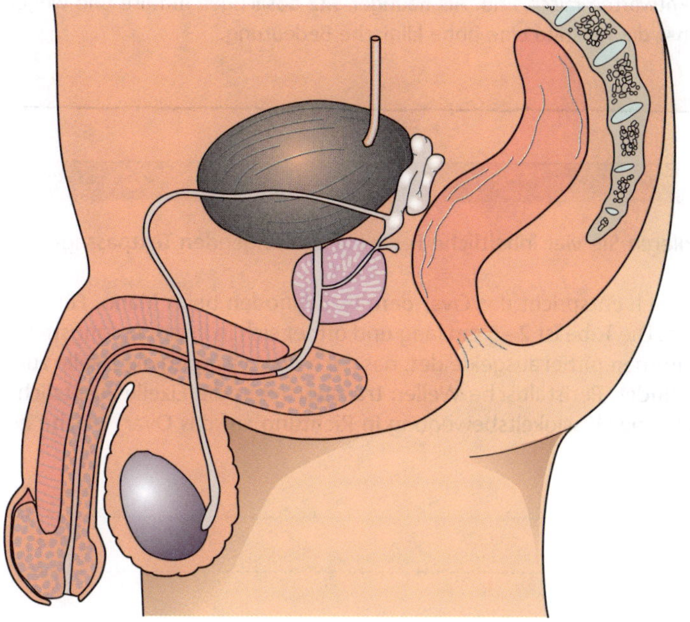

- ______________________________
- ______________________________
- ______________________________

Zwei der drei Fehler betreffen Teile von Sexualorganen, die absichtlich „vergessen" wurden. Der dritte Fehler ist schwerer zu finden. Vergleichen Sie genau, ob die Lage aller Sexualorgane zueinander oder in bezug auf Harnblase, Harnleiter oder Mastdarm stimmt.

Aufgabe 5 → Prostata

Welche der folgenden Aussagen trifft/treffen zu? Bitte kreuzen Sie an. (1)

1) Die Prostata sezerniert etwa ein Viertel des gesamten Volumens einer Ejakulation.
2) Während der Ejakulation verschließt die Prostata den blasennahen Anteil der Harnröhre.
3) Die Samenblasen münden meist separat vom Samenleiter in die Prostata.
4) Eine Verbreiterung der Prostata-Seitenlappen ist die häufigste Ursache von Problemen beim Wasserlassen älterer Männer.

○ a) Nur Aussage 1 ist richtig.
○ b) Nur die Aussagen 1 und 2 sind richtig.
○ c) Nur die Aussagen 2 und 3 sind richtig.
○ d) Nur die Aussagen 2, 3 und 4 sind richtig.
○ e) Alle Aussagen sind richtig.

Die richtige Lösung sollte nicht so schwer zu finden sein. Sehen Sie, wenn Sie möchten, auch nach, warum die übrigen Antworten falsch sind. Als häufiger Sitz bösartiger Tumore und wegen ihrer Vergrößerung im Alter hat die Prostata eine hohe klinische Bedeutung.

Aufgabe 6 → Weibliche Sexualorgane

Markieren und korrigieren Sie vier inhaltliche Fehler in der folgenden Textpassage:

Entwicklungsgeschichtlich entspricht das Ovar dem Nebenhoden beim Mann. Für Tube und Uterus gibt es keine männlichen Entsprechungen. Die Tube ist 2–5 cm lang und öffnet sich in ihrem Anfangsteil mit den Fimbrien in die freie Bauchhöhle. Sie wird von Flimmerepithel ausgekleidet, das nach dem Eisprung die Eizelle zum Isthmus führt, wo normalerweise die Befruchtung stattfindet. Peristaltische Wellen transportieren die Eizelle zusätzlich in Richtung auf den Uterus. Demgegenüber findet sich eine Flüssigkeitsbewegung in Richtung auf das Ovar, welche den Spermien das Aufsteigen in der Tube erleichtert.

Aufgabe 7 → Weibliche Sexualorgane

Ergänzen Sie die folgende Abbildung mit den korrekten Beschriftungen.

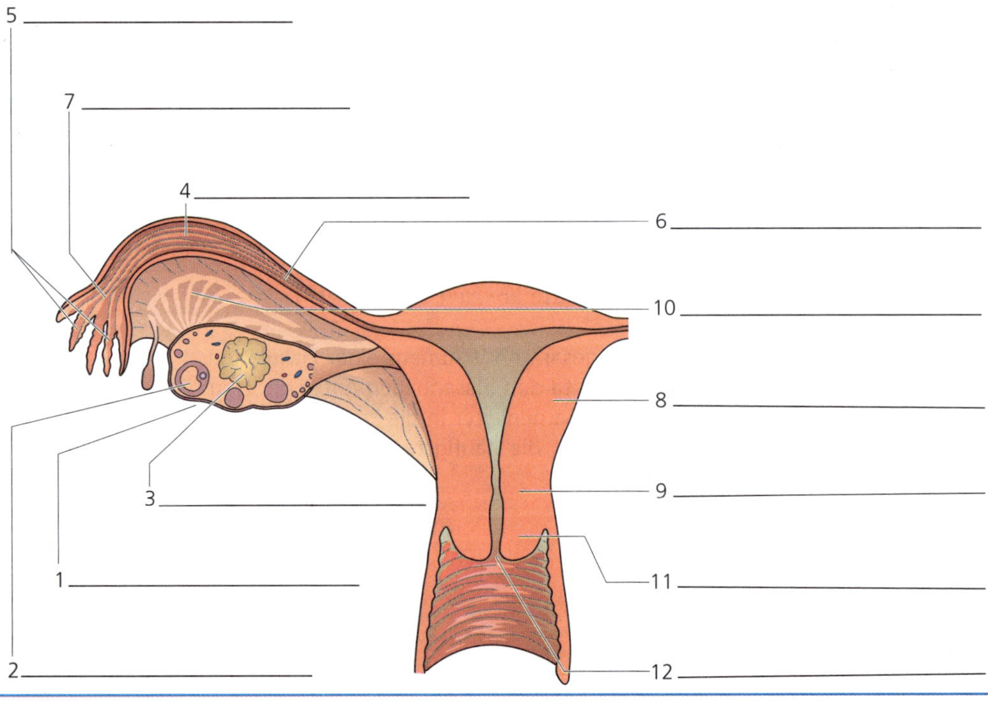

Aufgabe 8 → Weibliche Sexualorgane Uterus

Welche der folgenden Aussagen ist richtig? Bitte kreuzen Sie an. (1)

- ○ a) Das Lig. latum verbindet den Uterushals mit der Beckenwand.
- ○ b) Der nicht schwangere Uterus wiegt maximal 100 g.
- ○ c) Retroversion ist die Abknickung des Uterusfundus gegenüber dem Uterushals nach hinten.
- ○ d) Das Lig. teres uteri ist mit dem Lig. cardinale identisch.
- ○ e) Der Uterusfundus ist der einzige von Bauchfell bedeckte Teil der Gebärmutter.

Aufgabe 9 → Weibliche Sexualorgane Douglas-Raum

Beurteilen Sie die folgenden Aussagen auf ihre Richtigkeit, indem Sie ankreuzen.	richtig	falsch
a) Der Douglas-Raum befindet sich zwischen der Hinterwand von Scheide und Uterus einerseits und der Vorderwand des Mastdarms andererseits.	○	○
b) Der Douglas-Raum ist mit lockerem Bindegewebe und Fett ausgefüllt und ähnelt damit hinsichtlich seiner Beschaffenheit dem Nierenlager.	○	○
c) Infektionen des Douglas-Raums können sich leicht in die gesamte Bauchhöhle fortsetzen.	○	○
d) Der Uterus erhält seine Gefäßversorgung aus der A. ovarica, die durch den Douglas-Raum führt.	○	○
e) Die gefährlichste Komplikation bei einer Verletzung des Douglas-Raums ist die arterielle Blutung.	○	○

Aufgabe 10 → Weibliche Sexualorgane Scheide

Ergänzen Sie den folgenden Text mit den untenstehenden Begriffen*.

Das Lumen der Scheide wird vom Scheideneingang zum Uterus hin ______________. Während des Sexualakts bildet sich ein Spermasee im Bereich des ______________________________. Da der Uterushals nach vorne geneigt ist, taucht die ________________ senkrecht in diesen Spermasee ein und erleichtert das Aufsteigen der Spermien in den Uterus. Der pH-Wert des Scheidensekrets ist __________. Dies _______________ die Beweglichkeit der Spermien.

* *Portio uteri; behindert; hinteren Scheidengewölbes; weiter; sauer/niedrig*

Aufgabe 11 → Weibliche und männliche Sexualorgane

Ordnen Sie die folgenden männlichen und weiblichen Sexualorgane einander zu, indem Sie Verbindungslinien ziehen.

a) große Labien	1) Harnröhrenschwellkörper
b) kleine Labien	2) Endstück der Harnröhre
c) Klitoris	3) Cowper-Drüsen
d) Vorhofschwellkörper	4) Harnröhrendrüsen
e) Bartholin-Drüsen	5) Hodensack
f) Vorhofdrüsen	6) Penisschwellkörper

Die Entsprechung zwischen männlichen und weiblichen Sexualorganen ist nicht nur wichtig, um Fehlbildungen richtig einordnen zu können, sondern eröffnet auch einen ungewöhnlichen Blickwinkel auf das jeweils andere Geschlecht. Nicht zuletzt wird dadurch viel plastischer, wie dynamisch die vorgeburtliche Entwicklung verläuft.

Aufgabe 12 → Brustdrüse

Welche der folgenden Aussagen trifft nicht zu? Bitte kreuzen Sie an. (1)

○ a) Die Brustdrüse besteht aus 15 – 20 einzelnen Drüsenlappen.
○ b) Die Ausführungsgänge der einzelnen Drüsenlappen leiten die Milch von den Milchseen zur Brustwarze.
○ c) Prolaktin ist das für die Milchsekretion wichtigste Hormon.
○ d) Die Sekretion von Prolaktin steht unter dem Einfluss des Hypothalamus.
○ e) Oxytocin wirkt auf Myoepithelien der Brustdrüse, welche die Milch aktiv in Richtung auf die Brustwarze pumpen.

Aufgabe 13 Sexuelle Erregung

Markieren und korrigieren Sie vier inhaltliche Fehler in der folgenden Textpassage:

Der sexuelle Erregungsablauf der Frau ist zyklusabhängig. Meist liegt das Optimum kurz vor der Menstruation. Die Erregungsphase beginnt mit der Stimulation des Sympathikus: Klitoris und Bulbus vestibuli schwellen an, die Venenpolster der Vagina füllen sich mit Blut. Dadurch verkürzt sich die Scheide, und der Uterus tritt tiefer. Während des Orgasmus richtet sich der Uterus auf. Diese Funktion steht wie der Orgasmus selbst unter dem Einfluss des Parasympathikus.

▸ ____________________

▸ ____________________

▸ ____________________

▸ ____________________

Aufgabe 14 Entwicklung von Eizelle und Follikel

Ordnen Sie den Follikelstadien den entsprechenden Zustand der Eizelle zu, indem Sie Verbindungslinien ziehen.

a) Primärfollikel	1) Oozyte 1. Ordnung
b) Sekundärfollikel	2) Vergrößerung durch Proteinsynthese
c) Tertiärfollikel	3) Entwicklung des Eihügels
d) Graaf-Follikel	4) Oozyte 2. Ordnung
e) Gelbkörper	5) Follikelhöhle
	6) Progesteron
	7) Östrogene

Aufgabe 15 Graaf- und Tertiärfollikel

Wodurch unterscheidet sich der Graaf-Follikel vom Tertiärfollikel?

▸ ____________________

▸ ____________________

____

▸ ____________________

▸ ____________________

Aufgabe 16 → Entwicklung von Eizelle und Follikel

Welche der folgenden Aussagen trifft/treffen zu? Bitte kreuzen Sie an. (1)

1) Der Gelbkörper bildete sich 2–3 Stunden nach dem Eisprung aus dem Graaf-Follikel.
2) Unter dem Einfluss von LH bildet der Gelbkörper Progesteron.
3) Im Falle einer Befruchtung bildet sich der Gelbkörper schnell zum Corpus albicans zurück.

- ○ a) Nur Aussage 1 ist richtig.
- ○ b) Nur Aussage 2 ist richtig.
- ○ c) Nur Aussage 3 ist richtig.
- ○ d) Nur die Aussagen 1 und 2 sind richtig.
- ○ e) Nur die Aussagen 2 und 3 sind richtig.

Aufgabe 17 → Weiblicher Zyklus

Die folgende Abbildung zeigt zwei normale weibliche Zyklen im Hinblick auf die Follikelreifung (a) und den Verlauf der weiblichen Sexualhormone (b). Es verbergen sich drei inhaltliche Fehler in der Abbildung – welche?

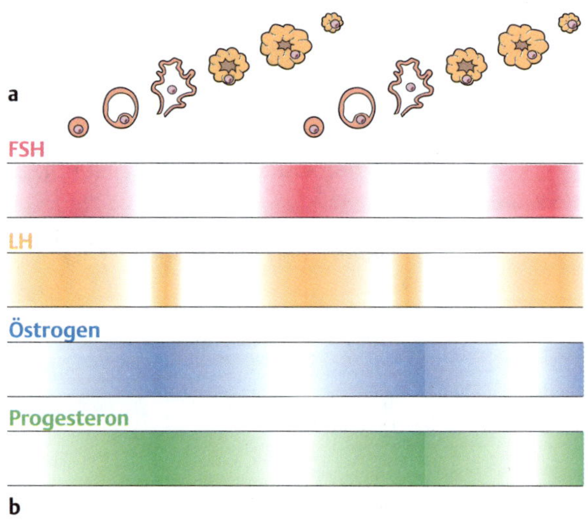

▸ ______________________________

▸ ______________________________

____

▸ ______________________________

____

Aufgabe 18 → Weiblicher Zyklus

Ergänzen Sie den nachstehenden Text mit den untenstehenden Begriffen*.

Während der ersten Zyklusphase reifen unter dem Einfluss des Hormons ________ aus ____________________ ____________________ einige Sekundär- zu Tertiärfollikeln heran. Diese produzieren zunehmend Östrogene. Die anfangs niedrige Östrogenkonzentration __________ die Ausschüttung von LH. Außerdem stehen FSH und LH unter der Kontrolle von _________ aus dem Hypothalamus. Im Verlauf des Zyklus verändert sich die Konzentration dieses Steuerhormons _____________.

---

* *hemmt; FSH; GnRH; kaum; dem Hypophysenvorderlappen*

Und wieder eine Einserfrage! Falls Sie bereits wissen, dass Sie nichts mit Gynäkologie zu tun haben werden, brauchen Sie die Einzelheiten auch nicht unbedingt zu wissen. Eselsbrücken oder Lernhilfen kann ich Ihnen hier leider nicht anbieten, daher verweise ich nur auf Abb. 10.17 und 10.18.

Aufgabe 19 → Entwicklung der Spermien

Ergänzen Sie den nachstehenden Text mit den untenstehenden Begriffen*.

Die ______________________ spielt sich in den Samenkanälchen ab. Von dort gelangen die reifen Spermien über das _________________ in die abführenden Hodenkanälchen und von dort in den _________________________, aus dem schließlich der Samenleiter wird. Das mikroskopische „Skelett" der Samenkanälchen bilden die _________-Zellen. Zwischen diesen Zellen reifen die ___________________ durch die Reifeteilung (Meiose) zu den _________________ heran, die aber immer noch je zwei ____________________ pro Chromosom besitzen. Erst durch eine weitere Teilung entstehen Spermatiden, die eigentliche Vorstufe der reifen Spermien.

---

* *Spermatozyten; Spermatogonien; Spermiogenese; Chromatiden; Nebenhodengang; Sertoli; Hodennetz*

Aufgabe 20 → Entwicklung der Spermien

Welche der folgenden Aussagen trifft zu? Bitte kreuzen Sie an. (1)

- ○ a) Die Spermatozyten entstehen durch Meiose aus den Sertoli-Zellen.
- ○ b) Die Spermiogenese findet überwiegend im Bereich des Rete testis (Hodennetz) statt.
- ○ c) Zwischen primären und sekundären Spermatozyten liegt die erste Reifeteilung.
- ○ d) In der Spermiogenese folgen Vermehrungsperiode, Differenzierungsperiode und Reifungsperiode aufeinander.
- ○ e) Aus je einer Spermatogonie entstehen zwei Spermien.

Aufgabe 21 → Entwicklung der Spermien

Welche der folgenden Aussagen trifft/treffen zu? Bitte kreuzen Sie an. (1)

1) Die Vermehrungsperiode der Spermiogenese ist im 3. Lebensjahr abgeschlossen.
2) Das Akrosom entsteht aus dem Golgi-Apparat der Spermatiden.
3) Das Endstück der Spermien ist besonders reich an Mitochondrien.

- ○ a) Nur Aussage 1 ist richtig.
- ○ b) Nur Aussage 2 ist richtig.
- ○ c) Nur Aussage 3 ist richtig.
- ○ d) Nur die Aussagen 1 und 2 sind richtig.
- ○ e) Nur die Aussagen 2 und 3 sind richtig.

Vergleichen Sie die Entwicklung der Spermien mit der der Eizellen. Die Spermiogenese verläuft, sowohl was die Zellteilung als auch was den zeitlichen Ablauf anlangt, wesentlich gleichmäßiger als die Eizellreifung. Der Grund ist, dass Spermien in Masse produziert werden, während die Eizellreifung aller Energien auf vergleichsweise wenige reife Zellen konzentriert.

Aufgabe 22 → Entwicklung von Spermien und Eizellen

Ordnen Sie den folgenden Stadien der Oogenese bzw. Spermiogenese den möglichen Chromosomensatz/die möglichen Chromosomensätze zu, indem Sie Verbindungslinien ziehen.

a) Spermatogonie A	1) 46, XX
b) Spermatogonie B	2) 46, XY
c) Oogonie	3) 23, X
d) primäre Spermatozyte	4) 23, Y
e) primäre Oozyte	
f) sekundäre Spermatozyte	

Aufgabe 23 → Befruchtung und Einnistung

Erklären Sie die folgenden Fachbegriffe der Befruchtung.

a) Positive Rheotaxis: ____________________

b) Zona pellucida: ____________________

c) Corona radiata: ____________________

d) Männlicher Vorkern: ____________________

e) Zygote: ____________________

Aufgabe 24 → Befruchtung und Einnistung

Markieren und korrigieren Sie fünf inhaltliche Fehler in der folgenden Textpassage.

Die befruchtete Eizelle teilt sich noch während ihres Transports durch die Tube in 16 Tochterzellen (Blastula). Nach der Einnistung in die Uterusschleimhaut entsteht ein Hohlraum, an dessen lumenwärts gerichteter Seite sich der Embryoblast befindet. Die gegenüberliegende einschichtige Zellage heißt Trophoblast. Diese Zellen bilden das Hormon HCG, das den Gelbkörper zur Produktion von Prolaktin anregt. HCG läßt sich bereits 2–3 Tage nach der Befruchtung im Urin nachweisen und ist damit der schnellste Schwangerschaftstest.

- ____________________
- ____________________
- ____________________
- ____________________
- ____________________

Ein Fehler bezieht sich indirekt auf *Aufgabe 10.33* – Lesen Sie nach, wann mit einem positiven Schwangerschaftstest zu rechnen ist. Ein weiterer Fehler hat ebenfalls mit Hormonen zu tun, während Sie zum Aufspüren der übrigen drei Fehler den letzten Abschnitt von Kap. 10, LE 10 und die beiden ersten Abschnitte von Kap. 10, LE 11 nachlesen sollten.

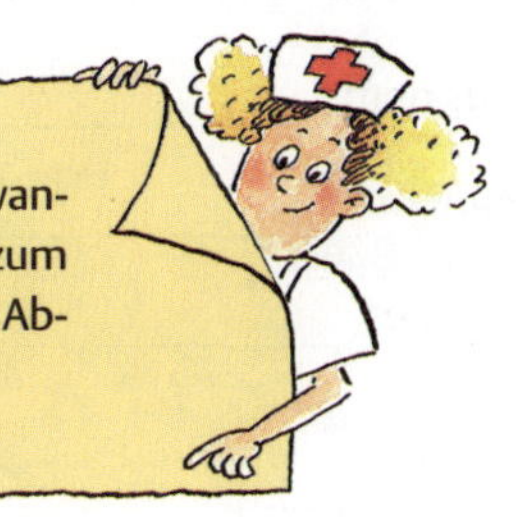

Aufgabe 25 Befruchtung und Einnistung

Beurteilen Sie die folgenden Aussagen auf ihre Richtigkeit, indem Sie ankreuzen.

	richtig	falsch
a) Die Blastozyste nistet sich so ein, dass der Embryoblast zur Uteruswand gerichtet ist.	○	○
b) Die Einnistung erfolgt meist im Bereich des inneren Muttermundes.	○	○
c) Der Zeitpunkt der Einnistung ist typischerweise der 6. – 7. Tag nach einer erfolgten Befruchtung.	○	○
d) Nach der Einnistung schließt sich die Uterusschleimhaut über dem Keim.	○	○

Aufgabe 26 Keim und Embryo

Die Abbildung zeigt einen Schnitt durch einen dreiblättrigen Keim in der 3. Entwicklungswoche. Kennzeichnen Sie farblich die folgenden Strukturen:

- äußeres Keimblatt (Ektoderm),
- mittleres Keimblatt (Mesoderm),
- inneres Keimblatt (Entoderm).

Aufgabe 27 Keim und Embryo

Ergänzen Sie die folgende Textpassage mit den untenstehenden Begriffen*.

Im zweiten Entwicklungsmonat bildet sich das ____________ zur Neuralrinne um, aus der sich Rückenmark und Gehirn entwickeln. Die Ränder der Neuralrinne schließen sich zum ____________. Gleichzeitig entstehen die segmental angeordneten ____________ aus dem Mesoderm, die später das Stützgewebe des Körpers formen. Aus dem ____________ entsteht die Darmanlage. Sie steht zunächst mit einer serösen Höhle außerhalb des Embryos, dem ____________, in Verbindung. Diese Höhle verkümmert anschließend vollständig. Die Embryonalzeit endet mit der ____________ Woche nach der Befruchtung. Der werdende Fetus ist jetzt etwa ____________ lang.

* *Somiten; achten; Neuralrohr; Entoderm; Ektoderm; 3 cm; Dottersack*

Aufgabe 28 → Reifezeichen

Welche der folgenden Merkmale sind Reifezeichen des Neugeborenen? Bitte kreuzen Sie an. (1)

1) Gut entwickeltes Unterhautfettgewebe.
2) Fixieren bewegter Objekte mit beiden Augen.
3) Scheidenvorhof von den großen Labien bedeckt.
4) Glatt ausgestrichene Ohrmuschel.
5) Hautleistenrelief der Fußsohlen gut ausgebildet.
6) Fingernägel reichen bis zur Fingerkuppe.
7) Ausreichend dichte Kopfbehaarung.

○ a) Nur die Merkmale 1 und 2 sind Reifezeichen.
○ b) Nur die Merkmale 1, 2 und 5 sind Reifezeichen.
○ c) Nur die Merkmale 1, 3, 5 und 6 sind Reifezeichen.
○ d) Nur die Merkmale 3, 4 und 7 sind Reifezeichen.
○ e) Nur die Merkmale 4, 5 und 6 sind Reifezeichen.

Aufgabe 29 → Reifezeichen

Beurteilen Sie die folgenden Aussagen auf ihre Richtigkeit, indem Sie ankreuzen.	richtig	falsch
a) Der APGAR-Index bewertet klinisch erkennbare Symptome des Sauerstoffmangels beim Neugeborenen.	○	○
b) Die Werte des APGAR-Index reichen bis maximal 10 (= keine erkennbaren Sauerstoffmangelerscheinungen).	○	○
c) Ein APGAR-Index von 5 ist mit dem Leben nicht mehr vereinbar.	○	○
d) Zur Erhebung des APGAR-Index gehört eine orientierende Reflexprüfung.	○	○
e) In den APGAR-Index geht die Färbung der Haut mit ein.	○	○

Aufgabe 30 → Schwangerschaft

Steigen oder fallen die folgenden Werte im Verlauf der Schwangerschaft (gemeint sind Veränderungen bei der Schwangeren, nicht beim Kind)? Bitte kreuzen Sie an.	steigt	fällt
a) Blutvolumen	○	○
b) Hämoglobinkonzentration im Blut	○	○
c) Blutdruck	○	○
d) Atemzugvolumen	○	○
e) Volumen der extrazellulären Flüssigkeit im Gewebe	○	○

Jede der an sich normalen Veränderungen während der Schwangerschaft kann – wenn sie besonders stark ausgeprägt ist – zu einem Krankheitszeichen werden. Wenn Sie an das Krankheitsbild der EPH-Gestose denken, erschließen sich die Veränderungen ganz von allein.

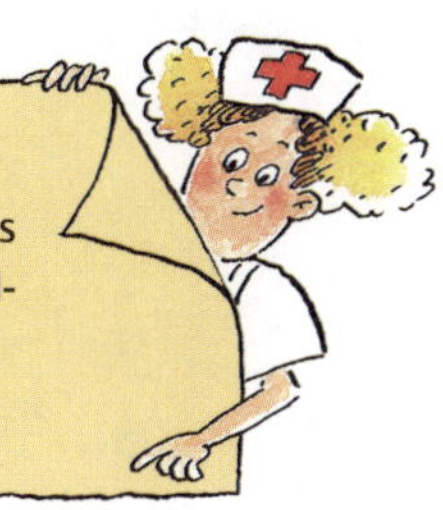

Aufgabe 31 Schwangerschaft

Welche der folgenden Aussagen trifft nicht zu? Bitte kreuzen Sie an. (1)

- ○ a) Zytotrophoblast und Synzytiotrophoblast bilden die Vorstufe der fetalen Seite der Plazenta.
- ○ b) Die Amnionhöhle nimmt in der Embryonalzeit den gesamten Innenraum des Uterus ein.
- ○ c) In der Nabelschnur verlaufen zwei Arterien und eine Vene.
- ○ d) Eine Nabelschnurarterie führt sauerstoffarmes, eine Nabelschnurvene sauerstoffreiches Blut.
- ○ e) Das mütterliche Blut zirkuliert frei in den Lakunen der Plazenta (intervillöser Raum).

Aufgabe 32 Schwangerschaftshormone

Ordnen Sie den Schwangerschaftshormonen ihre entsprechenden Wirkungen zu, indem Sie Verbindungslinien ziehen.

a) HPL

b) HCG

c) Progesteron

d) Östriol

1) unterhält den Gelbkörper.

2) unterbricht den Zyklus.

3) bereitet die Milchdrüsen auf die Sekretion vor.

4) ist ein Wachstumshormon für den Fetus.

5) entsteht in der Planzenta aus einem Vorprodukt der Nebennierenrinde des Fetus.

6) entsteht zunächst im Gelbkörper, später vorwiegend in der Plazenta.

Aufgabe 33 Schwangerschaftshormone

Zeichnen Sie den Verlauf der Serumkonzentrationen der Hormone HCG (Choriogonadotropin) und HPL (human placental lactogen) während der Schwangerschaft in das folgende Diagramm ein.

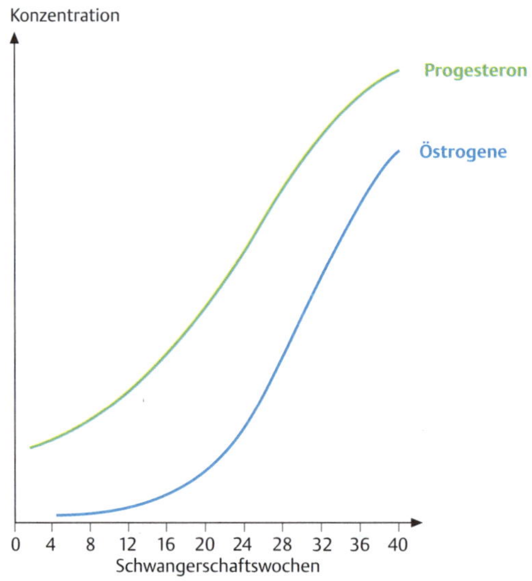

Eines der beiden Hormone verwendet man als Schwangerschaftstest. Es muss sich also um ein Hormon handeln, das bereits sehr früh nach der Befruchtung ansteigt. Das andere Hormon erreicht seine höchste Konzentration dagegen erst kurz vor der Geburt.

Aufgabe 34 → Schwangerschaft

Welche der folgenden Aussagen trifft/treffen zu? Bitte kreuzen Sie an. (1)

1) Die Sensibilisierung einer rh-negativen Frau gegen den Rhesusfaktor erfolgt nur im Rahmen einer vorausgegangenen Schwangerschaft.
2) Die Rhesusinkompatibilität hat in erster Linie eine Auflösung (Hämolyse) der fetalen Erythrozyten und eine Gelbsucht des Kindes zur Folge.
3) Zur Prophylaxe einer Rhesusinkompatibilität muss das mütterliche Blut dialysiert und die IgE-Antikörper daraus entfernt werden.

○ a) Nur Aussage 1 ist richtig.
○ b) Nur Aussage 2 ist richtig.
○ c) Nur Aussage 3 ist richtig.
○ d) Nur die Aussagen 1 und 2 sind richtig.
○ e) Nur die Aussagen 2 und 3 sind richtig.

Aufgabe 35 → Fetaler Kreislauf

Markieren und korrigieren Sie vier inhaltliche Fehler in der folgenden Textpassage.

Im fetalen Kreislauf übernimmt die Plazenta die Rolle der Lungen beim Gasaustausch von Sauerstoff und Kohlendioxid. Das gesamte Blut aus den Beckenarterien fließt über die unpaare Nabelschnurarterie in die Plazenta. Dort wird das Blut mit Sauerstoff gesättigt und erreicht über die beiden Nabelschnurvenen die Leberpforte. Der Ductus venosus leitet das Blut danach der oberen Hohlvene zu.

▸ ____________________

▸ ____________________

▸ ____________________

▸ ____________________

Wenn Sie Probleme mit der Beantwortung dieser Frage haben, schlage ich vor, zunächst die folgende Frage zu versuchen und erst dann auf Abb. 10.30 a nachzusehen. Es lohnt sich, ein wenig über die Besonderheiten des fetalen Kreislaufs nachzudenken, der zeigt, dass es auch anders als „gewohnt" funktionieren kann. Der Blutkreislauf ist also nur eine von verschiedenen denkbaren Möglichkeiten, um die Körpergewebe ausreichend mit Sauerstoff zu versorgen.

Aufgabe 36 → Fetaler Kreislauf

Beurteilen Sie die folgenden Aussagen auf ihre Richtigkeit, indem Sie ankreuzen.

	richtig	falsch
a) Der Ductus arteriosus verbindet die Lungenarterie direkt mit der Aorta.	○	○
b) Beim Fetus ist der Widerstand in den Lungengefäßen deutlich niedriger als nach der Geburt.	○	○
c) Die obere Hohlvene führt sauerstoffarmes Blut, die untere Hohlvene Mischblut zum Herzen.	○	○
d) Das Foramen ovale leitet Blut aus dem linken Herzvorhof in den rechten Herzvorhof.	○	○
e) Der Ductus venosus verbindet die linke Lungenvene mit der oberen Hohlvene.	○	○

Aufgabe 37 → Fetaler Kreislauf

Beschreiben Sie die Umstellungsreaktionen des fetalen Kreislaufs unmittelbar nach der Geburt. Beginnen Sie mit der Veränderung der Widerstandsverhältnisse in den Lungengefäßen, nachdem die Lunge sich erstmals mit Luft gefüllt hat.

Aufgabe 38 → Geburt

Gehören die folgenden Begriffe zur Eröffnungs- oder Austreibungsphase der Geburt? Bitte ziehen Sie Verbindungslinien.

a) Wehen in zehnminütigem Abstand

b) Abgang von Fruchtwasser (Blasensprung)

c) Muttermund 10 cm geöffnet

d) Auspressen der Zervixdrüsen

e) Dammschutz bzw. Episiotomie

f) gesamte Dauer 30 – 60 Min.

1) Eröffnungsphase

2) Austreibungsphase

Aufgabe 39 → Geburt

Welche der folgenden Aussagen trifft zu? Bitte kreuzen Sie an. (1)

- ○ a) Die Schwangerschaft dauert durchschnittlich 40 Wochen vom Zeitpunkt der Befruchtung der Eizelle an.
- ○ b) Der Blasensprung kennzeichnet den Beginn der Austreibungsphase.
- ○ c) Während einer Wehe steigt der Druck im Uterus normalerweise so stark, dass die Nabelschnur nicht mehr durchblutet wird.
- ○ d) In der Regel weist das Gesicht des Neugeborenen während der Geburt nach hinten, also in Richtung des mütterlichen Steißbeins.
- ○ e) Die Austreibungsphase dauert bei Mehrgebärenden länger als bei der ersten Geburt

Aufgabe 40 → Fortpflanzung – Kreuz und quer

Lösen Sie bitte das folgende Kreuzworträtsel.

waagrecht:

2 Verbindung zwischen rechtem und linkem Herzvorhof vor der Geburt
6 Schleimhautschicht des Uterus
8 enzymhaltige Kappe auf dem Spermienkopf
10 fetale Seite der Plazenta
12 befruchteter Keim mit umgebender Uterusschleimhaut
13 Wie hoch sollte der Uterus in der 24. Schwangerschaftswoche stehen?
14 physiologische Abknickung des Uterushalses gegen die Scheide
15 bildet sich nach dem Eisprung aus einem Follikel
16 männliches Geschlechtsorgan, bildet fruchtzuckerhaltiges Sekret

senkrecht:

1 Hohlraum, der an das innere Keimblatt grenzt
3 wehenauslösendes Hormon
4 Ort der Befruchtung einer Eizelle (dt.)
5 sexueller Erregungszustand vor dem Orgasmus
7 Zu Beginn welcher Zyklusphase fällt die Körpertemperatur ab?
9 erweiterter Endteil eines Ausführungsorgans der Brustdrüse
11 Wanderung des Hodens in den Hodensack

Aufgabe 1

(LE 2)
1 Leistenband
2 Harnleiter
3 Samenleiter
4 Ampulle
5 Samenblase
6 Spritzkanälchen
7 Prostata
8 Harnröhre

Aufgabe 2

(LE 1)
b

Aufgabe 3

(LE 1)
- Speicherorgan für Sperma.
- Herabsetzung des Energiebedarfs der Spermien durch sauren pH-Wert.
- Phagozytose funktionsuntüchtiger oder überalterter Spermien.

Aufgabe 4

(LE 3)

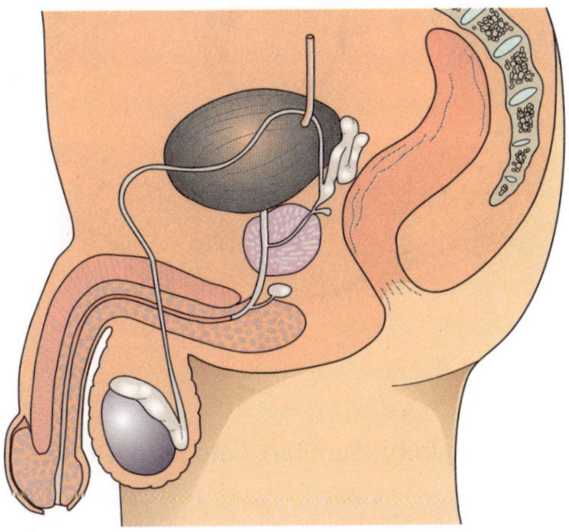

- Samenleiter kreuzt vor dem Harnleiter.
- keine Cowper-Drüsen
- kein Nebenhoden

Aufgabe 5

(LE 2)
b

Aufgabe 6

(LE 4)
- Ovar entspricht Hoden.
- Tube ist 10 – 15 cm lang.
- Befruchtung findet in der Ampulle statt.
- Flüssigkeitsströmung in Richtung Uterus, gewährleistet die Sterilität der Bauchhöhle. Dies erschwert den Spermien den Aufstieg in der Tube.

Aufgabe 7

(LE 4)
1 Ovar
2 Follikel
3 Gelbkörper
4 Tube
5 Fibrien
6 Isthmus
7 Ampulle
8 Korpus (oder Corpus uteri)
9 Zervix (oder Cervix uteri)
10 Lig. latum
11 Portio
12 äußerer Muttermund

Aufgabe 8

(LE 5)
b

Aufgabe 9

(LE 5)
richtig a, c
falsch b, d, e

Aufgabe 10

(LE 6)
weiter; hinteren Scheidengewölbes; Portio uteri; sauer/niedrig; behindert

Aufgabe 11

(LE 6)
a5, b2, c6, d1, e3, f4

Aufgabe 12

(LE 7)
b

Aufgabe 13

(LE 7)
- Erregungsoptimum meist um die Zeit des Eisprungs.
- Erregungsphase beginnt durch Parasympathikus.
- Scheide verlängert sich, Uterus tritt nicht tiefer.
- Orgasmus ist eine Funktion des Sympathikus.

Aufgabe 14

(LE 8)
a1, b2, c3, c5, c7, d4, d5, d7, e6

Aufgabe 15

(LE 8)
- Graaf-Follikel ist größer (2 gegenüber 1 cm).
- Es existiert jeweils nur ein Graaf-Follikel, während mehrere Tertiärfollikel gleichzeitig bestehen können.
- Im Graaf-Follikel beginnt die Eizelle mit der 2. Reifeteilung.
- Der Eisprung erfolgt nur aus einem Graaf-Follikel heraus.

Aufgabe 16

(LE 8)
b

Aufgabe 17

(LE 9)

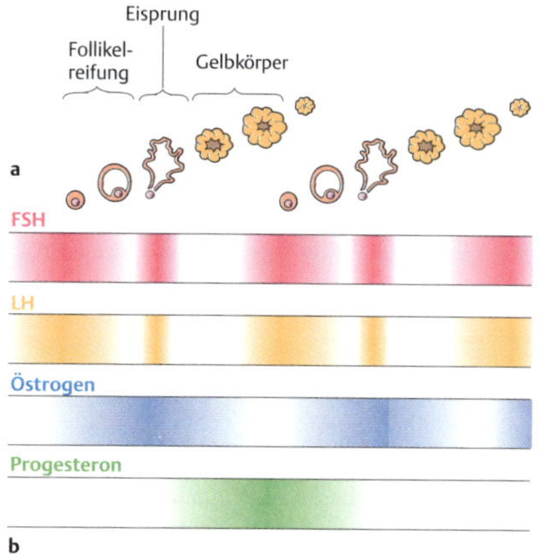

- Beim Eisprung steigt FSH an.
- Progesteron und Östrogen steigen, bzw. fallen in unterschiedlichen Phasen an und ab.
- Nach dem Eisprung befindet sich das Ei außerhalb des Gelbkörpers.

Aufgabe 18

(LE 9)
FSH; dem Hypophysenvorderlappen; hemmt; GnRH; kaum

Aufgabe 19

(LE 1, 10)
Spermiogenese; Hodennetz; Nebenhodengang; Sertoli; Spermatogonien; Spermatozyten; Chromatiden

Aufgabe 20

(LE 10)
c

Aufgabe 21

(LE 10)
b

Aufgabe 22

(LE 10)
a2, b2, c1, d2, e1, f3, f4

Aufgabe 23

(LE 10)
a) Spermien bewegen sich stets entgegen eines Flüssigkeitsstroms, schwimmen also stromaufwärts
b) verdickte Zellwand der befruchtungsfähigen Eizelle
c) an der befruchtungsfähigen Eizelle anhaftende Follikelepithelzellen
d) Spermienkopf nach dem Eindringen in die Eizelle, aber vor der Verschmelzung mit dem Zellkern der weiblichen Eizelle (weiblicher Vorkern)
e) befruchtete Eizelle nach dem Verschmelzen der Vorkerne

Aufgabe 24

(LE 11)
- 16-Zell-Stadium heißt Morula.
- Blastozyste mit Hohlraum entsteht bereits vor der Einnistung.
- Embryoblast weist zur Uteruswand, nicht zum Uteruslumen.
- Gelbkörper produziert Progesteron.
- HCG-Nachweis im Urin 1–2 Wochen nach Befruchtung.

Aufgabe 25

(LE 11)
richtig a, c, d
falsch b

Aufgabe 26

(LE 11)

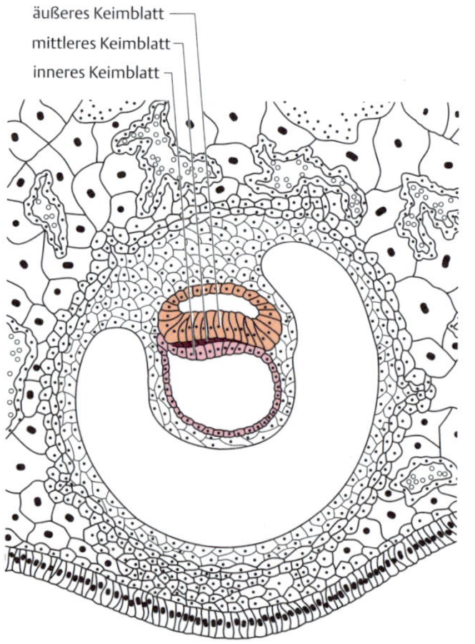

Aufgabe 27

(LE 11)
Ektoderm; Neuralrohr; Somiten; Entoderm; Dottersack; achten; 3 cm

Aufgabe 28

(LE 12)
c

Aufgabe 29

(LE 12)
richtig a, b, e
falsch c, d

Aufgabe 30

(LE 12)
steigt a, c, e
fällt b, d

Aufgabe 31

(LE 13)
b

Aufgabe 32

(LE 14)
a3, a4, b1, b2, c6, d5

Aufgabe 33

(LE 14)

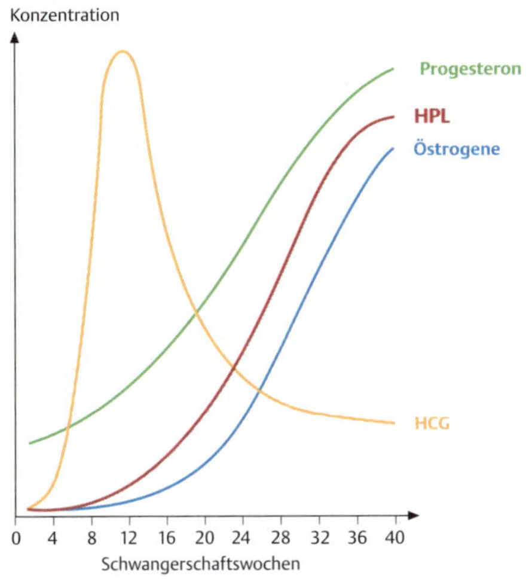

Aufgabe 34

(LE 14)
b

Aufgabe 35

(LE 15)
- Nur ein Teil des Blutes zirkuliert über die Plazenta
- zwei Nabelschnurarterien, also paarig
- nur eine Nabelschnurvene, also unpaar
- Ductus venosus führt in die untere Hohlvene

Aufgabe 36

(LE 15)
richtig a, c
falsch b, d, e

Aufgabe 37

(LE 15)
Mit dem ersten Schrei entfalten sich die Lungen des Neugeborenen. Daraufhin haben die Lungenarterien mehr Platz zur Verfügung, und der Widerstand in der Lungenstrombahn sinkt dramatisch ab. Das aus der Lunge kommende sauerstoffreiche Blut füllt in verstärktem Maß den linken Vorhof. Dadurch wird die Vorhofwand gedehnt, drückt eine ventilartige Klappe des Vorhofseptums gegen das Foramen ovale und dichtet dieses ab.

Aufgabe 38

(LE 16)
a1, b1, c2, d1, e2, f2

Aufgabe 39

(LE 16)
d

Aufgabe 40

waagrecht:
2 Foramen ovale
6 Endometrium
8 Akrosom
10 Chorionplatte
12 Blastozyste
13 Nabel
14 Anteversion
15 Gelbkoerper
16 Samenblase

senkrecht:
1 Dottersack
3 Oxytocin
4 Eileiter
5 Plateauphase
7 Menstruation
9 Milchsee
11 Deszensus

11 Hormonsystem

Aufgabe 1 → Hormontypen

Wie bezeichnet man ein Hormon, das auf denselben Zelltyp einwirkt, von dem es produziert wird?

____

Aufgabe 2 → Hormonsystem

Welche Aussage trifft nicht zu? Bitte kreuzen Sie an. (1)

Im Gegensatz zum Nervensystem ...
- ○ a) reagiert das Hormonsystem langsamer.
- ○ b) bezieht das Hormonsystem viele unterschiedliche Zielgewebe ein.
- ○ c) leitet das Hormonsystem sowohl efferente als auch afferente Signale.
- ○ d) dient das Hormonsystem weniger der Kommunikation mit der Umwelt als dem inneren Milieu des Körpers.
- ○ e) arbeitet das Hormonsystem nicht mit elektrischen Impulsen.

Überlegen Sie sich für verschiedene Körperprozesse, ob Sie – wenn Sie die Wahl hätten – diese lieber vom Nervensystem oder vom Hormonsystem steuern lassen würden. Dabei müssen Sie nicht unbedingt zu denselben Ergebnissen wie die Evolution kommen. Beispielsweise könnte ich mir vorstellen, dass das Nervensystem eine sehr viel adäquatere Reaktion auf unterschiedliche Stresssituationen finden würde, als es durch die stereotype Flucht-oder-Kampf-Reaktion des Hormonsystems geschieht.

Aufgabe 3 → Hormontypen

Welche Aussage trifft nicht zu? Bitte kreuzen Sie an. (1)

Hormone gehören normalerweise zu einer der folgenden Stoffklassen:
- ○ a) Peptide
- ○ b) Steroide
- ○ c) Arachidonsäure-Abkömmlinge
- ○ d) Kohlenhydrate
- ○ e) Amine

Aufgabe 4 → Hormontypen

Ergänzen Sie die folgende Textpassage mit den untenstehenden Begriffen*.

Peptidhormone und Amine wirken typischerweise über den sog. cAMP-Mechanismus. Dabei bindet das ____________ an der Außenseite der Zielzelle an einen ____________, der das Signal in das Zellinnere weitervermittelt. Über mehrere Zwischenschritte entsteht aus ____________ der sog. Second messenger cAMP. cAMP wirkt wie ein intrazelluläres Hormon und veranlasst ein Enzym, die ____________, Phosphatgruppen an diverse Zieleiweiße anzubauen. Diese Zieleiweiße werden so aktiviert und entfalten die eigentliche Wirkung des ursprünglichen Hormons.

* *Proteinkinase A; Rezeptor; Hormon; ATP*

Aufgabe 5 → Hormone Wirkungsweisen

Beurteilen Sie die folgenden Aussagen auf ihre Richtigkeit, indem Sie ankreuzen.
Der IP_3/DAG-Mechanismus unterscheidet sich vom cAMP-Mechanismus dadurch, dass …

	richtig	falsch
a) es zwei Second messengers gibt.	○	○
b) sich die beteiligten Enzyme unterscheiden (Phospholipase C statt Adenylatcyclase und Proteinkinase C statt Proteinkinase A).	○	○
c) der IP_3/DAG-Mechanismus schneller ist als der cAMP-Mechanismus.	○	○
d) Adrenalin und Noradrenalin nicht über den IP_3/DAG-Mechanismus wirken.	○	○
e) intrazelluläres Calcium im IP_3/DAG-Mechanismus eine entscheidende Rolle spielt.	○	○

Die Frage ist sicherlich nicht prüfungsrelevant. Kap. 11, LE 2 habe ich ins Lehrbuch aufgenommen, um Ihnen beispielhaft das Konzept des Second messengers zu illustrieren, nicht, damit Sie alle Einzelheiten davon auswendig lernen.

Aufgabe 6 → Hormonsystem Steuerorgane

Wie heißen die drei wichtigsten hormonell aktiven Zonen des Gehirns? Zeichnen Sie diese verschiedenfarbig in die folgende Abbildung ein.

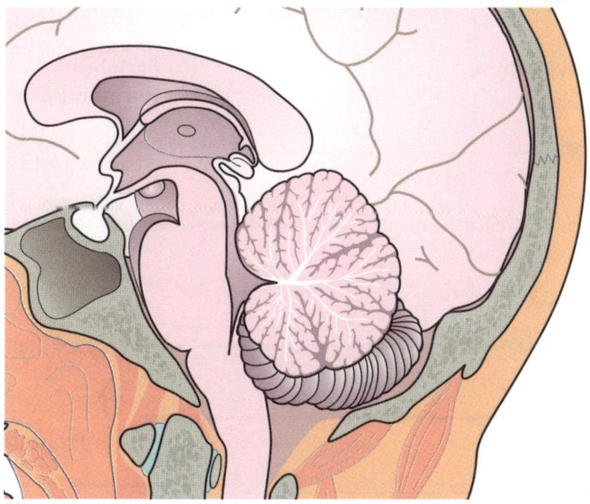

- ______________________________
- ______________________________
- ______________________________

Aufgabe 7 → Hypophyse

Welche der folgenden Aussagen trifft zu? Bitte kreuzen Sie an. (1)

○ a) Die Hypophyse wiegt ca. 15 g.
○ b) Der Hypophysenhinterlappen produziert als echte Drüse Hormone, während der Hypophysenvorderlappen lediglich vorgefertigte Hormone ans Blut abgibt.
○ c) Der Hypophysenvorderlappen ist größer als der Hypophysenhinterlappen.
○ d) Die Hypophyse grenzt vorne an die Siebbeinzellen.
○ e) Im Hypophysenstiel verlaufen keine Nervenfasern.

Aufgabe 8 → Hypophyse

Beurteilen Sie die folgenden Aussagen auf ihre Richtigkeit, indem Sie ankreuzen.	richtig	falsch
a) ADH und Oxytocin werden im Hypothalamus gebildet, jedoch von der Hypophyse ans Blut abgegeben.	○	○
b) Die Hypophyse enthält ein kleines Pfortadersystem, also zwei hintereinandergeschaltete Kapillargebiete.	○	○
c) Die vom Hypophysenvorderlappen erzeugten Hormone heißen Steuerhormone.	○	○
d) Die Hormone der Hypophyse gehören überwiegend zur Gruppe der Amine.	○	○

Aufgabe 9 → Hormone Hypothalamus und Hypophyse

Ergänzen Sie die fehlenden Hormone in dem folgenden Schema.

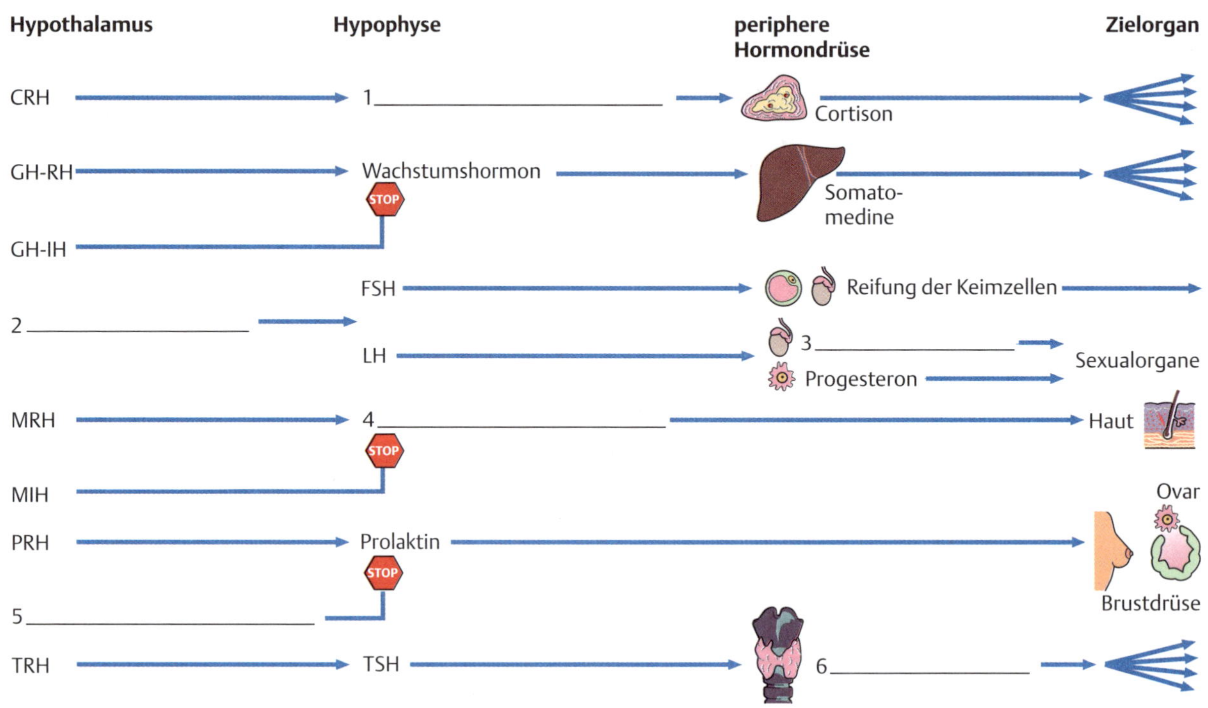

Aufgabe 10 → Hormone Hypothalamus und Hypophyse

Welche der folgenden Aussagen trifft/treffen zu? Bitte kreuzen Sie an. (1)

1) CRH wird vor allem mittags ans Blut abgegeben.
2) CRH wirkt in erster Linie auf die Hypophyse.
3) CRH steigert die Abgabe von ADH aus der Nebenniere.
4) CRH ist ein sog. Steuerhormon.

○ a) Nur die Aussagen 1 und 2 sind richtig.
○ b) Nur die Aussagen 1, 2 und 4 sind richtig.
○ c) Nur die Aussagen 2 und 4 sind richtig.
○ d) Nur die Aussagen 3 und 4 sind richtig.
○ e) Alle Aussagen sind richtig.

Aufgabe 11 → Hormone Hypophysenvorderlappen

Ordnen Sie den folgenden Überbegriffen die jeweils entsprechenden Hormone zu, indem Sie Verbindungslinien ziehen.

a) glandotrope Hormone

b) effektorische Hormone

1) GH

2) FSH

3) LH

4) TSH

5) Prolactin

6) MSH

Die Übersetzung von „glandotrop" lautet: „etwas, das auf eine Drüse einwirkt". Ein glandotropes Hormon wirkt also nicht direkt, sondern auf dem Umweg über eine weitere hormonproduzierende Drüse, die ihrerseits das eigentlich für die Körperzellen wichtige Hormon abgibt.

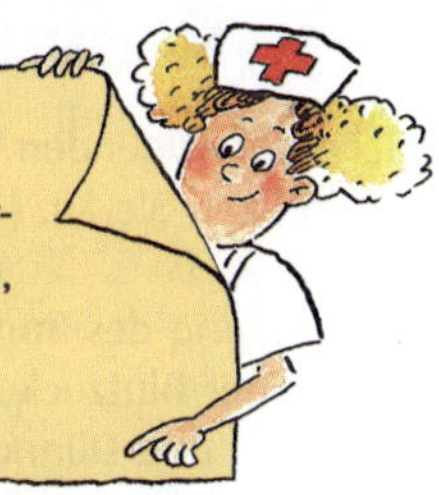

Aufgabe 12 → Nebenniere

Welche der folgenden Aussagen trifft zu? Bitte kreuzen Sie an. (1)

○ a) Die Nebennieren liegen am unteren Pol beider Nieren.
○ b) Das Nebennierenmark hat über parasympathische Fasern Kontakt mit dem Nervensystem.
○ c) Die Nebenniere leitet das hormonbeladene venöse Blut in die Nierenrinde ab.
○ d) Im Nebennierenmark entstehen die Hormone Adrenalin und Noradrenalin.
○ e) Das Hauptprodukt der Nebennierenrinde ist Progesteron.

Aufgabe 13 Nebennierenrinde

Die Nebennierenrinde gliedert sich in drei unterschiedliche Schichten. Nennen Sie diese Schichten, zeichnen Sie sie in die untenstehende Abbildung ein und nennen Sie das Hauptprodukt jeder der drei Schichten.

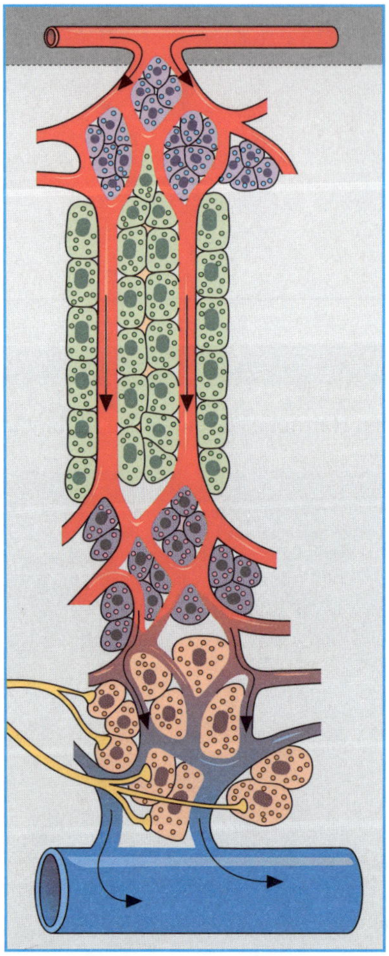

1 ______________________________

____

2 ______________________________

____

3 ______________________________

____

Aufgabe 14 Nebennierenrinde Glucocorticoide

Welche der folgenden Wirkungen bzw. Nebenwirkungen sind typisch für die Glucocorticoide Cortisol und Corticosteron? Bitte kreuzen Sie an. (1)

1) Dämpfung des Immunsystems
2) niedriger Blutzuckerspiegel
3) Magen- und Dünndarmgeschwüre
4) Haarausfall
5) Muskelabbau
6) Linsentrübung (grauer Star)
7) Osteoporose
8) Antibiotika-ähnliche Wirkung bei Infektionen
9) Gewichtsabnahme

○ a) Nur die Wirkungen 1, 2, 3, 6 und 9 sind typisch.
○ b) Nur die Wirkungen 1, 4, 7 und 8 sind typisch.
○ c) Nur die Wirkungen 1, 3, 5, 6 und 7 sind typisch.
○ d) Nur die Wirkungen 2, 4, 6 und 9 sind typisch.
○ e) Nur die Wirkungen 3, 5, 8 und 9 sind typisch.

Aufgabe 15 → Nebennierenmark Hormone

Werden die folgenden Werte durch Adrenalin und Noradrenalin gesteigert oder gesenkt? Bitte kreuzen Sie an.

	gesteigert	gesenkt
a) Herzfrequenz	○	○
b) Durchblutung der Haut	○	○
c) Durchblutung der Skelettmuskulatur	○	○
d) Verdauungsvorgänge	○	○
e) Insulinproduktion	○	○
f) Durchmesser der Pupillen	○	○
g) Durchmesser der kleinen Bronchien	○	○

Aufgabe 16 → Nebennierenmark Hormone

Die folgende Textpassage enthält zwei inhaltliche Fehler – welche?

Adrenalin und Noradrenalin sind Hormone des Nebennierenmarks. Sie entstehen in den sog. azidophilen Zellen, die selbst Anschluss an das vegetative Nervensystem haben. Dieser Anschluss ermöglicht eine sehr schnelle Abgabe beider Hormone im Fall einer drohenden Gefahrensituation. Adrenalin und Noradrenalin sind kurzkettige Peptide, also Aminosäureketten. Ihr wichtigster Vorläufer ist Tyrosin, eine essentielle Aminosäure.

▸ ______________________________

▸ ______________________________

Zwei Tips zur Fehlersuche: Schauen Sie sich zunächst an, zu welcher Klasse von Hormonen Adrenalin und Noradrenalin gehören (LE 1). Außerdem sollten Sie sich Abb. 11.9 c im Hinblick auf das Nebennierenmark genau vornehmen.

Aufgabe 17 → Flucht- oder Kampfreaktion

Welches der folgenden Symptome gehört nicht zur Flucht- oder Kampfreaktion? Bitte kreuzen Sie an. (1)

- ○ a) feuchte Hände
- ○ b) Mundtrockenheit
- ○ c) Herzklopfen
- ○ d) Sodbrennen
- ○ e) erhöhter Muskeltonus

Aufgabe 18 → Schilddrüse Gefäßversorgung

Die Abbildung zeigt die Gefäßversorgung der Schilddrüse. Beschriften Sie die markierten Blutgefäße.

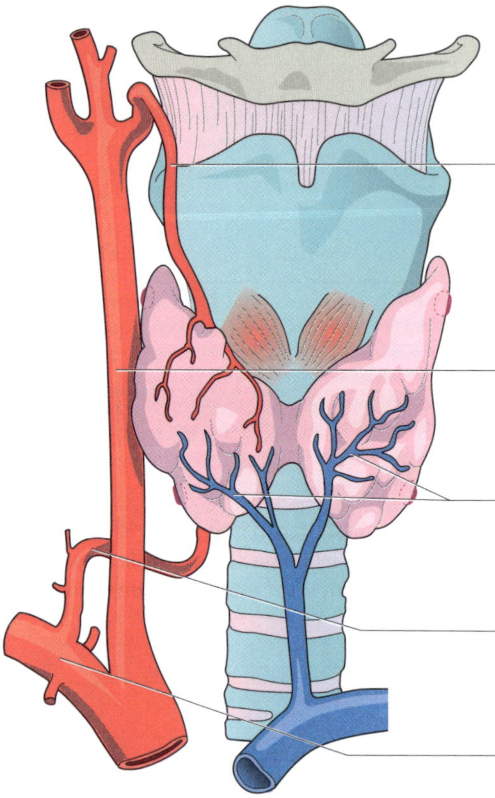

Achten Sie darauf, dass die Schilddrüse eine doppelte Gefäßversorgung aus zwei großen Arterien erhält. Wenn man beide Lappen berücksichtigt, strömt das Blut also aus nicht weniger als vier unterschiedlichen Arterien in die Schilddrüse ein. Das ist, besonders für ein so kleines Organ, sehr ungewöhnlich.

Aufgabe 19 → Schilddrüsenfollikel

Beurteilen Sie die folgenden Aussagen auf ihre Richtigkeit, indem Sie ankreuzen.	richtig	falsch
a) Ein Schilddrüsenfollikel hat normalerweise einen Durchmesser von einigen Zehntelmillimetern.	○	○
b) Follikel sind Hohlräume, die allseits von Epithelzellen eingehüllt werden.	○	○
c) Die Grundsubstanz eines Follikels heißt Kolloid.	○	○
d) Das Innere eines Follikels ist gut mit Kapillaren durchsetzt.	○	○
e) Im Inneren der Follikel werden Schilddrüsenhormone produziert.	○	○
f) Im Inneren der Follikel werden Schilddrüsenhormone gespeichert.	○	○

Aufgabe 20 → Schilddrüse

Welche der folgenden Aussagen trifft nicht zu? Bitte kreuzen Sie an. (1)

- ○ a) Die Follikelepithelzellen pumpen Jod aktiv aus dem Blut durch die Zelle in das Innere der Follikel.
- ○ b) Jod verbindet sich im Zellinneren mit Thyroglobulin zu T_3 und T_4.
- ○ c) Unter dem Einfluß von TSH wird Thyroglobulin in den Lysosomen gespalten.
- ○ d) Während des Abbaus von Thyroglobulin bleibt Jod an die Spaltprodukte gebunden.
- ○ e) Jod ist vor allem in Meersalz und Seefisch enthalten.

Hier wieder etwas zum Knobeln! Falls Ihre Ansprüche nicht ganz so hoch sind, genügt es zu wissen, dass jodhaltige Schilddrüsenhormone im Follikelinneren an ein hochmolekulares Eiweiß gebunden sind und sich bei Bedarf von diesem Eiweiß abspalten können.

Aufgabe 21 → Schilddrüsenüber-/-unterfunktion

Ordnen Sie die folgenden Symptome einer Schilddrüsenüber- bzw. -unterfunktion zu, indem Sie Verbindungslinien ziehen.

a) Hyperthyreose (Schilddrüsenüberfunktion)

b) Hypothyreose (Schilddrüsenunterfunktion)

1) trockene Haut

2) Schweißausbrüche

3) häufiger Stuhlgang, Durchfall

4) Gewichtsabnahme

5) häufiges Frösteln

6) rissige Lippen

7) teigartiges Unterhautgewebe

8) vermehrtes Hungergefühl

Aufgabe 22 → Nebenschilddrüse

Welche der folgenden Aussagen trifft nicht zu? Bitte kreuzen Sie an. (1)

- ○ a) Parathormon erhöht den Calciumspiegel im Blut.
- ○ b) Bei zu hohen Parathormonspiegeln besteht die Gefahr der Knochenentkalkung.
- ○ c) Parathormon beschleunigt die Ausscheidung von Calcium mit dem Urin.
- ○ d) Calcitonin hemmt die Aufnahme von Calcium aus dem Darm.
- ○ e) Calcitonin entsteht nicht in der Nebenschilddrüse, sondern in der Schilddrüse.

Aufgabe 23 → Nebenschilddrüse

Welche hormonartige Substanz außer Parathormon und Calcitonin beeinflusst nachhaltig den Calciumspiegel im Blut?

Aufgabe 24 → Regelkreise

Die beiden folgenden Schemazeichnungen symbolisieren zwei Zustände, in denen ein System sich nicht verändert. Wie nennt man diese beiden Zustände, und worin besteht der Unterschied?

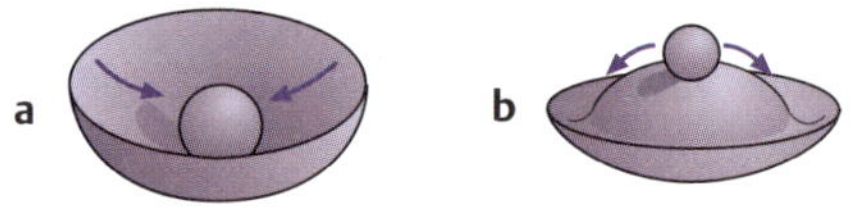

a)

b)

Aufgabe 25 → Regelkreise

Welcher Begriff hat nichts mit einem Regelkreis zu tun? Bitte kreuzen Sie an. (1)

- ○ a) Regelwerk
- ○ b) Stellgröße
- ○ c) Störgröße
- ○ d) Stellglied
- ○ e) Führungsgröße

Aufgabe 26 → Hormonsystem – Kreuz und quer

Lösen Sie bitte das folgende Kreuzworträtsel.

waagrecht:

1 Wofür steht „GH"?
5 Speichereiweiß für Schilddrüsenhormone
11 Produkt der Nebenschilddrüse
12 Wo genau entsteht Cortisol? (Zona ...)
13 glandotropes Hormon, fördert die Cortisolausschüttung
14 intrazellulärer Botenstoff
15 Auf welches Organ wirkt TSH ein?
16 Signalstoff, der nur die benachbarten Zellen erreicht

senkrecht:

2 Entstehungsort von ADH und Oxytocin
3 Nebennierenmarkhormon
4 Auf welches Mineralion außer Calcium wirkt Calcitonin ein?
6 Eiweißstoff, an den ein Hormon bindet und dort eine Wirkung ausübt
7 häufigste Ursache der Entstehung eines Kropfes
8 Wert, der bei einer negativen Rückkopplung konstant gehalten werden soll
9 Welches Hormon wird durch PIH gehemmt?
10 Speicherbläschen für Schilddrüsenhormone

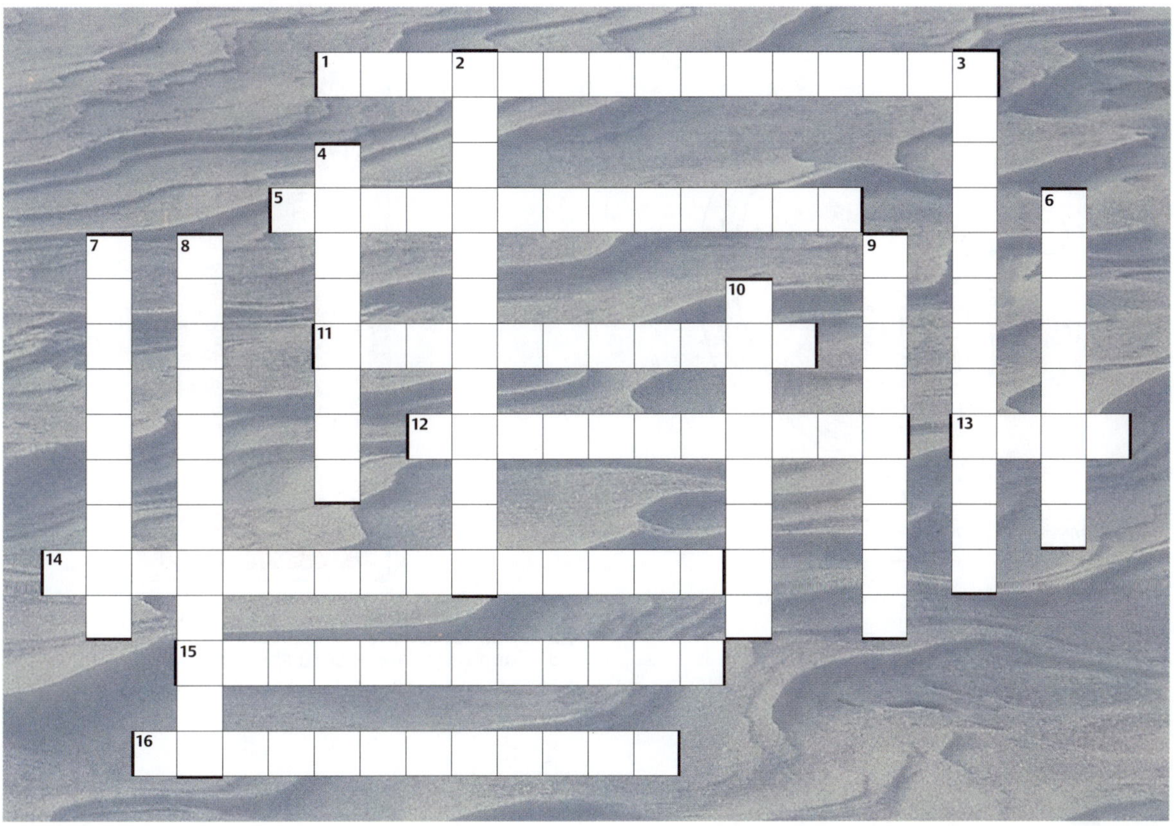

11 Hormonsystem

Aufgabe 1

(LE 1)
autokrines Hormom

Aufgabe 2

(LE 1)
c

Aufgabe 3

(LE 1)
d

Aufgabe 4

(LE 2)
Hormon; Rezeptor; ATP; Proteinkinase A

Aufgabe 5

(LE 2)
richtig a, b, e
falsch c, d

Aufgabe 6

(LE 3)

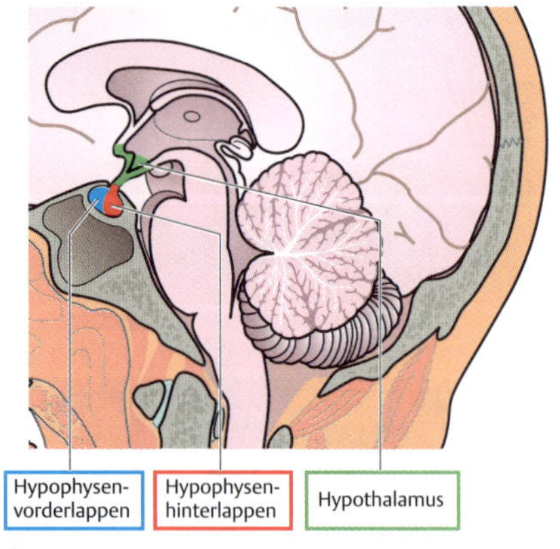

- Hypothalamus
- Hypophysenvorderlappen
- Hypophysenhinterlappen

Aufgabe 7

(LE 3)
c

Aufgabe 8

(LE 3)
richtig a, b
falsch c, d

Aufgabe 9

(LE 4)
1 ACTH
2 GnRH
3 Testosteron
4 MSH
5 PIH
6 T_3, T_4 (Thyroxin)

Aufgabe 10

(LE 4)
c

Aufgabe 11

(LE 4)
a2, a3, a4, b1, b5, b6

Aufgabe 12

(LE 5)
d

Aufgabe 13

(LE 5)

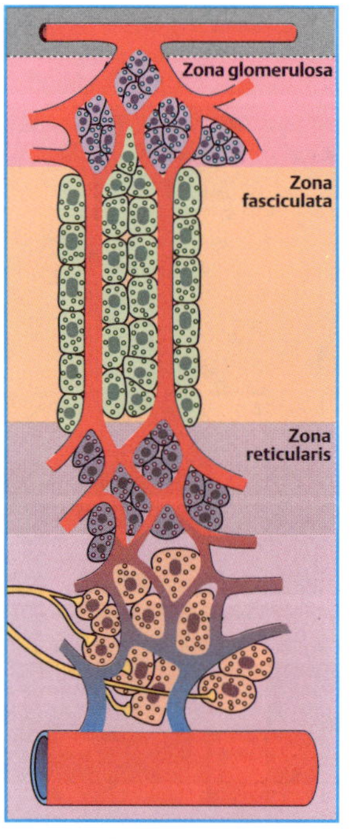

1 Zona glomerulosa – Mineralocorticoide
2 Zona fasciculata – Glucocorticoide
3 Zona reticularis – Sexualhormone

Aufgabe 14

(LE 5)
c

Aufgabe 15

(LE 6)
gesteigert a, c, f, g
gesenkt b, d, e

Aufgabe 16

(LE 6)
- chromaffine statt azidophile Zellen
- Amine statt kurzkettige Peptide

Aufgabe 17

(LE 6)
d

Aufgabe **18**

(LE 7)
1 A. thyroidea superior
2 A. carotis communis/Halsschlagader
3 A. thyroidea inferior
4 A. subclavia
5 Plexus thyroideus

Aufgabe **19**

(LE 7)
richtig a, b, c, f
falsch d, e

Aufgabe **20**

(LE 7)
b

Aufgabe **21**

(LE 7)
a2, a3, a4, a8, b1, b5, b6, b7

Aufgabe **22**

(LE 8)
c

Aufgabe **23**

(LE 8)
Vitamin D

Aufgabe **24**

(LE 9)
a) stabiles Gleichgewicht – kehrt bei Störungen zu demselben Zustand zurück
b) labiles Gleichgewicht – erreicht nach einer Störung nicht mehr denselben Zustand wie zuvor

Aufgabe **25**

(LE 9)
a

Aufgabe **26**

waagrecht:
1 Wachstumshormon
5 Thyroglobulin
11 Parathormon
12 fasciculata
13 ACTH
14 Second messenger
15 Schilddruese
16 Gewebshormon

senkrecht:
2 Hypothalamus
3 Noradrenalin
4 Phosphat
6 Rezeptor
7 Jodmangel
8 Regelgroesse
9 Prolaktin
10 Follikel

12 Nervensystem

Aufgabe **1** → **Rückenmark**

Die Abbildung zeigt einen Längsschnitt durch die Wirbelsäule mit ihren (farblich markierten) Abschnitten. Zeichnen Sie in die Abbildung das Rückenmark und den Verlauf jeweils des ersten und letzten Spinalnerven aus Hals-, Brust-, Lumbal- und Sakralmark ein.

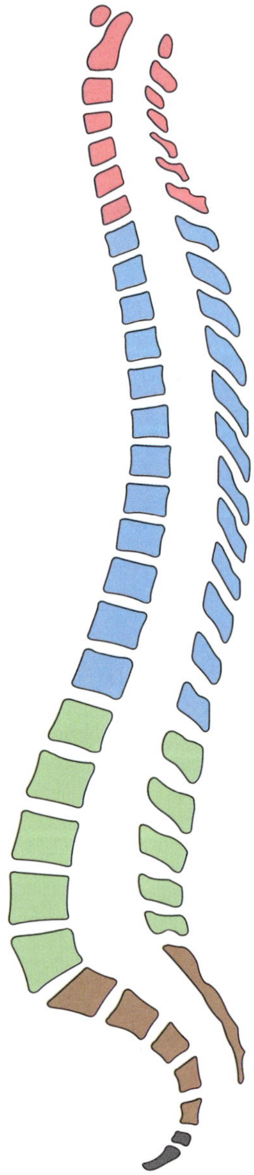

Aufgabe 2 Zentrales und peripheres Nervensystem

Gehören die folgenden Begriffe zum Bereich des zentralen oder des peripheren Nervensystems? Bitte ziehen Sie Verbindungslinien.

a) Rückenmark

b) Schwann-Zelle

c) Nerv

d) Mittelhirn

e) Weiterleitung von Signalen

f) Verarbeitung von Signalen

1) zentrales Nervensystem

2) peripheres Nervensystem

Denken Sie an den fundamentalen Unterschied zwischen den Aufgaben des zentralen und des peripheren Nervensystems: Das Zentralnervensystem verarbeitet Informationen (= Prozessor), das periphere Nervensystem leitet Informationen (= Kabel).

Aufgabe 3 Rückenmark

Welche der folgenden Aussagen trifft zu? Bitte kreuzen Sie an. (1)

○ a) Das Rückenmark reicht vom großen Hinterhauptsloch bis zum 2. Kreuzbeinwirbel.

○ b) Das Rückenmark besitzt zwei Verdickungen, an denen die Nerven von und zu den Armen und Beinen entspringen bzw. einmünden.

○ c) Die Hinterwurzel des Rückenmarks leitet ausschließlich efferente Impulse vom Rückenmark zum peripheren Nervensystem.

○ d) Jedes Rückenmarksegment gibt insgesamt vier Spinalnerven ab.

○ e) Der Durchmesser des Rückenmarks beträgt ca. 3–4 cm.

Aufgabe **4** → **Rückenmark**

Welcher inhaltliche Fehler verbirgt sich in der folgenden Textpassage?

Rückenmarkshäute und Liquor polstern das Rückenmark gegenüber Stößen und Zerrungen. Die harte Rückenmarkshaut (Dura) liegt dem Rückenmark unmittelbar auf, während die Spinnwebenhaut (Arachnoidea) den liquorgefüllten Hohlraum um das Rückenmark herum überspannt. Ganz außen, dem Wirbelknochen benachbart, befindet sich ein Fettpolster, das ebenfalls vor harten Stößen schützt.

Aufgabe **5** → **Rückenmark**

Beurteilen Sie die folgenden Aussagen auf ihre Richtigkeit, indem Sie ankreuzen.

	richtig	falsch
a) Die weiße Substanz enthält Nervenzellen, die graue Substanz Nervenfasern.	○	○
b) Im Rückenmark wird die graue Substanz von der weißen Substanz eingehüllt.	○	○
c) Zwischen Vorder- und Hinterwurzel liegt der sog. Vorderstrang.	○	○
d) Der Seitenstrang hat direkten Kontakt mit dem Zentralkanal des Rückenmarks.	○	○

Aufgabe **6** → **Rückenmark**

Welche der folgenden Aussagen trifft nicht zu? Bitte kreuzen Sie an. (1)

○ a) Im Hinterhorn der grauen Substanz des Rückenmarks liegen Nervenzellkörper, die zum sensiblen Wahrnehmungssystem gehören.
○ b) Die Nervenzellen im Vorderhorn (α-Motoneurone) sind größer als die im Hinterhorn.
○ c) Die Seitenhörner der grauen Substanz des Brustmarks (Th_1-Th_{12}) gehören zum parasympathischen Nervensystem.
○ d) Die Seitenhörner der grauen Substanz des Sakralmarks (S_2-S_4) gehören zum parasympathischen Nervensystem.
○ e) Die Seitenhörner der grauen Substanz des oberen Lumbalmarks (L_1 und L_2) gehören zum sympathischen Nervensystem.

Um die Funktionen des Rückenmarks besser lernen zu können, empfehle ich Ihnen, sich zu jedem Teil ein Schlagwort zu merken. Mit Ausnahme des Vorder- und des Seitenstrangs, die viele verschiedene Aufgaben erfüllen, kommt diese Vereinfachung ziemlich gut hin:

Hinterhorn – afferente Nervenzellen
Vorderhorn – efferente Nervenzellen
Seitenhorn – vegetatives Nervensystem
Hinterstrang – Sensibilität

Aufgabe 7 → Spinalnerven

Beurteilen Sie die folgenden Aussagen auf ihre Richtigkeit, indem Sie ankreuzen.
Der Zwerchfellnerv (N. phrenicus) ...

	richtig	falsch
a) entspringt dem Plexus cervicalis.	○	○
b) hat seinen Ursprung im ersten Halssegment (C_1).	○	○
c) ist für die Atmung sehr wichtig.	○	○
d) fällt nur bei sehr hohen Querschnittslähmungen aus.	○	○
e) fällt immer dann aus, wenn bei einer Querschnittslähmung Beine und Arme gelähmt sind (Tetraplegie).	○	○

Aufgabe 8 → Spinalnerven

Ordnen Sie die folgenden Lähmungszeichen einem der folgenden Nerven zu, indem Sie Verbindungslinien ziehen.

a) Der Patient kann Handgelenke und Finger nicht strecken, die Hand fällt schlaff herab. Die Sensibilität und die Kraft der Beugemuskulatur sind hingegen kaum beeinträchtigt.

b) Der Patient hat Probleme beim Beugen der Finger: Ring- und Kleinfinger bleiben stets gestreckt. Die Kleinfingerseite der Hand ist gefühllos.

c) Der Patient kann die Finger nicht zur Faust schließen. Beim Versuch, die Finger zu beugen, bleiben die ersten drei Finger gestreckt. Die Handfläche ist weitgehend gefühllos, besonders die Haut von Daumen, Zeige- und Mittelfinger.

1) N. ulnaris

2) N. medianus

3) N. radialis

Aufgabe 9 → Spinalnerven

Welcher der folgenden Nerven (Äste des Plexus lumbalis) innerviert die Streckmuskulatur des Oberschenkels, also den N. quadriceps femoris? Bitte kreuzen Sie an. (1)

○ a) N. femoralis
○ b) N. ilioinguinalis
○ c) N. iliohypogastricus
○ d) N. cutaneus femoris lateralis
○ e) N. genitofemoralis

Aufgabe 10 → Spinalnerven

Welche der folgenden Aussagen trifft nicht zu? Bitte kreuzen Sie an. (1)

Der N. ischiadicus ...
○ a) ist der stärkste Nerv des Körpers.
○ b) entspringt aus dem Plexus sacralis.
○ c) teilt sich in den N. tibialis und den N. fibularis (N. peronaeus).
○ d) versorgt sensibel besonders die Außenseite des Oberschenkels.
○ e) innerviert sämtliche Unterschenkel- und Fußmuskeln.

Aufgabe 11 → Reflexe

Die Abbildung zeigt den Patellarsehnenreflex als Beispiel eines einfachen Rückenmarkreflexes. Zeichnen Sie den afferenten und efferenten Signalweg sowie die Verschaltung im Rückenmark ein.

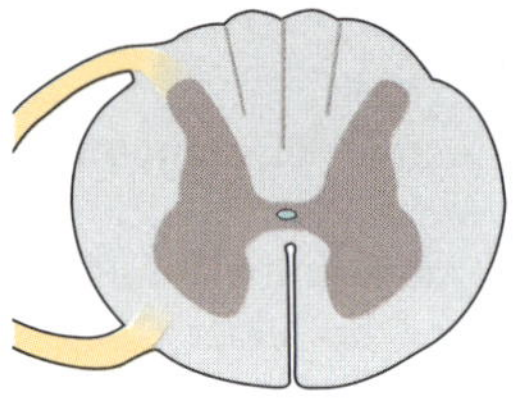

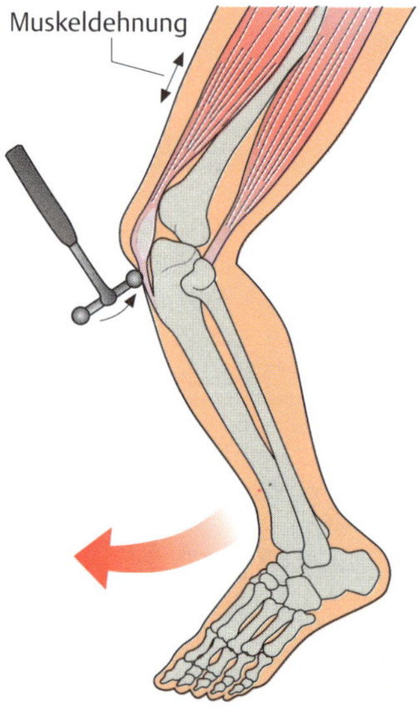

Stellen Sie sich nacheinander folgende Fragen. Wenn Sie alle beantworten können, dürfte das Einzeichnen kein Problem sein: 1) Wo befinden sich die Sensoren des Reflexes? 2) Läuft der afferente Signalweg durch die Vorder- oder die Hinterwurzel ins Rückenmark hinein? 3) In welchem Teil des Rückenmarks befindet sich die Synapse zum Umschalten auf den efferenten Signalweg? 4) Wo ist das Erfolgsorgan, d. h. welchen Muskel steuert der Reflex an? Zeichnen Sie am besten den afferenten Signalweg grün, den efferenten rot ein.

Aufgabe 12 → Patellarsehnenreflex

Ergänzen Sie die folgende Textpassage mit den untenstehenden Begriffen*.

Der Patellarsehnenreflex ist einer der einfachsten Rückenmarkreflexe. Es handelt sich um einen typischen ________________, der dazu dient, die Länge eines Muskels konstant zu halten. Die eigentlichen Sensoren der Muskellänge befinden sich innerhalb von ________________ zwischen der Arbeitsmuskulatur. Dorthin sendet das Rückenmark auch efferente Fasern, um den Soll-Wert, also die gewünschte Muskellänge, einzustellen. Mit diesem Soll-Wert wird der ________________, also die aktuelle Länge des Muskels, verglichen. Treten Abweichungen zwischen diesen beiden Werten auf, dann melden afferente Fasern Richtung und Stärke der Abweichung ans Rückenmark weiter.

---

* *Ist-Wert; Muskelspindeln; Muskeldehnungsreflex*

Beim Patellarsehnenreflex handelt es sich übrigens um ein schönes Beispiel für einen Regelkreis mit negativer Rückkopplung (Kap. 11, LE 9). Wenn der Muskel zu lang wird (passive Dehnung), zieht er sich reflektorisch zusammen. Falls die Muskelspannung so hoch wird, dass der Muskel sich ungewollt zusammenziehen würde, verringern sich die Impulse der Vorderhornzellen, und der Muskel erschlafft. Über γ-Motoneurone in den Sensororganen gibt das Rückenmark die gewünschte Muskellänge (Soll-Wert) vor.

Aufgabe 13 → Golgi-Sehnenorgane

Welche der folgenden Aussagen trifft/treffen zu? Bitte kreuzen Sie an. (1)

Die Golgi-Sehnenorgane ...

1) messen die Spannung eines Muskels.
2) sind komplexer aufgebaut als die Dehnungsrezeptoren.
3) befinden sich zwischen Muskelbauch und eigentlicher Sehne.
4) messen die Länge eines Muskels.

○ a) Nur Aussage 1 ist richtig.
○ b) Nur die Aussagen 1 und 3 sind richtig.
○ c) Nur die Aussagen 1 und 4 sind richtig.
○ d) Nur die Aussagen 1, 2 und 3 sind richtig.
○ e) Nur die Aussagen 2 und 4 sind richtig.

Aufgabe 14 → Reflexe

Welche der folgenden Strukturen werden durch den Beuge- und gekreuzten Streckreflex zur Kontraktion angeregt? Bitte kreuzen Sie an. (1)

1) Beugemuskulatur der gleichen Seite
2) Streckmuskulatur der Gegenseite
3) Beugemuskulatur der Gegenseite
4) Streckmuskulatur der gleichen Seite

○ a) Nur die Strukturen 1 und 2 werden angeregt.
○ b) Nur die Strukturen 1 und 3 werden angeregt.
○ c) Nur die Strukturen 2 und 4 werden angeregt.
○ d) Nur die Strukturen 1, 2 und 4 werden angeregt.
○ e) Nur die Strukturen 2, 3 und 4 werden angeregt.

Aufgabe 15 → Reflexe

Ordnen Sie den folgenden Reflexen denjenigen Teil des Rückenmarks zu, dessen Funktion sich mit dem jeweiligen Reflex überprüfen lässt, indem Sie Verbindungslinien ziehen.

a) Bizepssehnenreflex
b) Achillessehnenreflex
c) Patellarsehnenreflex
d) Bauchhautreflexe

1) Halsmark
2) Brustmark
3) Lumbalmark
4) Sakralmark

Aufgabe 16 → Vegetatives Nervensystem

In die folgende Abbildung sollen Sie einen einfachen Reflexbogen des sympathischen Nervensystems einzeichnen. Der afferente Signalweg soll grün, der efferente rot dargestellt werden. Die Zielorgane sind Blutgefäße und Schweißdrüsen der Haut. Achten Sie besonders auf die synaptischen Umschaltungen und die Lage der Nervenzellkörper.

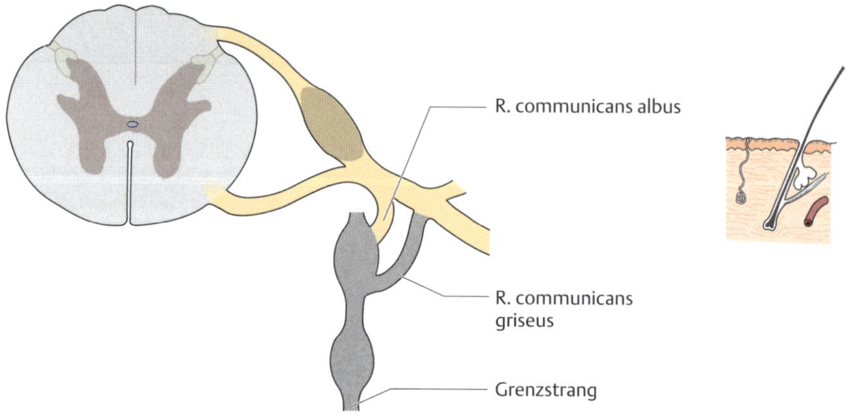

Aufgabe 17 → Vegetatives Nervensystem

In der folgenden Textpassage verbergen sich zwei inhaltliche Fehler – welche?

Sympathisches und parasympathisches Nervensystem unterscheiden sich anatomisch durch die Anordnung der Anteile ihres efferenten Signalwegs. Während die efferenten Fasern des Sympathikus eine synaptische Umschaltung in einem Ganglion durchmachen, also aus einem prä- und einem postganglionären Neuron bestehen, führt im Fall des Parasympathikus ein einziges Neuron vom Rückenmark bis zu den eigentlichen Zielzellen. Prä- und postganglionäre Neurone des Sympathikus unterscheiden sich durch ihre Neurotransmitter voneinander. Die meisten präganglionären Neurone benutzen Acetylcholin, während bei den postganglionären Neuronen Serotonin und GABA überwiegen.

- ______________________________
- ______________________________

____

Das ist wieder einmal eine Frage für besonders Interessierte (bringen auch Medizinstudenten immer wieder durcheinander). Einer der beiden Fehler hat etwas mit der Flucht- oder Kampfreaktion zu tun, die ja auch über den Sympathikus vermittelt wird (Kap. 11, LE 6). Der andere Fehler bezieht sich auf die Verschaltung im sympathischen und parasympathischen Nervensystem.

Aufgabe 18 → Parasympathikus

Steigert oder hemmt der Parasympathikus die folgenden physiologischen Prozesse? Bitte kreuzen Sie an.

	steigert	hemmt
a) Herzfrequenz	○	○
b) Blutdruck	○	○
c) Pankreassekretion	○	○
d) Darmmotorik	○	○
e) Schweißsekretion	○	○

Aufgabe 19 → Gehirn

Kennzeichnen Sie in der Abbildung die folgenden Gehirnteile mit verschiedenen Farben.

- Großhirn
- Zwischenhirn
- Rautenhirn mit seinen drei Anteilen
- Rückenmark

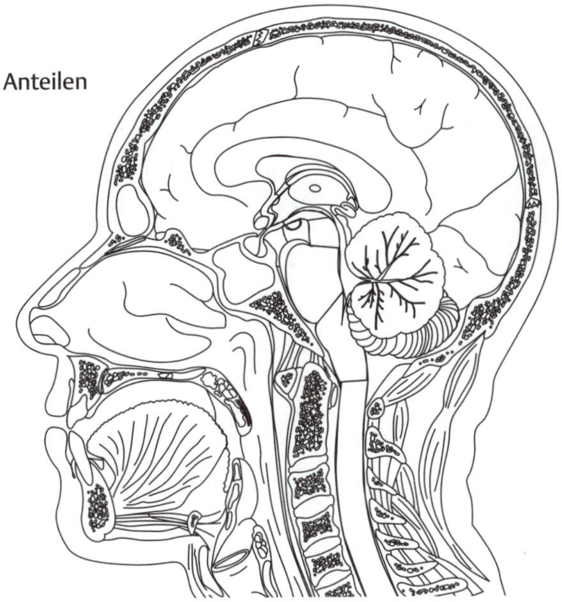

Aufgabe 20 → Gehirn

Wie unterscheidet sich die Verteilung von weißer und grauer Substanz zwischen Groß- und Kleinhirn einerseits und dem Rückenmark andererseits? Bitte kreuzen Sie an. (1)

○ a) Im Gehirn wechseln sich weiße und graue Substanz säulenartig ab.
○ b) Im Gehirn umgibt die graue Substanz die weiße.
○ c) Die graue Substanz des Gehirns ist mengenmäßig deutlich geringer als die des Rückenmarks.
○ d) Groß- und Kleinhirn besitzen keine weiße Substanz.
○ e) Es gibt keinen prinzipiellen Unterschied in der Verteilung von weißer und grauer Substanz.

Aufgabe 21 → Großhirn

Ordnen Sie den folgenden Arterien ihren jeweiligen Versorgungsbereich zu, indem Sie Verbindungslinien ziehen.

a) A. cerebri anterior

b) A. cerebri media

c) A. cerebri posterior

1) fast der gesamte Stirnlappen sowie Anteile des Schläfenlappens

2) fast der gesamte Hinterhauptlappen sowie die Innenfläche des Schläfenlappens

3) Innenfläche von Stirn- und Scheitellappen einschließlich der Mantelkante

4) Außenfläche von Stirn-, Scheitel- und Schläfenlappen

5) fast der gesamte Schläfenlappen und Außenfläche des Hinterhauptlappens

Aufgabe **22** → **Gehirn**

Welche große Vene im Halsbereich nimmt das Blut aus den großen Blutleitern des Gehirns auf?

____

Vergleichen Sie auch Abb. 3.22.

Aufgabe **23** → **Liquor**

Ergänzen Sie die folgende Abbildung mit den korrekten Beschriftungen.

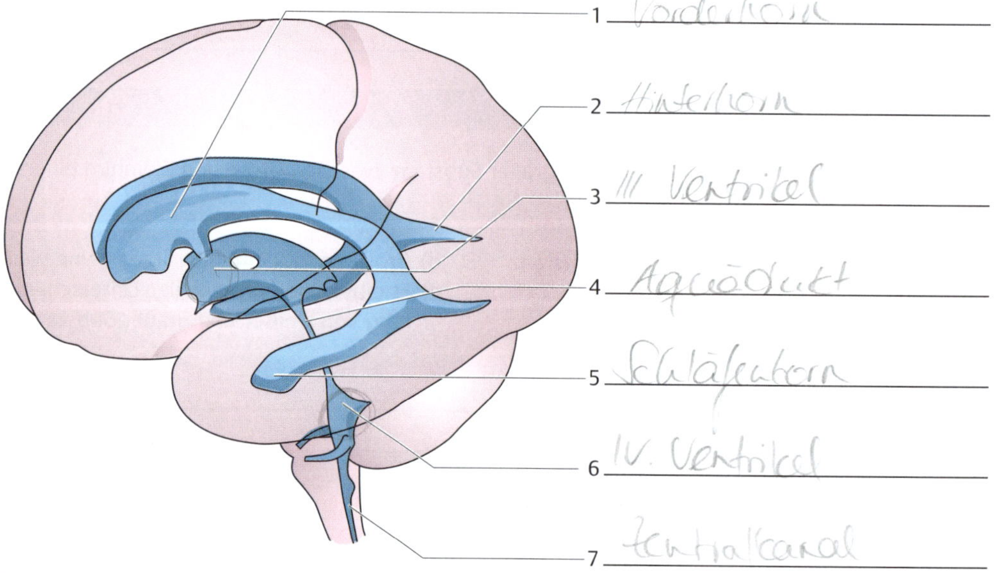

Aufgabe **24** → **Liquor**

Ergänzen Sie die folgende Textpassage mit den untenstehenden Begriffen*.

Der Liquor ist ähnlich wie der Primärharn der Niere ein Ultrafiltrat aus dem Blutplasma. Genauso wie im Fall des Primärharns ist die Eiweißkonzentration sehr viel niedriger als im Plasma. Die Konzentration von NaCl ist fast identisch. Der Liquor enthält keine Zellen, also Erythrozyten und Leukozyten. Daher ist der Liquor hinsichtlich seiner Transparenz eine klare Flüssigkeit.

* *fast identisch; sehr viel niedriger; klare/durchsichtige; Ultrafiltrat; keine*

Aufgabe 25 → Hirnhäute

Zeichnen Sie in die unten stehende Abbildung die drei Hirnhäute mit unterschiedlichen Farben ein und beschriften Sie diese.

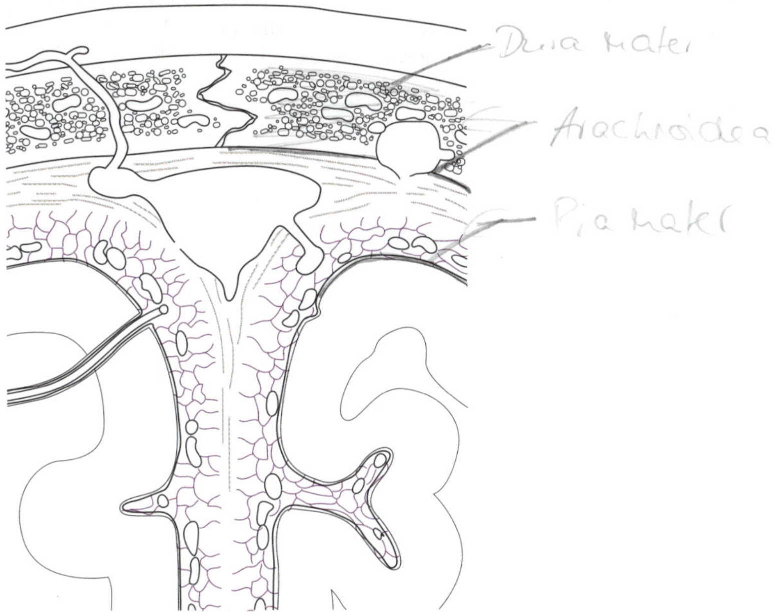

Achten Sie darauf, zwischen welchen der drei Hirnhäute sich der flüssigkeitsgefüllte Hohlraum außerhalb des Gehirns, also der äußere Liquorraum, befindet. Wenn Sie den Namen dieses Hohlraums wissen, können Sie leicht herleiten, unter welcher Hirnhaut er liegt (Ein Tip: Das Wort beginnt mit „Sub..“, also „Unter...“).

Aufgabe 26 → Hirnnerven

Ordnen Sie den folgenden Beschreibungen einen der 12 Hirnnerven (I bis XII) zu.

a) Versorgt alle Augenmuskeln mit Ausnahme des äußeren geraden und des oberen schrägen Augenmuskels ___
b) Leitet die Nervenimpulse aus der Riechregion der Nase zum Zwischenhirn ___
c) Versorgt die Zunge motorisch und ist beim Sprechen wichtig ___
d) Leitet die sensiblen Fasern von Zungengrund und Rachenwand ___

Aufgabe 27 → Hirnnerven

Bitte kreuzen Sie an. Der X. Hirnnerv ...

- ○ a) heißt N. hypoglossus.
- ○ b) heißt N. trochlearis.
- ○ c) ist Teil des parasympathischen Nervensystems.
- ○ d) ist ein vorgeschobener Hirnteil, kein echter Nerv.
- ○ e) versorgt Innenohr und Gleichgewichtssystem.

Sie sollten sich sowohl die Namen der Hirnnerven als auch deren Nummern einprägen. Wenn Sie wissen, dass der X. Hirnnerv N. vagus heißt, dürfte die Frage leicht zu beantworten sein. Im Stationsalltag werden Sie übrigens nicht selten auf Diagnosen wie „Zoster V_2“ stoßen (Gürtelrose im Bereich des N. maxillaris, also des zweiten Astes des N. trigeminus). Dann ist es hilfreich, eine Vorstellung davon zu haben, wo der Nerv liegt und was er normalerweise tut.

Aufgabe 28 → Hirnnerven

Kennzeichnen Sie mit einer kräftigen Farbe die drei folgenden Hirnnerven (Ansicht der Hirnbasis von unten).

I. Hirnnerv
N. olfactorius

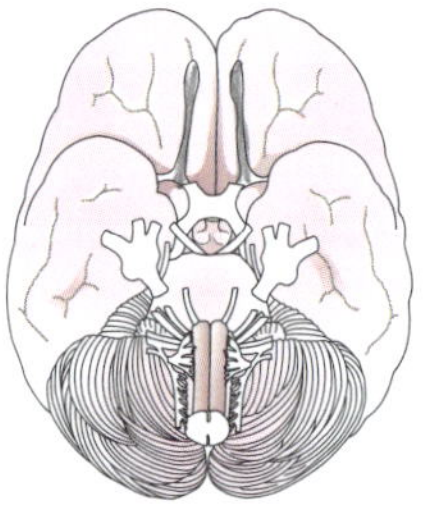

V. Hirnnerv
N. trigeminus

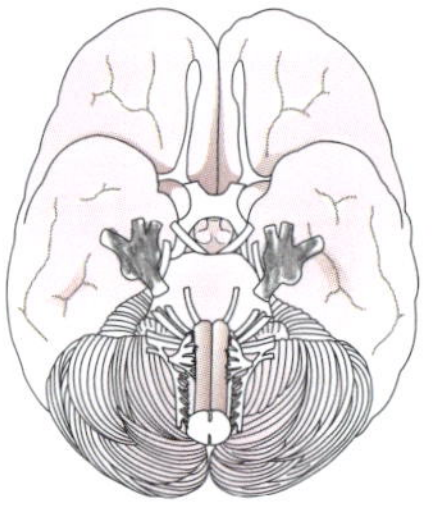

XI. Hirnnerv
N. accessorius

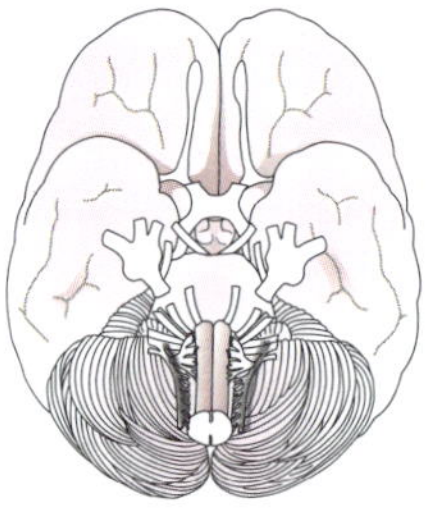

Aufgabe 29 → Sensibles Wahrnehmungssystem

Welche Aussage trifft nicht zu? Bitte kreuzen Sie an. (1)

Die Fasern, welche die Empfindungen „Druck“ und „Berührung“ leiten, ...

- ○ a) bilden die Hinterstrangbahnen des Rückenmarks.
- ○ b) gliedern sich in einen Fasciculus gracilis und einen Fasciculus cuneatus.
- ○ c) kreuzen bereits auf Höhe des Rückenmarksegments, in dem die entsprechenden Fasern eintreten, zur Gegenseite.
- ○ d) schalten erst im Rautenhirn auf ein zweites Neuron um.
- ○ e) sind die längsten Nervenzellen des Körpers.

Aufgabe 30 → Sensibles Wahrnehmungssystem

Beurteilen Sie die folgenden Aussagen auf ihre Richtigkeit, indem Sie ankreuzen.	richtig	falsch
a) Die Empfindungen „Schmerz“, „heiß“ und „kalt“ gelangen über andere Bahnen zum Gehirn als die Empfindungen „Druck“ und „Berührung“.	○	○
b) Die Seitenstrangbahn leitet Schmerz- und Temperaturwahrnehmungen von der gegenüberliegenden Körperseite.	○	○
c) Die Fasern für Schmerz und Temperatur schalten direkt nach ihrem Eintritt ins Rückenmark auf ein zweites Neuron um.	○	○
d) Schmerz- und Temperaturwahrnehmungen aus der Gesichtshaut erreichen das Gehirn über den VII. Hirnnerv (N. facialis).	○	○

Aufgabe 31 → Sensibles Wahrnehmungssystem

Bitte kreuzen Sie an. Berührungsreize aus dem Bereich des linken Fußes ... (1)

○ a) erreichen die vordere Zentralwindung der rechten Gehirnhälfte.
○ b) erreichen die hintere Zentralwindung der linken Gehirnhälfte.
○ c) erreichen die vordere Zentralwindung der linken Gehirnhälfte.
○ d) erreichen die hintere Zentralwindung der rechten Gehirnhälfte.
○ e) erreichen weder die vordere noch die hintere Zentralwindung.

Aufgabe 32 → Großhirn

Kennzeichnen Sie verschiedenfarbig die für Sensorik und Motorik wichtigen Zentralwindungen des Großhirns und geben Sie an, welche Zentralwindung zum sensorischen und welche zum motorischen System gehört.

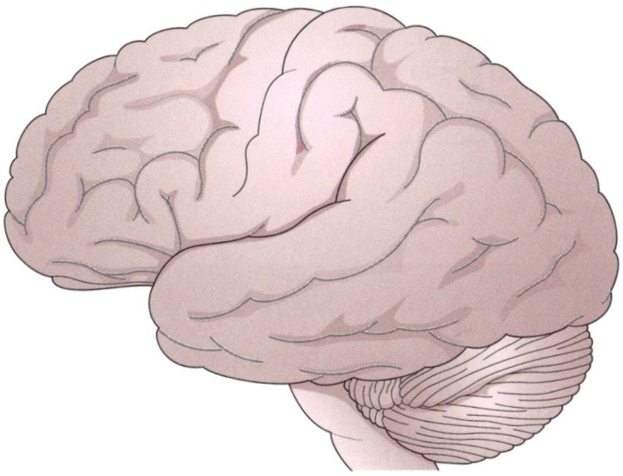

1) ______

2) ______

Aufgabe 33 → Motorik

Die Basalganglienschleife dient dazu, Handlungsabläufe vor der eigentlichen Ausführung zu simulieren. Welcher der folgenden Hirnteile ist kein Bestandteil dieses Simulationssystems? Bitte kreuzen Sie an. (1)

○ a) Nucleus caudatus
○ b) Putamen
○ c) Thalamus
○ d) Streifenkörper
○ e) Nucleus dentatus

Aufgabe 34 → Motorik

Für den Morbus Parkinson sind drei Störungen des motorischen Systems typisch.

Um welche handelt es sich? Bitte kreuzen Sie an. (1)

1) Bewegungsarmut (Akinesie)
2) Zittern (Tremor)
3) Überschießende Bewegungen (Ballismus)
4) Wurmartig verdrehte Bewegungen (Athetose)
5) Erhöhter Muskeltonus (Rigor)

○ a) Nur die Störungen 1, 2 und 3 sind typisch.
○ b) Nur die Störungen 1, 3 und 4 sind typisch.
○ c) Nur die Störungen 1, 2 und 5 sind typisch.
○ d) Nur die Störungen 2, 4 und 5 sind typisch.
○ e) Nur die Störungen 2, 3 und 4 sind typisch.

Bei verschiedenen Parkinsonpatienten offenbart sich die Krankheit oft mit sehr unterschiedlichen Symptomen, weil eine der drei Störungen im Vordergrund steht. Entsprechend verschiedenartig sind auch die Behinderungen dieser Patienten. Ihre Betreuung muss sich also ganz individuell nach den Krankheitszeichen des einzelnen Patienten richten.

Aufgabe 35 → Kleinhirn

Worin unterscheiden sich Kleinhirn und Großhirn hinsichtlich ihrer anatomischen Struktur? Bitte kreuzen Sie an. (1)

- ○ a) Die Windungen des Kleinhirns sind feiner als die des Großhirns.
- ○ b) Die Struktur des Kleinhirns ist unregelmäßiger.
- ○ c) Die Windungen des Kleinhirns verlaufen alle in derselben Richtung.
- ○ d) Es gibt im Kleinhirn keine Hemisphären.
- ○ e) Alle oben genannten Aussagen sind falsch.

Aufgabe 36 → Kleinhirn

Ergänzen Sie die folgende Abbildung mit den korrekten Beschriftungen (Ansicht von unten).

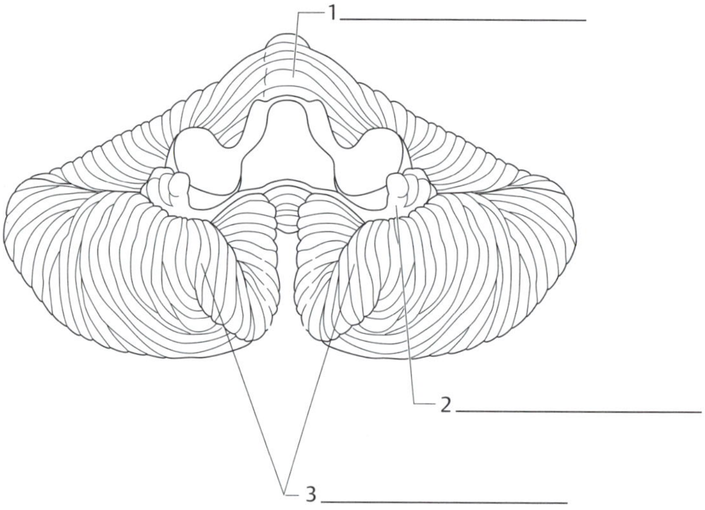

Kennzeichnen Sie verschiedenfarbig die unterschiedlich alten Teile des Kleinhirns. Wie heißen diese Teile?

▸ ______

▸ ______

▸ ______

Aufgabe 37 → Motorik

Ergänzen Sie die folgende Textpassage mit den untenstehenden Begriffen*.

Die Pyramidenbahn verbindet die ____________________ der Großhirnrinde direkt – also ohne synaptische Umschaltung – mit den α-Motoneuronen im ____________________ des Rückenmarks oder mit Interneuronen, die Reflexe oder Teile von Reflexen in Gang setzen. Der direkte Kontakt mit den α-Motoneuronen dient vor allem der Steuerung von ____________________-Bewegungen der Finger. Die meisten Fasern der Pyramidenbahn kreuzen auf Höhe ____________________ auf die Gegenseite und laufen als ____________________ in der weißen Substanz des Rückenmarks abwärts. Die wenigen ungekreuzten Fasern bilden die ____________________.

* *Pyramidenseitenstrangbahn; Präzisions; Vorderhorn; Pyramidenvorderstrangbahn; vordere Zentralwindung; des verlängerten Marks/der Medulla oblongata*

Aufgabe 38 → Schlafen und Wachen

Welche der folgenden Aussagen trifft zu? Bitte kreuzen Sie an. (1)

- ○ a) Ohne sog. externe Zeitgeber (Uhren, Wechsel zwischen Tag und Nacht) stellt sich kein stabiler Schlaf-Wach-Rhythmus ein.
- ○ b) Die tageszeitlich unterschiedliche Leistungsfähigkeit ist wahrscheinlich Folge schwankender Hormonspiegel.
- ○ c) Körpereigene Rhythmen können zwar gegen den Tagesrhythmus, nicht aber gegeneinander verschoben sein.
- ○ d) Nach einer Zeitverschiebung von 9 Stunden braucht der Körper 2–3 Tage, um alle körpereigenen Rhythmen auf die neue Zeit einzustellen.
- ○ e) Im Hinblick auf die körpereigenen Rhythmen ist ein Wechsel zwischen Tag- und Nachtschicht etwa alle 4 Tage optimal.

Aufgabe 39 → Schlafen und Wachen

Ordnen Sie den folgenden Schlafstadien die für sie charakteristischen Zeichen zu, indem Sie Verbindungslinien ziehen.

a) Schlafstadium A

b) Schlafstadium E

c) REM-Schlaf

1) Tiefschlaf

2) Muskeltonus stark vermindert

3) Einschlafphase

4) Träume

5) nur kurze Durchgangsphase

Die Bezeichnungen „Schlafstadien A bis E", „Non-REM- und REM-Schlaf" sowie „orthodoxer und paradoxer Schlaf" stellen konkurrierende Einteilungssysteme dar. In den wichtigsten Punkten überschneiden sich die Definitionen jedoch, so dass Sie sich merken können: REM-Schlaf = paradoxer Schlaf = Schlafstadium B.

Aufgabe 40 → Schlafen und Wachen

Für welche Schlafstadien sind die langsamen δ-Wellen im EEG charakteristisch?

Aufgabe 41 → Sprache

Die Abbildung zeigt die Aktivitätszonen der linken Großhirnhälfte beim Hören und Nachsprechen eines Textes. In welcher Reihenfolge werden die Zonen aktiv und wie heißen diese?

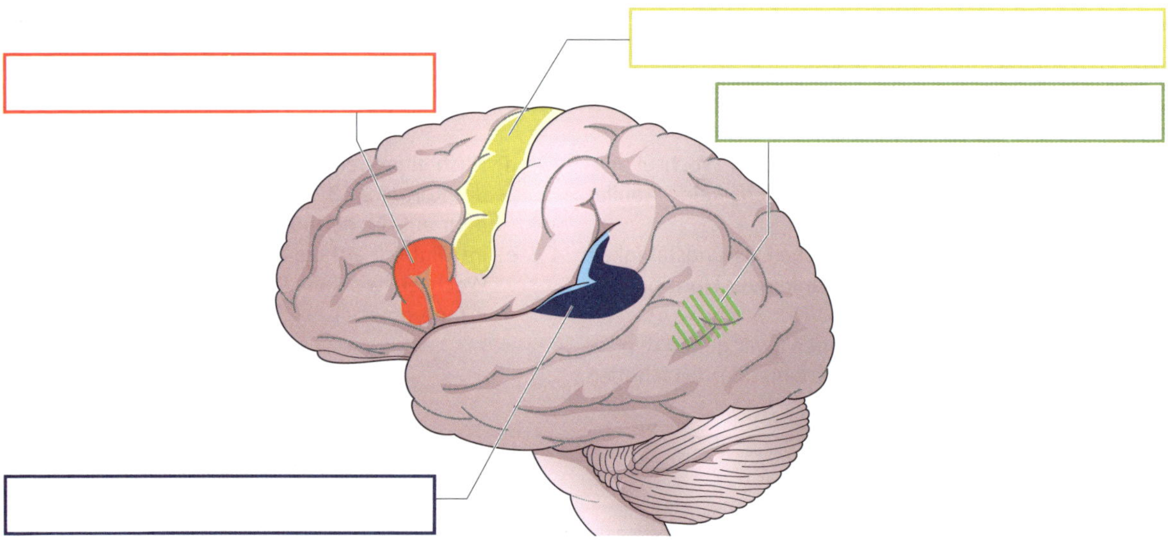

Aufgabe 42 → Sprache

Welcher Anteil des Gehirns ist wahrscheinlich in Mitleidenschaft gezogen, wenn ein Patient zwar einzelne sinnvolle Wörter äußert, aber nicht in der Lage ist, einen grammatikalisch richtigen Satz zu sprechen (Reden im Telegrammstil)?

Denken Sie daran, dass eines der beiden mit Eigennamen benannten Sprachzentren für das Verstehen von Sprache, das andere für die Artikulation zuständig ist. Ganz verkürzt könnte man von einem „afferenten" und einem „efferenten" Sprachzentrum reden.

Aufgabe **43** → **Lernen**

Wie nennt man den Teil des Gedächtnisses, der Sinneseindrücke etwa eine Sekunde lang speichern kann und entscheidet, welche davon genügend wichtig sind, um ins Bewußtsein zu dringen? Bitte kreuzen Sie an. (1)

- ○ a) Primäres Gedächtnis
- ○ b) Sekundäres Gedächtnis
- ○ c) Tertiäres Gedächtnis
- ○ d) Sensorisches Gedächtnis
- ○ e) Assoziatives Gedächtnis

Aufgabe **44** → **Lernen**

Ergänzen Sie die folgende Textpassage mit den untenstehenden Begriffen*.

Ob eine Information wichtig genug ist, um vom flüchtigen primären Gedächtnis in das ____________ sekundäre Gedächtnis übernommen zu werden, hängt von der emotionalen Bedeutung ab, die diese Information im Augenblick besitzt. Der Hirnteil, welcher diese Entscheidung trifft, ist der ____________. Dieser Hirnteil gehört funktionell zum ____________, dem für das emotionale Empfinden entscheidenden Teil des Gehirns. Daher speichern wir Informationen immer zusammen mit ihrer emotionalen Bedeutung, die diese Information ursprünglich hatte.

* *limbischen System; dauerhafte/permanente; Hippocampus*

Aufgabe 45 ➞ Nervensystem – Kreuz und quer

Lösen Sie bitte das folgende Kreuzworträtsel.

waagrecht:

1 Spinnwebenhaut
3 Zu welchem Teil des Nervensystems gehören die Grenzstrangganglien?
8 wichtigster Teil des ARAS
10 non-REM-Schlaf (... Schlaf)
11 „Aufmerksamkeitsfilter“ des sensiblen/sensorischen Wahrnehmungssystems
12 Hauptast des Ischiasnervs (N. ...)
14 Teil des limbischen Systems, umgibt den Balken und den III. Ventrikel
15 wichtigster Ast des Plexus brachialis neben Nn. medianus und ulnaris (N. ...)
16 Nervenfaserbündel, leitet Signale für Willkürbewegungen ins Rückenmark

senkrecht:

2 Verbindung zwischen III. und IV. Hirnventrikel
3 Teil der weißen Substanz des Rückenmarks zwischen Vorder- und Hinterwurzel
4 motorischer Zungennerv (N. ...)
5 Organisation des Gedächtnisses nach der Netzwerktheorie
6 Teil der grauen Substanz des Rückenmarks mit Motoneuronen
7 Zu welchem Hirnteil gehört das verlängerte Mark?
9 Messfühler für die Länge eines Muskels
13 zentralnervös verursachte Sprachstörung

Aufgabe 1

(LE 2)

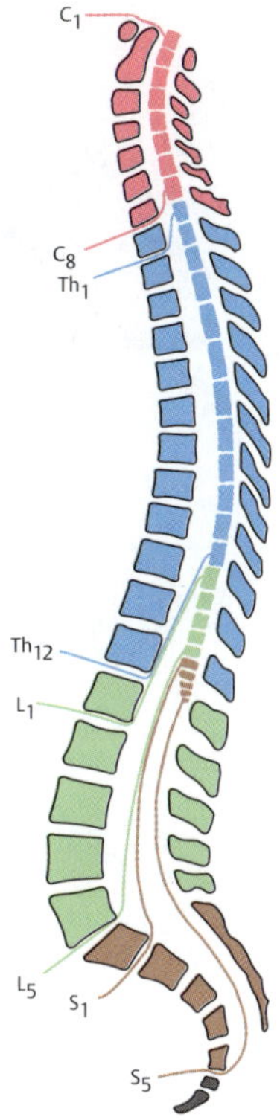

Aufgabe 2

(LE 1)
a1, b2, c2, d1, e2, f1

Aufgabe 3

(LE 2)
b

Aufgabe 4

(LE 2)
Weiche Hirnhaut liegt dem Rückenmark auf.

Aufgabe 5

(LE 3)
richtig b
falsch a, c, d

Aufgabe 6

(LE 3, 8)
c

Aufgabe 7

(LE 4)
richtig a, c, d
falsch b, e

Aufgabe 8

(LE 4)
a3, b1, c2

Aufgabe 9

(LE 5)
a

Aufgabe 10

(LE 5)
d

Aufgabe 11

(LE 6)

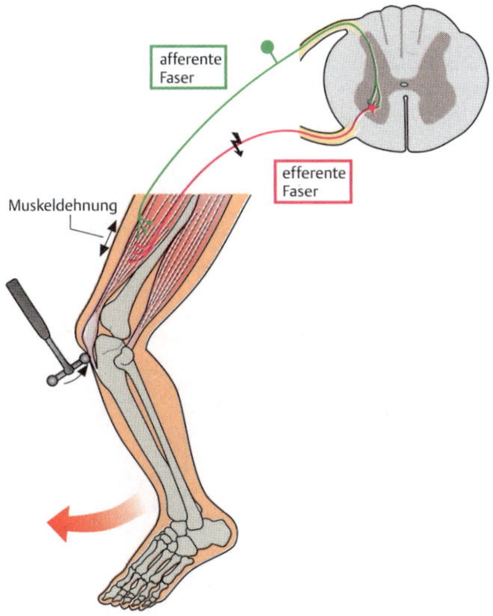

Aufgabe 12

(LE 6)
Muskeldehnungsreflex; Muskelspindeln; Ist-Wert

Aufgabe 13

(LE 7)
b

Aufgabe 14

(LE 7)
a

Aufgabe 15

(LE 7)
a1, b4, c3, d2

Aufgabe 16

(LE 8)

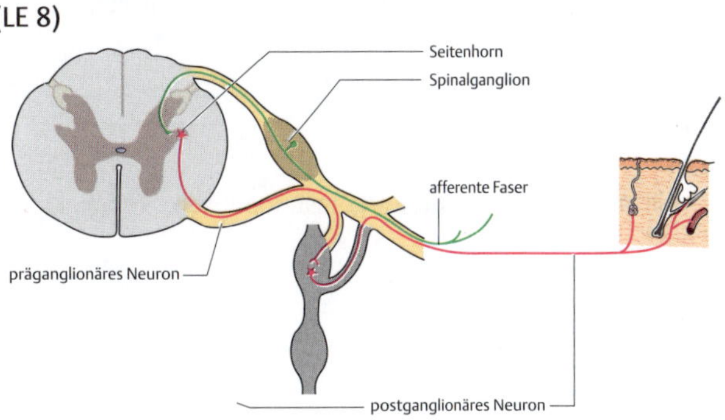

Aufgabe 17

(LE 8)
- Auch parasympathische Efferenzen bestehen aus zwei Neuronen.
- Wichtigster postsynaptischer Neurotransmitter des sympathischen Nervensystems ist Noradrenalin.

Aufgabe 18

(LE 8)
steigert c, d
hemmt a, b, e

Aufgabe 19

(LE 9)

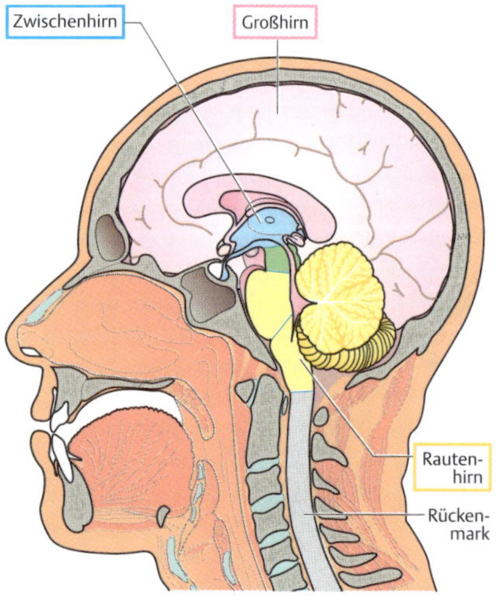

Aufgabe 20

(LE 9)
b

Aufgabe 21

(LE 10)
a3, b4, c2

Aufgabe 22

(LE 10)
V. jugularis interna

Aufgabe 23

(LE 11)
1 Vorderhorn der Seitenventrikel
2 Hinterhorn der Seitenventrikel
3 III. Ventrikel
4 Aquädukt
5 Cornu temporale/Schläfenhorn der Seitenventrikel
6 IV. Ventrikel
7 Zentralkanal

Aufgabe 24

(LE 11)
Ultrafiltrat; sehr viel niedriger; fast identisch; keine; klare/durchsichtige

Aufgabe 25

(LE 11)

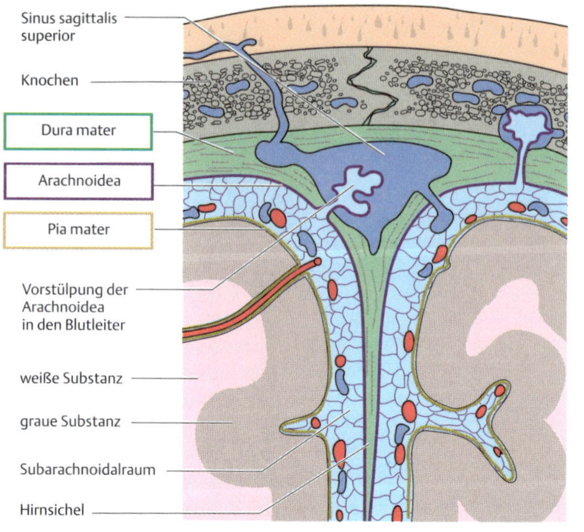

Aufgabe 26

(LE 12)
a) III, b) I, c) XII, d) IX

Aufgabe 27

(LE 12)
c

Aufgabe 28

(LE 12)

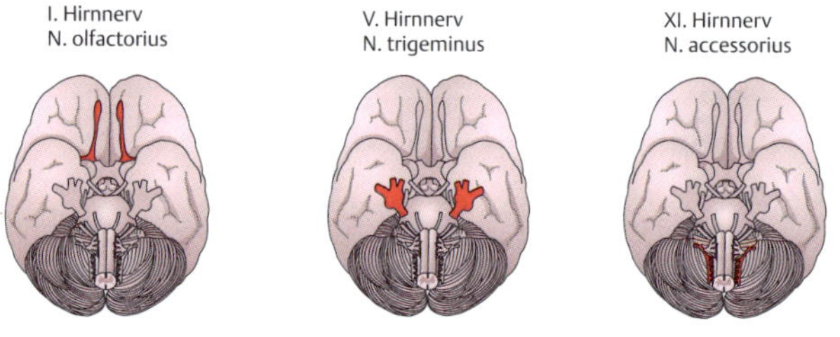

Aufgabe 29

(LE 13)
c

Aufgabe 30

(LE 13)
richtig a, b, c
falsch d

Aufgabe 31

(LE 13)
d

Aufgabe 32

(LE 13)

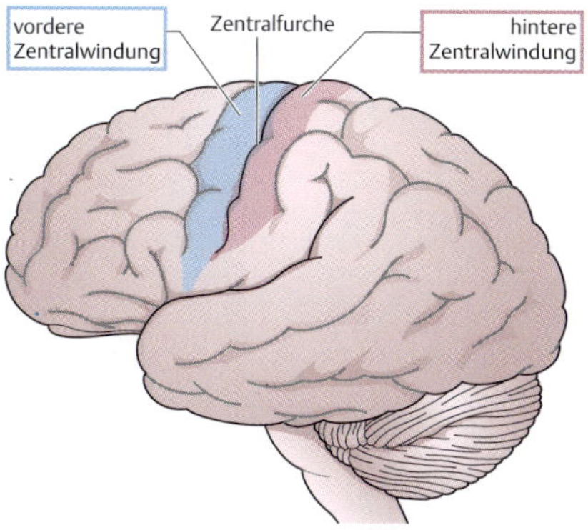

1) vordere Zentralwindung: motorisch
2) hintere Zentralwindung: sensorisch

Aufgabe 33

(LE 14)
e

Aufgabe 34

(LE 14)
c

Aufgabe 35

(LE 15)
a

Aufgabe 36

(LE 15)
1 Kleinhirnwurm
2 Flocculus
3 Kleinhirntonsillen

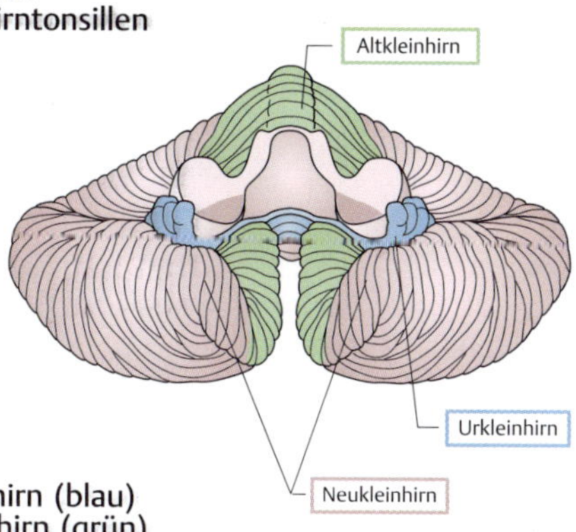

- Urkleinhirn (blau)
- Altkleinhirn (grün)
- Neukleinhirn (rosa)

Aufgabe 37

(LE 16)
vordere Zentralwindung; Vorderhorn; Präzisions; des verlängerten Marks/der Medulla oblongata; Pyramidenseitenstrangbahn; Pyramidenvorderstrangbahn

Aufgabe 38

(LE 17)
b

Aufgabe 39

(LE 18)
a3, a5, b1, c2, c4

Aufgabe 40

(LE 18)
Tiefschlaf/Stadium D und E/orthodoxer Schlaf

Aufgabe 41

(LE 19)

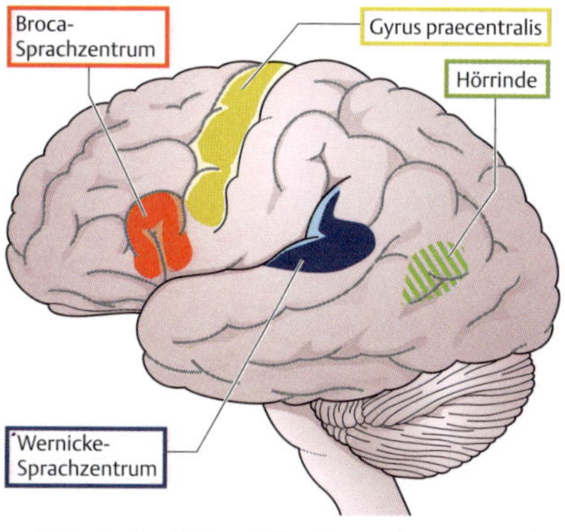

Reihenfolge: Hörrinde, Wernicke-Sprachzentrum, Broca-Sprachzentrum, Gyrus praecentralis

Aufgabe 42

(LE 19)
Broca-Sprachzentrum/motorisches Sprachzentrum

Aufgabe 43

(LE 20)
d

Aufgabe 44

(LE 20)
dauerhafte/permanente; Hippocampus; limbischen System

Aufgabe 45

waagrecht:
1 Arachnoidea
3 Sympathikus
8 Formatio reticularis
10 orthodoxer
11 Thalamus
12 tibialis
14 Gyrus cinguli
15 radialis
16 Pyramidenbahn

senkrecht:
2 Aquaedukt
3 Seitenstrang
4 hypoglossus
5 Assoziativspeicher
6 Vorderhirn
7 Rautenhirn
9 Muskelspindel
13 Aphasie

13 Haut

Aufgabe 1 → Oberhaut

Benennen Sie die vier in der Abbildung gekennzeichneten Schichten der Oberhaut.

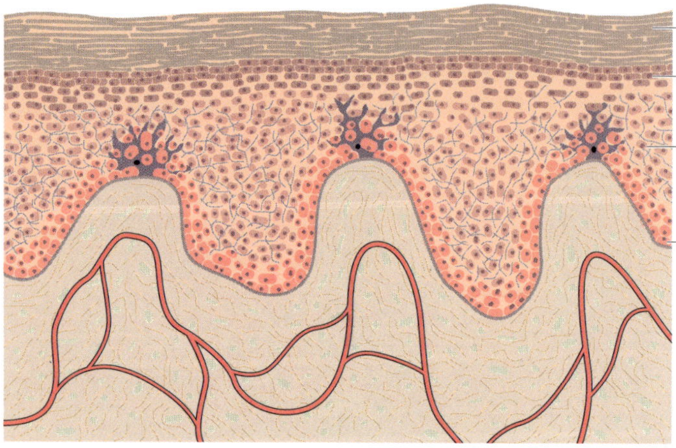

1 ______________________

2 ______________________

3 ______________________

4 ______________________

Aufgabe 2 → Oberhaut

Welche der folgenden Aussagen trifft nicht zu? Bitte kreuzen Sie an. (1)

- ○ a) Haare wachsen stets aus den Eintiefungen zwischen zwei Feldern, niemals aus der Mitte eines Feldes.
- ○ b) Leistenhaut ist stets unbehaart.
- ○ c) Schweißdrüsen münden inmitten der Felder.
- ○ d) Nur die Leistenhaut besitzt eine Papillarschicht.
- ○ e) Die Oberhaut ist mit dem mehrschichtigen, verhornenden Plattenepithel identisch.

In gebräunter Haut erkennt man die Felder wesentlich deutlicher. Beachten Sie, dass die Felder eine Rautenform haben und entlang der Hautspaltlinien langgestreckt sind. Den Übergang von der Felder- zur Leistenhaut können Sie übrigens besonders schön am Grundglied des Zeige- oder Mittelfingers beobachten.

Aufgabe 3 → Lederhaut

In der folgenden Textpassage verbergen sich zwei inhaltliche Fehler – welche?

Die Lederhaut besteht im Wesentlichen aus scherenartig verzahnten Kollagenfasern, die der Haut Festigkeit gegenüber Zugkräften verleihen (Geflechtschicht der Lederhaut). Die schwach durchblutete Papillarschicht bildet den Übergang zwischen der Oberhaut und der Geflechtschicht. Zwischen Geflechtschicht und dem Unterhautgewebe liegt die elastische Schicht, die dafür sorgt, daß die Haut nach Verformung ihre ursprüngliche Form zurückerhält.

▸ ______________________

▸ ______________________

Aufgabe 4 → Schweißdrüsen

Beurteilen Sie die folgenden Aussagen auf ihre Richtigkeit, indem Sie ankreuzen.

	richtig	falsch
a) Schweißsekretion ist eine auch im Tierreich weit verbreitete Strategie zur Temperaturregulation.	○	○
b) Beim Menschen ist die Schweißsekretion der wichtigste Mechanismus, um Überschusswärme an die Umgebung abzugeben.	○	○
c) Schweißdrüsen sind reich verzweigte sog. alveoläre Drüsen mit zahlreichen Azini.	○	○
d) 1 cm^2 Hautoberfläche besitzt mehrere 100 Schweißdrüsen.	○	○
e) Schweißdrüsen werden vom sympathischen Nervensystem versorgt.	○	○

Aufgabe 5 → Talgdrüsen

Welche der folgenden Aussagen trifft nicht zu? Bitte kreuzen Sie an. (1)

○ a) Talgdrüsen münden gewöhnlich in einen Haarbalg.
○ b) Talgdrüsen sind schlanke, unverzweigte, sog. tubuläre Drüsen.
○ c) Aufgabe der Talgdrüsen ist es, die Haut geschmeidig zu erhalten.
○ d) Männliche Sexualhormone stimulieren die Talgdrüsen.
○ e) Akne ist eine eitrige Entzündung verstopfter Talgdrüsen.

Aufgabe 6 → Haare

Welche der folgenden Aussagen trifft/treffen zu? Bitte kreuzen Sie an. (1)

1) Die Oberfläche eines Haares besteht aus schuppenartig übereinandergelagerten Hornplättchen, der Cuticula.
2) Der Strich der Cuticula weist von der Haarspitze zum Haaransatz.
3) Haare haben einen Durchmesser von ca. 1/10 – 1/20 mm.
4) Die Lebensdauer eines einzelnen Kopfhaares beträgt ca. 1 Jahr.

○ a) Nur die Aussagen 1 und 2 sind richtig.
○ b) Nur die Aussagen 1 und 3 sind richtig.
○ c) Nur die Aussagen 1, 2 und 4 sind richtig.
○ d) Nur die Aussagen 3 und 4 sind richtig.
○ e) Alle Aussagen sind richtig.

Aufgabe 7 → Haar im Längsschnitt

Ergänzen Sie die folgende Abbildung mit den korrekten Beschriftungen.

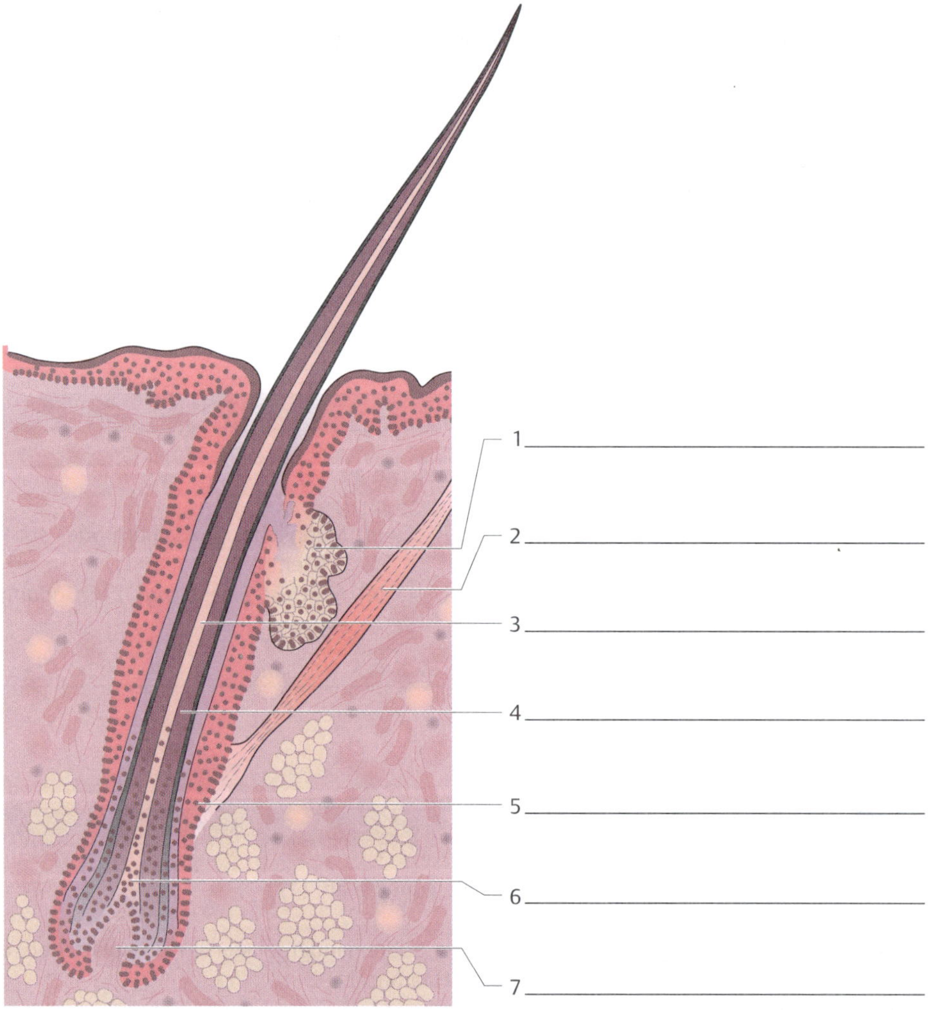

Aufgabe 8 → Hautsensoren

Ordnen Sie die folgenden Sensoren nach ihrer Häufigkeit in der Haut, indem Sie Ziffern vergeben (1 = am häufigsten, 4 = am seltensten).

a) Warmrezeptoren ___
b) Schmerzrezeptoren ___
c) Kaltrezeptoren ___
d) Ruffini-Kolben ___

Die Schmerzrezeptoren lassen sich besonders gut mit einer feinen Nadel an einer relativ unempfindlichen Hautstelle (z. B. am Unterarm) aufsuchen. Wenn Sie eine feine Akupunkturnadel verwenden, merken Sie häufig nicht einmal den Einstich. Bei der Nadelmoxibustion, einer Akupunkturtechnik, wird die Nadel durch Abbrennen von Kräutern auf der Nadelspitze erhitzt. Nur ganz selten entsteht dabei ein unangenehmes oberflächliches Hitzegefühl.

Aufgabe **9** → **Tastsensoren**

Ordnen Sie den folgenden Berührungsrezeptoren ihre typische Reizcharakteristik zu, indem Sie Verbindungslinien ziehen.

a) Vater-Pacini-Körperchen

b) Merkel-Zellen

c) Ruffini-Kolben

d) Meissner-Körperchen

1) reagieren auf Vibrationen

2) reagieren auf Druckänderungen, weniger auf konstanten Druck

3) reagieren auch auf konstanten Druck

4) reagieren vor allem auf Spannung in der Lederhaut

Aufgabe **10** → **Tastsensoren**

Benennen Sie die in der Abbildung gezeigten Tastsensoren.

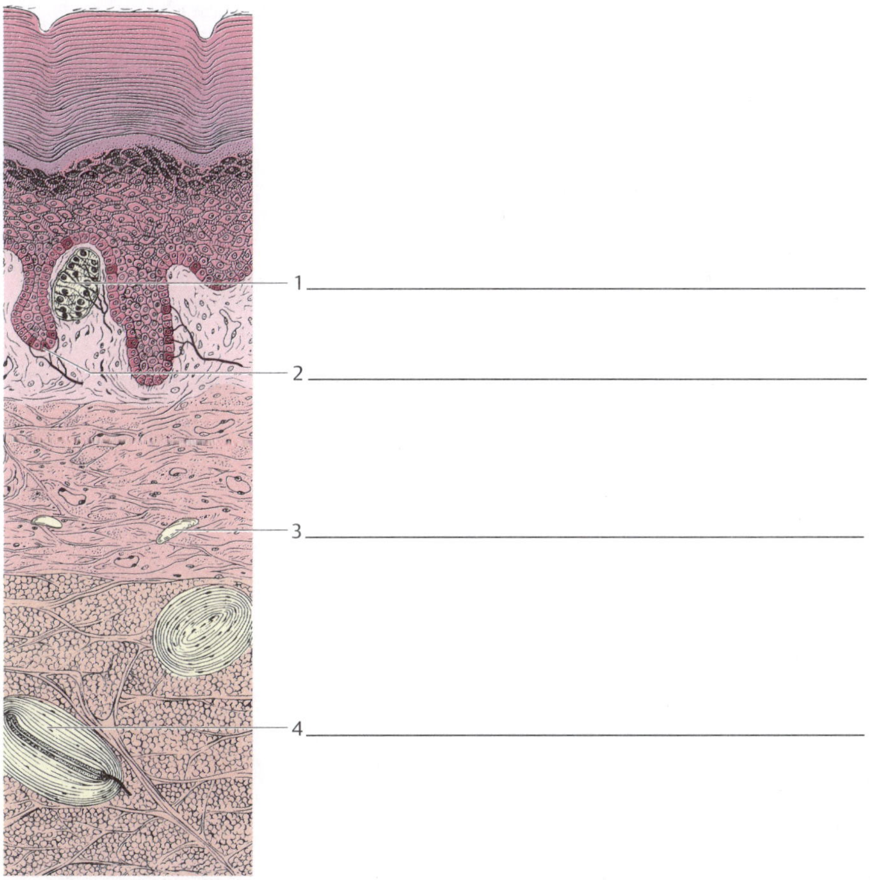

Aufgabe **11** → **Mimische Muskulatur**

Wie heißt der größte Hautmuskel des Körpers, der die seitliche Halspartie spannt und den mimischen Ausdruck von Abscheu erzeugt?

Im Gegensatz zu den übrigen Muskeln des Körpers verbindet sich die mimische Muskulatur unmittelbar mit der Haut. Es gibt also keine Verschiebeschicht in Form oberflächlichen Subkutangewebes oder einer Muskelfaszie. Nur durch diesen Trick gelingt es den Muskeln, die unterschiedliche Mimik zu erzeugen. Das Einstrahlen der Muskulatur in die Haut hat übrigens auch eine große Bedeutung bei kosmetischen Operationen im Gesichtsbereich.

13 Haut

Aufgabe 1

(LE 1)
1 Hornschicht
2 Körnerschicht
3 Stachelzellschicht
4 Basalzellschicht

Aufgabe 2

(LE 1)
d

Aufgabe 3

(LE 2)
- Papillarschicht ist sehr gut durchblutet.
- Es gibt keine elastische Schicht, sondern nur in die Geflechtschicht eingelassene elastische Fasern.

Aufgabe 4

(LE 3)
richtig b, d, e
falsch a, c

Aufgabe 5

(LE 3)
b

Aufgabe 6

(LE 4)
b

Aufgabe 7

(LE 4)
1 Talgdrüse
2 Haarmuskel
3 Haarmark
4 Haarrinde
5 Wurzelscheide
6 Haarzwiebel
7 Haarpapille

Aufgabe 8

(LE 5)
1 = b, 2 = d, 3 = c, 4 = a

Aufgabe 9

(LE 5)
a1, b3, c4, d2

Aufgabe 10

(LE 5)
1 Meissner-Körperchen
2 Merkel-Zellen
3 Ruffini-Kolben
4 Vater-Pacini-Körperchen

Aufgabe 11

(LE 6)
Platysma

14 Sinnesorgane

Aufgabe 1 → Augenmuskeln

Die folgenden Abbildungen zeigen das rechte Auge bei Zugwirkung eines einzelnen Augenmuskels. Rot ist die jeweilige Hauptwirkung, blau sind die Nebenwirkungen des Muskels. Um welche Muskeln handelt es sich?

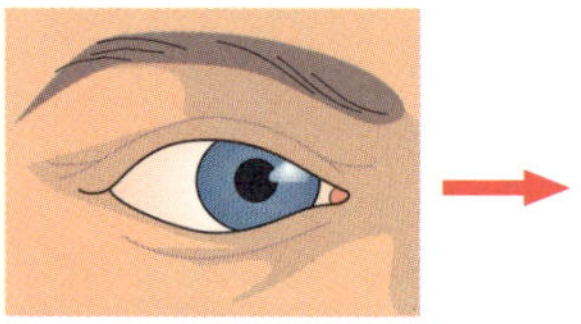

1 ______________________________

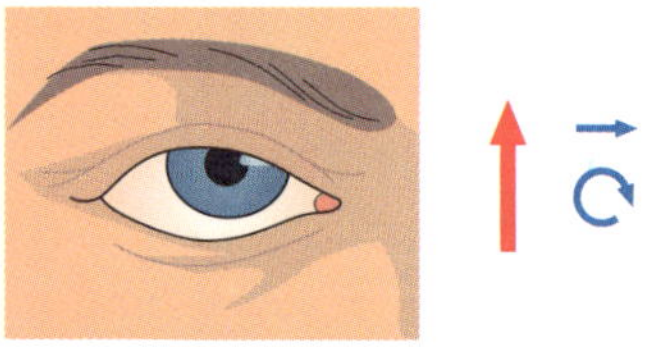

2 ______________________________

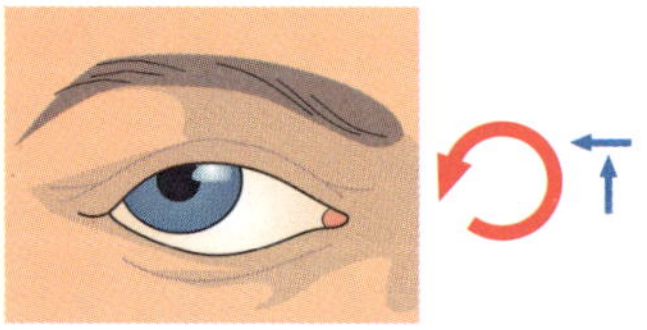

3 ______________________________

Vergessen Sie zunächst die blau eingezeichneten Nebenwirkungen, sondern konzentrieren Sie sich ganz auf die (roten) Hauptwirkungen. Die geraden Augenmuskeln bewegen den Augapfel nach links/rechts/oben/unten, die schrägen Augenmuskeln drehen ihn ein- bzw. auswärts. Übrigens ist die Sache mit den Muskelwirkungen noch sehr viel komplizierter, weil je nach Blickrichtung ein und derselbe Muskel radikal verschiedene Funktionen haben kann. Das trifft besonders für die schrägen Augenmuskeln zu.

Aufgabe 2 → Augenmuskeln

Welche Aussage trifft zu? Bitte kreuzen Sie an. (1)

- ○ a) Alle Augenmuskeln haben einen gemeinsamen Ursprung in der Spitze der Augenhöhle.
- ○ b) Wenn alle vier geraden Augenmuskeln sich gemeinsam anspannen, ziehen sie das Auge etwas nach hinten.
- ○ c) Der untere schräge Augenmuskel dient vor allem dazu, das Auge zu senken.
- ○ d) Der obere schräge Augenmuskel wird vom VI. Hirnnerv (N. abducens) versorgt.
- ○ e) Der Sehnerv verläuft unterhalb des unteren geraden Augenmuskels an der Wand der Augenhöhle entlang.

Aufgabe 3 → Augenhöhle

Beschriften Sie die folgende Abbildung:

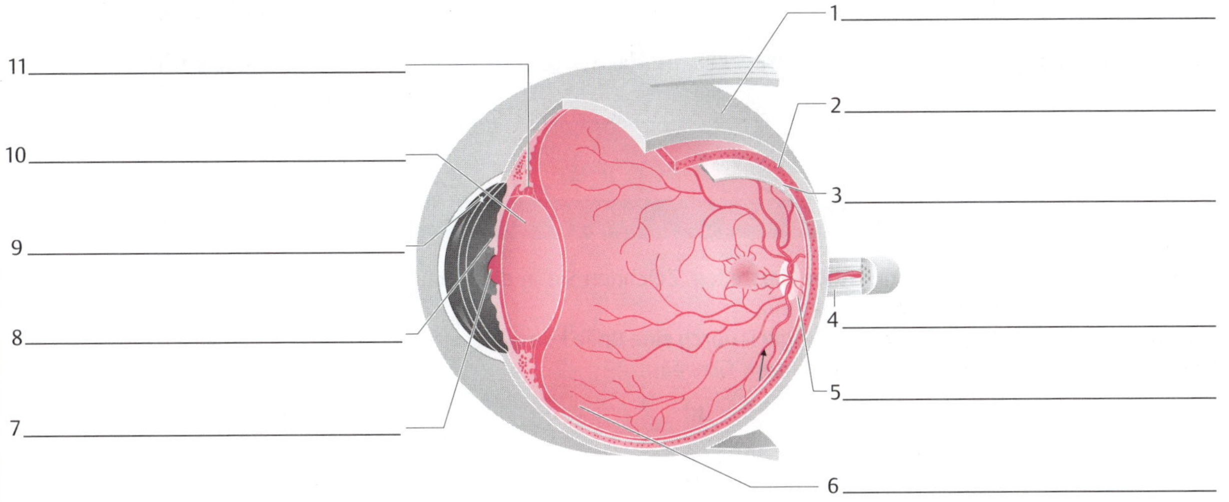

Aufgabe 4 → Tränenwege

Beurteilen Sie die folgenden Aussagen auf ihre Richtigkeit, indem Sie ankreuzen.

	richtig	falsch
a) Die Tränendrüse liegt oberhalb des Nasenrückens in der Nähe des inneren Lidwinkels.	○	○
b) Es gibt für jedes Auge zwei Tränenpünktchen.	○	○
c) Die Tränenkanälchen leiten die Tränenflüssigkeit direkt in den Rachenraum.	○	○
d) Die Tränenflüssigkeit wird durch den Lidschlag aktiv in die Tränenkanälchen gepumpt.	○	○
e) Als Tränensack bezeichnet man die zystisch veränderten Ausführungsgänge der Tränendrüse.	○	○

Vergleichen Sie hierzu auch Abb. 6.4 und *Aufgabe 3, Kap. 6.*

Aufgabe 5 → Pupillenreaktion

Welche der folgenden Aussagen trifft nicht zu? Bitte kreuzen Sie an. (1)

○ a) Direkte Lichtreaktion heißt, dass die Pupille des beleuchteten Auges eng wird.

○ b) Indirekte Lichtreaktion heißt, dass nach Abschalten der Beleuchtung die Pupille wieder weit wird.

○ c) Konvergenzreaktion heißt, dass beim Blick in die Nähe beide Pupillen eng werden.

○ d) Weite, lichtstarre Pupillen bei einem bewusstlosen Patienten sind ein Alarmzeichen für einen gefährlich erhöhten Hirndruck.

○ e) Normale Pupillen haben bei mittelstarker Beleuchtung einen seitengleichen Durchmesser von ca. 2–5 mm.

Aufgabe 6 → Akkommodation

Wie verhalten sich Ziliarmuskel und Zonulafasern bei Nah- und Fernakkommodation? Bitte ziehen Sie Verbindungslinien.

a) Nahakkommodation	1) Ziliarmuskel schlaff	I) Zonulafasern schlaff
b) Fernakkommodation	2) Ziliarmuskel gespannt	II) Zonulafasern gespannt

Aufgabe 7 → Weitsichtigkeit

Die Abbildung soll ein weitsichtiges Auge darstellen. Zeichnen Sie in die linke Abbildung schematisch den Strahlengang beim Blick auf ein weit entferntes Objekt ein.
In der rechten Abbildung soll die Weitsichtigkeit durch eine Brille korrgiert sein. Zeichnen Sie schematisch das notwendige Brillenglas sowie den Strahlengang mit diesem Glas ein.

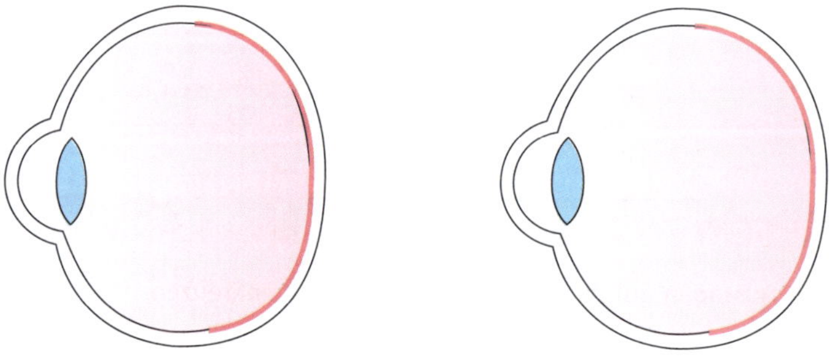

Falls Sie in der Schule physikalische Optik gelernt haben, sollten Sie in die Frage nicht zuviel hineingeheimnissen. Es geht hier nur darum, in welcher Bildebene bei einem weitsichtigen Auge ein scharfes Bild von einem weit entfernten Objekt entsteht.

Aufgabe 8 → Auge Brechkraft

Die Brechkraft des normalen Auges beträgt etwa 59 dpt (Dioptrien). Welche Teile des Auges tragen wieviel zur Brechkraft bei? Bitte ziehen Sie Verbindungslinien.

a) Hornhaut	1) gar nichts (0 dpt)
b) Vorderkammer	2) 2–5 dpt
c) Linse	3) 15–18 dpt
d) Glaskörper	4) 41–45 dpt

Aufgabe 9 → Netzhaut Photorezeptoren

Welche der folgenden Aussagen trifft/treffen zu? Bitte kreuzen Sie an. (1)

1) Stäbchen und Zapfen sind die eigentlichen Rezeptoren für Licht (Photorezeptoren).
2) Durch Einwirkung von Licht depolarisieren die Photorezeptoren, d. h. ihr Membranpotential wird weniger stark negativ.
3) Die Netzhaut enthält ungefähr gleich viele Stäbchen und Zapfen.
4) Mit den Stäbchen ist Farbensehen möglich, mit den Zapfen nur schwarz/weiß.

○ a) Nur Aussage 1 ist richtig.
○ b) Nur die Aussagen 1 und 2 sind richtig.
○ c) Nur die Aussagen 1, 2 und 4 sind richtig.
○ d) Nur die Aussagen 2 und 3 sind richtig.
○ e) Alle Aussagen sind richtig.

Aufgabe 10 → Netzhaut

Beschriften Sie die unterschiedlichen Zelltypen in diesem Schema der sensorischen Netzhaut.

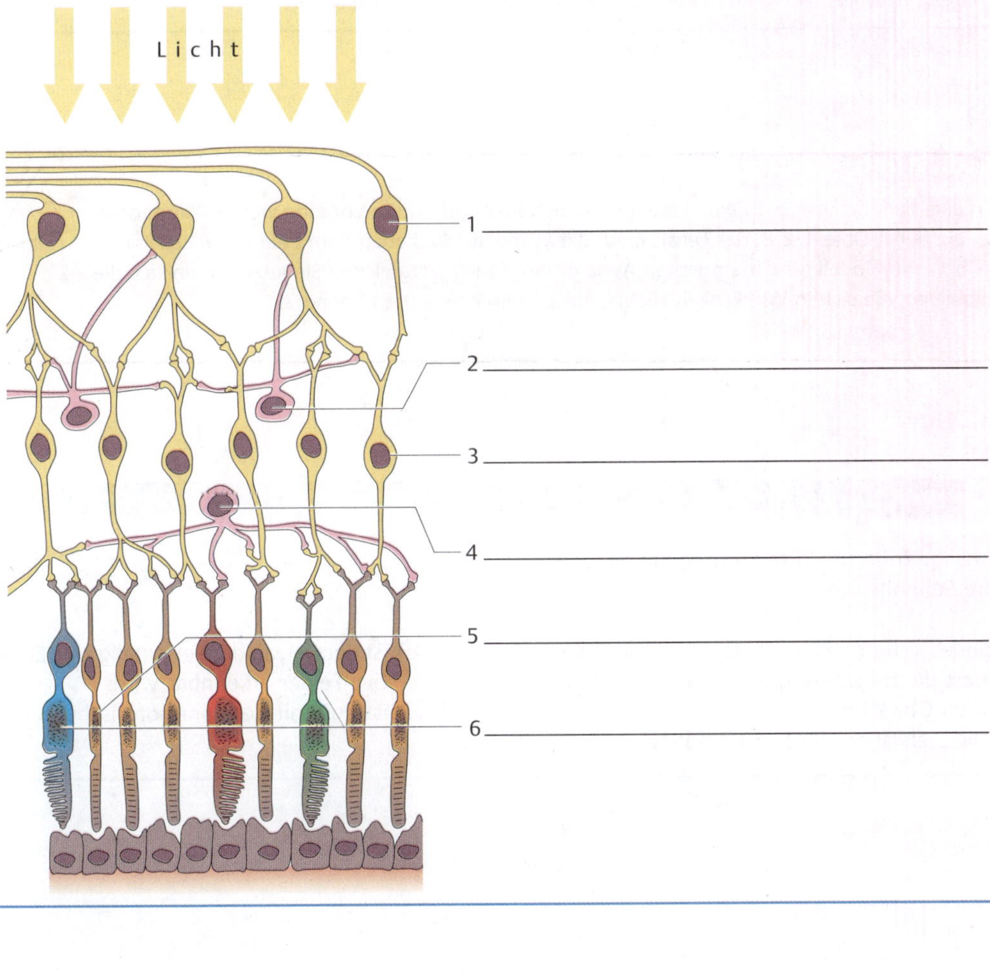

Aufgabe 11 → Netzhaut

Ergänzen Sie die folgende Textpassage mit den untenstehenden Begriffen*.

Der optische Apparat des Auges erzeugt auf der Netzhaut ein verändertes Bild. Objekte, die sich im seitlichen (temporalen) Gesichtsfeld befinden, projizieren sich auf die ______________ Netzhaut, Objekte im oberen Gesichtsfeld auf die ______________ Netzhaut. Die Photorezeptoren stehen am dichtesten in der ______________, dem eigentlichen Mittelpunkt der Netzhaut. Hier ______________ die kleinen Arterien und Venen, die aus der Sehnervenscheibe hervorgehen. Noch innerhalb der Netzhaut beginnt die Verarbeitung der Seheindrücke. Da es ______________ Photorezeptoren als Sehnervenfasern gibt, enthält jede Sehnervenfaser Informationen aus ______________ Photorezeptoren. Den Netzhautbezirk, der einer einzelnen Sehnervenfaser zugeordnet ist, nennt man ______________

* *wesentlich mehr; rezeptives Feld; untere; nasale; mehreren; Fovea centralis; fehlen/enden*

Halten Sie eine Sammellinse, z. B. eine Leselupe, in richtiger Entfernung vor eine weiße Wand, dann bildet sich ein helles Objekt, z. B. das Fenster, auf der Wand ab. Sie haben damit ein einfaches Kameraobjektiv bzw. ein Modell für den optischen Apparat des Auges. Vergleichen Sie jetzt, wohin sich die Objekte abbilden, die sich in Wirklichkeit rechts, links, oben bzw. unten befinden.

Aufgabe 12 → Primäre Sehrinde

Welche Aussage trifft zu? Bitte kreuzen Sie an. (1)
Die primäre Sehrinde ...

- ○ a) befindet sich im Scheitellappen des Großhirns.
- ○ b) steuert die Folgebewegungen beider Augen bei bewegten Objekten.
- ○ c) ist die Zielstation der Sehstrahlung.
- ○ d) ist der Ort, an dem erstmalig eine Einteilung in rezeptive Felder erkennbar wird.
- ○ e) ist eng mit dem prämotorischen Cortex verbunden.

Aufgabe 13 → Sehbahn

Die folgende Abbildung zeigt ein Schema der Sehbahn. Zeichnen Sie rot das linke Gesichtsfeld und diejenigen Nervenfasern ein, die von Licht im linken Gesichtsfeld erregt werden, entsprechend grün das rechte Gesichtsfeld und die entsprechenden Nervenfasern.

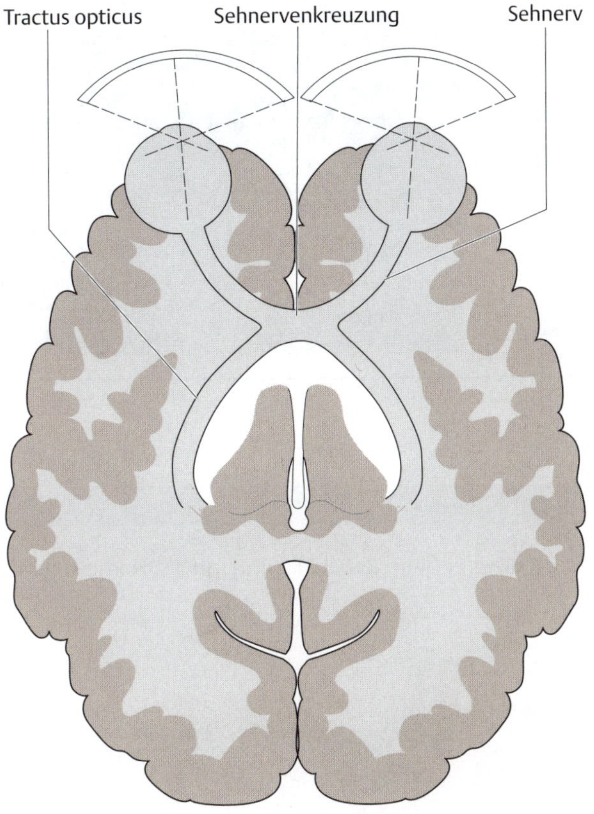

Rot und Grün habe ich übrigens nicht von ungefähr vorgeschlagen. In der Schifffahrt und im Flugverkehr befinden sich backbord (links) die roten, steuerbord (rechts) die grünen Positionslichter; am Heck strahlt übrigens ein weißes Positionslicht.

Aufgabe 14 → Mittelohr

Ordnen Sie den folgenden Teilen des Ohrs die jeweils wichtigste Funktion beim Hören zu, indem Sie Verbindungslinien ziehen.

a) Ohrmuschel

b) Trommelfell

c) Gehörknöchelchen

1) Übersetzung großer, schwacher Auslenkungen in kleine, stärkere

2) Übersetzung kleiner, starker Auslenkungen in große, schwächere

3) Richtungshören oben/unten

4) Sammlung und Übertragung der durch die Luft geleiteten Schallwellen

Aufgabe 15 → Gehörknöchelchen

Zeichnen Sie in die folgende Abbildung die drei Gehörknöchelchen Amboss, Hammer und Steigbügel ein (ungefähre Lage genügt).

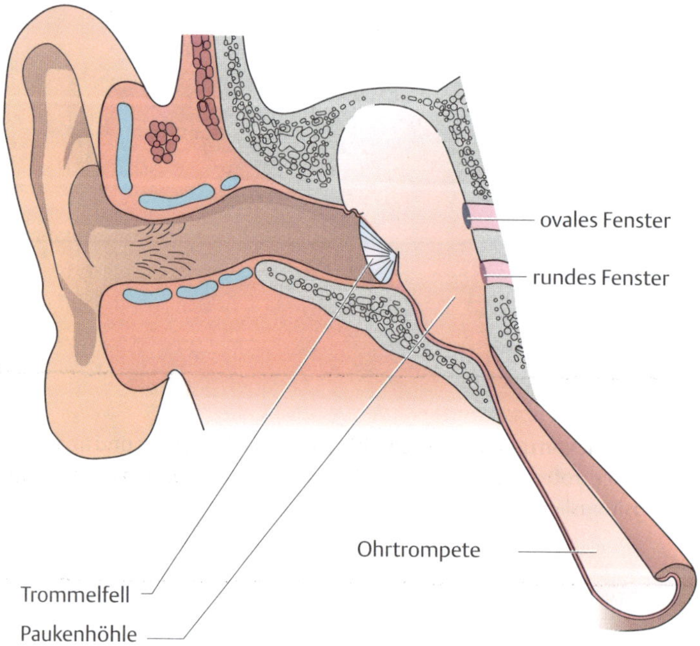

Denken Sie daran, dass auch der Schmied mit dem schweren Teil des Hammers auf den Amboss eindrischt und den leichten Hammerstiel in der Hand behält.

Aufgabe 16 → Schallleitung

Welche der folgenden Aussagen trifft nicht zu? Bitte kreuzen Sie an. (1)

○ a) Der Hörbereich umfasst Schwingungen von ca. 20 bis ca. 17 000 Hz (Hertz).
○ b) Die Einheit der Lautstärke heißt Phon.
○ c) Wenn ein Geräusch um 10 Phon zunimmt, wird es ungefähr doppelt so laut empfunden.
○ d) Sprache spielt sich normalerweise zwischen 200 und 2000 Hz und zwischen 40 und 80 Phon ab.
○ e) Fällt die Luftleitung durch eine Mittelohrentzündung aus, so werden besonders die niedrigen Frequenzen verschluckt, während hohe Töne relativ besser wahrgenommen werden.

Aufgabe 17 → Schallwahrnehmung

Welche der folgenden Aussagen trifft/treffen zu? Bitte kreuzen Sie an. (1)

1) Die Sinneszellen des Innenohrs befinden sich in der Vorhoftreppe.
2) Die Vorhoftreppe ist mit Perilymphe angefüllt.
3) Zwischen mittlerer Treppe und Paukentreppe befindet sich die Basilarmembran.
4) Die Paukentreppe steht mit der Paukenhöhle in offener Verbindung.
5) Die inneren Haarzellen stellen die eigentlichen Sinneszellen für das Hören dar.

○ a) Nur die Aussagen 1 und 2 sind richtig.
○ b) Nur die Aussagen 1, 3 und 4 sind richtig.
○ c) Nur die Aussagen 2, 3 und 4 sind richtig.
○ d) Nur Aussage 5 ist richtig.
○ e) Nur die Aussagen 2, 3 und 5 sind richtig.

Aufgabe 18 → Schallwahrnehmung

Die folgende Textpassage enthält zwei inhaltliche Fehler – welche?

Damit unterschiedliche Töne sauber voneinander getrennt werden können, bildet das Innenohr jede Frequenz auf eine bestimmte Stelle der Schnecke ab (Tonotopie). An dieser Stelle wird die Schwingung der Reissner-Membran am größten. Diese Schwingungen wiederum regen die Haarzellen zu einer elektrischen Antwort an, die dann in Aktionspotentiale des Hörnervs umgesetzt wird. Hohe Töne werden in der Nähe des Mittelohrs, tiefe in der Nähe der Schneckenspitze abgebildet. Für die Umsetzung der kleinen mechanischen Bewegungen in elektrische Impulse ist wichtig, dass die Endolymphe mehr Natrium und weniger Kalium enthält als das Blutplasma.

▸ ______________________________

▸ ______________________________

Den ersten Fehler finden Sie, wenn Sie sich überlegen, welche Strukturen, die durch Töne in Schwingungen versetzt werden, ihre Bewegung auf die Sinneszellen übertragen. Andere Strukturen sind hingegen nur dazu da, um Peri- und Endolymphe voneinander zu trennen. Der zweite Fehler hat übrigens auch etwas mit Peri- und Endolymphe zu tun.

Aufgabe 19 → Gleichgewichtsorgan

Beschriften Sie die folgende Abbildung.

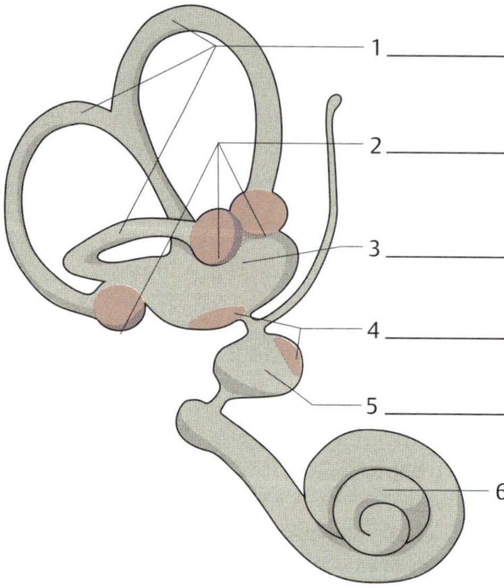

Aufgabe 20 → Gleichgewichtsorgan

Welche Aussage trifft nicht zu? Bitte kreuzen Sie an. (1)

- ○ a) Das Gleichgewichtsorgan enthält Endolymphe.
- ○ b) Die Bogengänge registrieren besonders gut Drehbewegungen.
- ○ c) Die Sinneszellen der Bogengänge befinden sich in der Macula.
- ○ d) Bewegungen der Flüssigkeit in den Bogengängen verkippen die Gallerthülle und die in sie eintauchenden Zilien der Sinneszellen.
- ○ e) Der horizontale Bogengang steigt von hinten nach vorne in einem Winkel von ca. 30° an.

Aufgabe 21 → Statolithenorgane

Welche Aussage trifft zu? Bitte kreuzen Sie an. (1)

- ○ a) Die Statolithenorgane registrieren besonders gut Drehbewegungen.
- ○ b) Die Sinneszellen der Statolithenorgane besitzen wie die der Bogengänge Zilien, die in eine Gallerthülle eintauchen.
- ○ c) Kalkkristalle in einem Statolithenorgan sind ein typisches Alterungszeichen.
- ○ d) Beim Gasgeben und Bremsen reagieren besonders die Sinneszellen Macula sacculi.
- ○ e) Seekrankheit entsteht, wenn sich die Signale der Bogengänge und die der Statolithenorgane gegenseitig widersprechen.

Aufgabe 22 → Geruchssinn

Ergänzen Sie die folgende Textpassage mit den untenstehenden Begriffen*.

Bei den Rezeptoren für Geruchsreize handelt es sich im Gegensatz zu denen von Netzhaut und Innenohr um ________________ Sinneszellen, d. h. es sind eigentlich Nervenzellen, die, wenn sie gereizt werden, direkt Aktionspotentiale abfeuern können. Die Axone dieser Zellen nehmen nach Durchbrechen der ____________________ am Dach der Nasenhöhle Kontakt mit den Nervenzellen des Riechkolbens auf. Nach der synaptischen Umschaltung gelangen die Geruchssignale über den ________________________________ ins Zwischenhirn.

---

* *N. olfactorius/I. Hirnnerv; primäre; Siebbeinplatte*

Aufgabe 23 → Sinnesorgane – Kreuz und quer

Lösen Sie bitte das folgende Kreuzworträtsel.

waagrecht:

2 besagt, dass viele Sinneszellen an einer einzigen Nervenzelle angeschlossen sind
3 Mittelohrraum
5 Flüssigkeit in der Scala media des Innenohrs
8 Entzündung der Talgdrüsen der Lider
11 Über welchen Hirnnerv erreicht die Empfindung „süß“ das Gehirn? (N. ...)
12 Sinneszellen für das Dämmerungssehen
13 Abbildungsfehler, der durch Zerstreuungslinsen korrigiert wird

senkrecht:

1 mündet vom Auge in den Nasenraum
2 Kalkkristalle in den Maculae des Gleichgewichtssystems
4 entsteht, wenn das Auge zu kurz ist
6 Einstellung der Linse für den Blick in die Nähe
7 Hirnnerv, der den oberen schrägen Augenmuskel innerviert (N. ...)
9 runde Öffnung in der Regenbogenhaut
10 Teil des Gleichgewichtssystems, der im Stehen auf die Schwerkraft anspricht

14 Sinnesorgane

Aufgabe 1

(LE 1)
1 innerer gerader Augenmuskel (M. rectus medialis)
2 oberer gerader Augenmuskel (M. rectus superior)
3 unterer schräger Augenmuskel (M. obliquus inferior)

Aufgabe 2

(LE 1)
b

Aufgabe 3

(LE 1)
1 Lederhaut
2 Aderhaut
3 Netzhaut
4 Sehnerv
5 Sehnervenscheibe (Papille)
6 Glaskörper
7 Pupille
8 Iris (Regenbogenhaut)
9 Hornhaut
10 Linse
11 Ziliarkörper

Aufgabe 4

(LE 2)
richtig b, d
falsch a, c, e

Aufgabe 5

(LE 3)
b

Aufgabe 6

(LE 3)
a2I, b1II

Aufgabe 7

(LE 4)

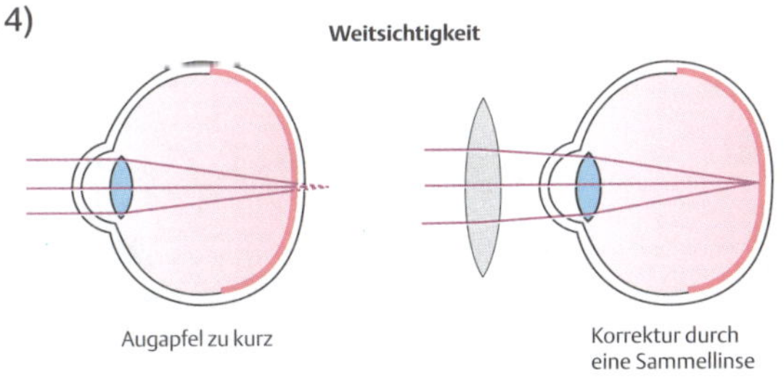

Aufgabe 8

(LE 4)
a4, b1, c3, d1

Aufgabe 9

(LE 5)
a

Aufgabe 10

(LE 5)
1 Ganglienzellen
2 amakrine Zellen
3 Bipolarzellen
4 Horizontalzellen
5 Stäbchen
6 Zapfen

Aufgabe 11

(LE 3–6)
nasale; untere; Fovea centralis; fehlen/enden; wesentlich mehr; mehreren; rezeptives Feld

Aufgabe 12

(LE 6)
c

Aufgabe 13

(LE 6)

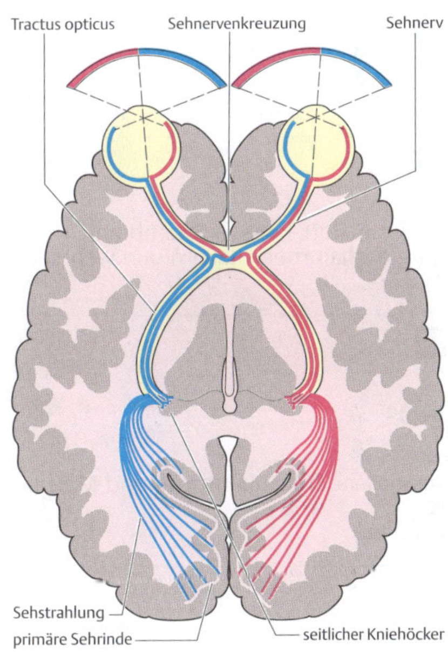

Aufgabe 14

(LE 7)
a3, b4, c1

Aufgabe 15

(LE 7)

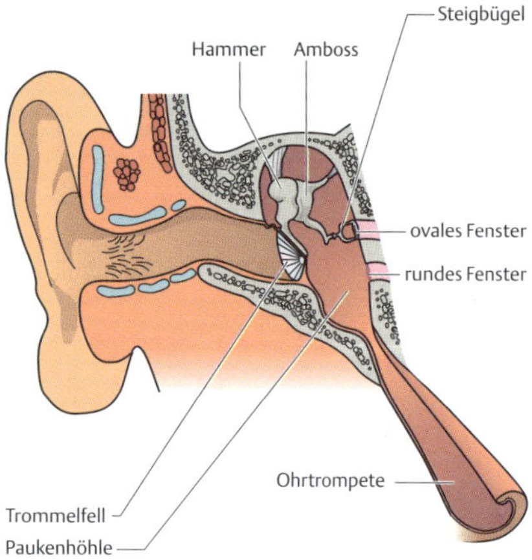

Aufgabe 16

(LE 7)
e

Aufgabe 17

(LE 8)
e

Aufgabe 18

(LE 8)
- Basilarmembran statt Reissner-Membran
- Endolymphe enthält mehr Kalium und weniger Natrium als Blutplasma.

Aufgabe 19

(LE 9)
1 Bogengänge
2 Ampulle
3 Utriculus
4 Statolithenorgane (Macula utriculi und Macula sacculi)
5 Sacculus
6 Schneckengang

Aufgabe 20

(LE 9)
c

Aufgabe 21

(LE 9)
b

Aufgabe 22

(LE 10)
primäre; Siebbeinplatte; N. olfactorius/I. Hirnnerv

Aufgabe 23

waagrecht:
2 Signalkonvergenz
3 Paukenhoehle
5 Endolymphe
8 Gerstenkorn
11 facialis
12 Staebchen
13 Kurzsichtigkeit

senkrecht:
1 Traenengang
2 Statolithen
4 Weitsichtigkeit
6 Akkommodation
7 trochlearis
9 Pupille
10 Sacculus

15 Anpassungsvorgänge

Aufgabe 1 → Säure-Basen-Haushalt

Die Abbildung zeigt die normalen Säure-Basen-Verhältnisse als Diagramm (oben), darunter die veränderte Situation bei frisch aufgetretener respiratorischer Alkalose – was stimmt an dieser Abbildung nicht?

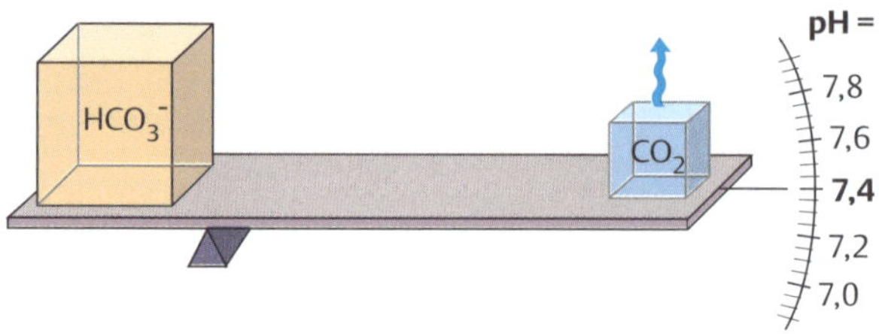

respiratorische Alkalose

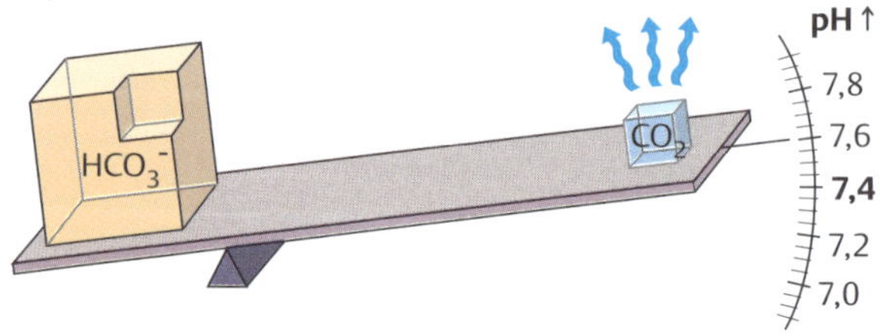

Überlegen Sie zunächst, welche Ursache eine respiratorische Alkalose haben kann – ein Tip: Es hat etwas mit Kohlendioxid zu tun. Schauen Sie jetzt in der Abbildung nach, ob die Veränderungen mit Ihren Überlegungen übereinstimmen und ob die Abbildung noch andere Veränderungen enthält, die Sie sich nicht überlegt hatten.

Aufgabe 2 → Blutpuffersysteme

Nennen Sie die beiden wichtigsten Puffersysteme des Bluts, und geben Sie an, woraus diese bestehen.

-
-

Aufgabe 3 → pH-Wert

Die Abbildung gibt den Zusammenhang zwischen pH-Wert (y-Achse) und der Konzentration an H^+-Ionen (x-Achse) wieder. Nur eine der Kurven ist prinzipiell richtig – welche?

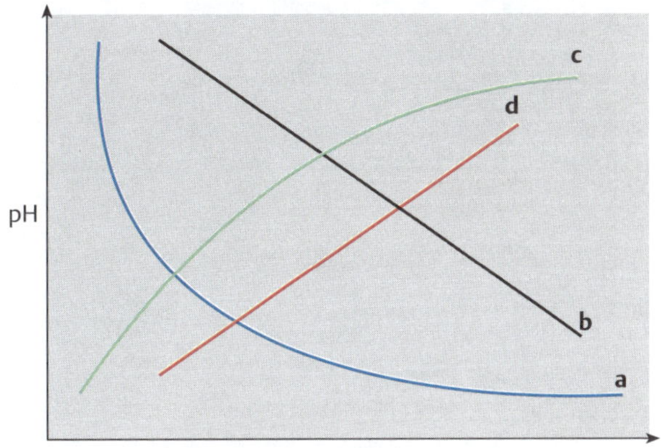

Aufgabe 4 → Regulation der Atmung

Welche der folgenden Aussagen trifft nicht zu? Bitte kreuzen Sie an. (1)

○ a) Die Konzentration von CO_2 wird im Hirnstamm wahrgenommen, da sich dort der pH-Wert des Liquors ändert.

○ b) Ein hoher CO_2-Partialdruck hemmt das Atemzentrum.

○ c) Die Sauerstoffsensoren liegen an der Aorta und an der Halsschlagader.

○ d) Ein hoher O_2-Partialdruck hemmt das Atemzentrum.

○ e) Durch schnelle und tiefe Atmung wird der CO_2-Partialdruck gesenkt.

Aufgabe 5 → Höhenphysiologie

Zeichnen Sie in die Abbildung die Höhenregionen ein, bei der die folgenden Symptome typischerweise auftreten:

1) .... erschwerte Atmung, Hitzegefühl in der Lunge, Benommenheit, Halluzinationen

2) —— verlängerte Reaktionszeit, nachlassende Aufmerksamkeit

3) .-.-.-.- maximale Höhe für Luftatmung ohne Adaptation

4) ...–... maximale Höhe für reine Sauerstoffatmung

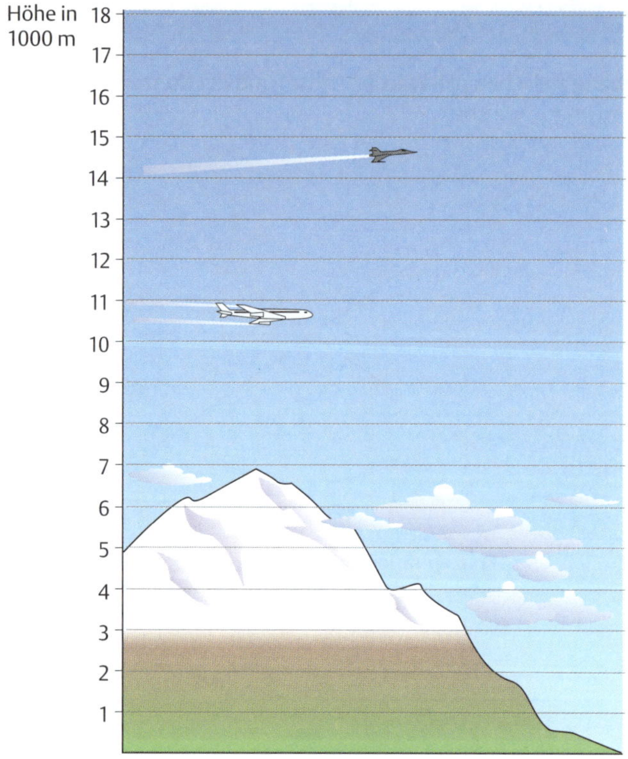

Aufgabe 6 Tauchphysiologie

Ergänzen Sie die Tabelle: Auf welche Werte ändern sich die folgenden Größen, wenn ein Taucher schnell ohne Gerät auf 10 m Tiefe abtaucht?

	Oberfläche	10 m Tiefe
Lungenvolumen	6 Liter	
O_2-Gehalt	20 %	
O_2-Partialdruck	152 mmHg	
N_2-Gehalt	70 %	
N_2-Partialdruck	550 mmHg	

Alle 5500 Meter Höhe halbieren sich der Luftdruck und alle Partialdrücke, wobei die prozentuale Zusammensetzung der Luft gleich bleibt. Genau umgekehrt sind die Verhältnisse beim Tauchen. Alle ... Meter verdoppeln sich der Außendruck (und damit der Luftdruck, den das Gerät an die Lungen abgibt) sowie alle Partialdrücke.

Aufgabe 7 → Tauchphysiologie

Beurteilen Sie die folgenden Aussagen auf ihre Richtigkeit, indem Sie ankreuzen.

	richtig	falsch
a) Ohne Druckausgleich kann beim Abtauchen das Trommelfell reißen.	○	○
b) Wenn das Trommelfell während eines Tauchgangs einreißt, besteht die Gefahr, dass der Taucher die Orientierung verliert.	○	○
c) Beim Auftauchen mit Gerät muss ausgeatmet werden, damit man die Lunge nicht überdehnt.	○	○
d) Der Tiefenrausch entsteht durch die hohe O_2-Konzentration in 40 – 50 m Tiefe.	○	○
e) Beim schnellen Auftauchen aus größeren Tiefen entstehen Luftblasen in Blutgefäßen und im Gewebe.	○	○
f) Stickstoff schädigt in Tiefen über 75 m die Lungen.	○	○

Aufgabe 8 → Temperaturregulation

Ergänzen Sie die folgende Textpassage mit den untenstehenden Begriffen*.

Wie warm oder kalt sich ein Stoff anfühlt, hängt von seinem ____________________ ab. Je höher dieser Wert ist, desto kühler fühlt sich bei Raumtemperatur ein Körper an. Zusätzlich zu dieser ____________________, die nur bei einer direkten Berührung mit einem Gegenstand eine Rolle spielt, kann Wärme auch berührungsfrei abgegeben oder aufgenommen werden: Durch ____________________ bewegte Luft transportiert überschüssige Wärme ab. Wärmestrahlung dagegen benötigt kein transportierendes ______________, funktioniert also auch im Vakuum. Die Goldbeschichtung von Rettungsfolien ____________________ die Wärmestrahlung des Körpers und verlangsamt so die Auskühlung eines Verletzten vor und während des Transports.

---

* *Medium; Wärmeleitung; reflektiert; Wärmeleitwert; Konvektion*

Aufgabe 9 → Temperaturregulation

Welche der folgenden Aussagen treffen zu? Bitte kreuzen Sie an. (1)

1) In kühler Umgebung verstärkt sich zunächst die Durchblutung der Körperschale, um eine Unterkühlung der Extremitäten zu verhindern.
2) Zum Körperkern, dessen Temperatur bei 37 °C stabil gehalten wird, gehören Gehirn, Rückenmark und innere Organe.
3) Sinkt die Temperatur von Händen und Füßen unter 23 °C, entstehen Frostbeulen.
4) Die enge Nachbarschaft von Arterien und Venen erlaubt die Durchblutung der Extremitäten, ohne zuviel Körperwärme aus dem Körperkern abzuziehen.
5) Die reaktive Hyperämie von Händen und Füßen in großer Kälte ist ein Alarmzeichen drohender Erfrierungen.

○ a) Nur die Aussagen 1, 2 und 3 sind richtig.
○ b) Nur die Aussagen 1, 3 und 5 sind richtig.
○ c) Nur die Aussagen 2, 4 und 5 sind richtig.
○ d) Nur die Aussagen 3 und 4 sind richtig.
○ e) Nur die Aussagen 2, 3, 4 und 5 sind richtig.

Aufgabe 10 → Leistungsphysiologie

Ordnen Sie den folgenden Typen von Muskelarbeit ihren typischen physikalischen Wirkungsgrad zu, indem Sie Verbindungslinien ziehen.

a) statische Arbeit – isometrische Kontraktion

b) dynamische Arbeit – isotonische Kontraktion

1) 0 %

2) 10 %

3) 30 %

4) 50 %

5) 80 %

Isometrische und isotonische Übungen haben beide einen festen Platz in der Physiotherapie. Dabei ist es sehr wichtig zu entscheiden, wann isometrische und wann isotonische Übungen angebracht sind. Übrigens kann man auch durch rhythmische isometrische Übungen (z. B. Anspannen und Lockerlassen der Beinmuskulatur) das Thromboserisiko bei Bettlägerigkeit oder auch auf langen Flügen in der Economy Class senken.

Aufgabe 11 → Leistungsphysiologie

Ergänzen Sie die folgende Textpassage mit den untenstehenden Begriffen*.

Während einer starken dynamischen Arbeit (Radrennen, Rudern, Mittelstreckenlauf) steigt das Atemzeitvolumen von einem Ruhewert von ca. 3–5 l/min auf maximal ______________. Zeitgleich steigt das Herzminutenvolumen, also das Produkt aus ______________ und ______________, auf maximal 30 l/min an. Dieser Wert beträgt in Ruhe ______________.

* *4–6 l/min; Herzfrequenz; 150 l/min; Herzschlagvolumen*

15 Anpassungsvorgänge

Aufgabe 1

(LE 2)
Bicarbonat bleibt zunächst unverändert, wird also nicht geringer.

Aufgabe 2

(LE 1)
- Bicarbonat-Kohlendioxid-System, besteht aus Bicarbonat, CO_2 und Kohlensäure
- Nicht-Bicarbonat-Puffersystem, besteht aus Hämoglobin, Plasmaeiweiß und Phosphat

Aufgabe 3

(LE 1)
a

Aufgabe 4

(LE 3)
b

Aufgabe 5

(LE 4)
1) 5000 m
2) 2000 – 3000 m
3) 6000 – 7000 m
4) 15 000 m

Aufgabe 6

(LE 5)
3 Liter, 20 %, 304 mmHg, 70 %, 1100 mmHg

Aufgabe 7

(LE 5)
richtig a, b, c, e
falsch d, f

Aufgabe 8

(LE 6)
Wärmeleitwert; Wärmeleitung; Konvektion; Medium; reflektiert

Aufgabe 9

(LE 7)
c

Aufgabe 10

(LE 8)
a1, b3

Aufgabe 11

(LE 8)
150 l/min; Herzschlagvolumen; Herzfrequenz; 4 – 6 l/min

Sachverzeichnis

W

Z